高等职业教育"十三五"规划教材
高等职业教育公共基础课规划教材

高职数学

（理工类）（第三版）

杨伟传　任治国　罗志敏　主　编
颜　凤　关若峰　骆文辉　袁毅枫　副主编

电子工业出版社
Publishing House of Electronics Industry
北京·BEIJING

内容简介

秉承"服务专业，注重应用"思想，在深入研究高等职业教育理工类专业对高等数学知识需求并总结多年教学经验的基础上编写本书。

本书主要内容包括：导数与微分、不定积分与定积分、向量代数与空间解析几何、常微分方程与级数。书后以附录方式给出了常用初等数学公式，常用基本初等函数的定义、定义域、性质和图形，二阶与三阶行列式，练习参考答案。

本书可作为高等职业院校理工类专业教学用书，也可作为成人教育和社会培训用书。

未经许可，不得以任何方式复制或抄袭本书之部分或全部内容。
版权所有，侵权必究。

图书在版编目（CIP）数据

高职数学：理工类 / 杨伟传，任治国，罗志敏主编. —3 版.—北京：电子工业出版社，2018.8
ISBN 978-7-121-34790-0

Ⅰ. ①高… Ⅱ. ①杨… ②任… ③罗… Ⅲ. ①高等数学—高等职业教育—教材 Ⅳ. ①O13

中国版本图书馆 CIP 数据核字（2018）第 167774 号

策划编辑：朱怀永
责任编辑：朱怀永
印　　刷：三河市良远印务有限公司
装　　订：三河市良远印务有限公司
出版发行：电子工业出版社
　　　　　北京市海淀区万寿路 173 信箱　邮编 100036
开　　本：787×1092　1/16　印张：12.5　字数：320 千字
版　　次：2007 年 8 月第 1 版
　　　　　2018 年 8 月第 3 版
印　　次：2019 年 6 月第 3 次印刷
定　　价：30.80 元

凡所购买电子工业出版社图书有缺损问题，请向购买书店调换。若书店售缺，请与本社发行部联系，联系及邮购电话：（010）88254888，88258888。
质量投诉请发邮件至 zlts@phei.com.cn，盗版侵权举报请发邮件至 dbqq@phei.com.cn。
本书咨询联系方式：（010）88254608，zhy@phei.com.cn。

再版前言

人类的文明进步和社会发展，无时无刻不受到数学的恩惠和影响，数学科学的应用和发展牢固地奠定了它作为整个科学技术乃至许多人文学科的基础地位。当今时代，数学正突破传统的应用范围向几乎所有的人类知识领域渗透，它和其他学科的交互作用空前活跃，越来越直接地为人类物质生产与日常生活做出贡献，也成为其掌握者打开众多机会大门的钥匙。

数学是研究数量关系和空间形式的科学，它是科学和技术发展的基础，它的严密性、逻辑性和高度抽象的特点，使得它具有广泛的应用性。数学对学生思维能力的培养、聪明智慧的启迪以及创造能力的开发都起着重要作用。数学是一种语言，随着数字化生存方式的发展，极限、变化率、概率、图像、坐标、优化和数学模型等数学词汇的使用越来越频繁。人们在思维、言谈和写作中，在文化创造和日常生活中，将会越来越多地应用数学的概念和词汇。数学是各类学科和社会活动中必不可少的工具。

"高职数学"是高等职业院校学生的一门必修的基础课，它不仅是学习理工类专业课程的必要基础，而且是提高学生素质、促进学生智力发展和培养具有创新能力的高素质技术技能人才的重要保证。

作者所在单位江门职业技术学院，是教材检验使用的学校之一，经过十多年的教学实践，结合其他使用院校反馈的意见，本书在原来第二版教材的基础上修订而成。为了能更加适应高职院校理工类大多数专业的需要，本次修订在内容上进行了适当调整，增加了无穷级数的部分内容，同时考虑到与中学数学课程的衔接，以及数学知识的完整性和实用性，在选材上仍注重数学向理工类专业领域的渗透，用简单的实例说明数学基础知识在理工类专业中的应用。在写作上，保留了第二版教材的结构简明、逻辑清晰、深入浅出等优点，同时更加注意前后知识点的衔接，通俗易懂且叙述详细。本书可作为高等职业院校理工类专业及其他专业专科生的教材，也可供数学爱好者学习使用。

本书编写分工如下：第1章由颜凤和袁毅枫编写，第2章由骆文辉和罗志敏编写，第3章由关若峰和任治国编写，第4章由杨伟传和罗志敏编写。整书由杨伟传、任治国、罗志敏担任主编。

本书在编写时参考了其他学者的成果，在此向他们致以谢意。

在再版过程中，得到了电子工业出版社的大力支持，在此表示衷心的感谢。

虽为再版，但书中仍难免存在疏漏之处，欢迎同行和读者继续给予批评指正。

编　者

二〇一八年七月

目 录

第 1 章 导数与微分 ··· 1

    1.1 函数复习 ·· 1

    1.2 极限的概念 ·· 4

    1.3 极限的运算 ·· 9

    1.4 导数的概念 ·· 16

    1.5 导数运算法则 ·· 19

    1.6 隐函数的导数和高阶导数 ·· 23

    1.7 微分及其应用 ·· 27

    1.8 函数的单调性与极值 ·· 30

    1.9 函数的凹凸性、拐点与函数作图 ································ 35

    ※1.10 多元函数微分学 ·· 38

    本章小结 ·· 43

    综合习题 1 ·· 46

第 2 章 不定积分与定积分 ··· 49

    2.1 不定积分的概念与性质 ··· 49

    2.2 换元积分法 ·· 53

    2.3 分部积分法 ·· 56

    2.4 定积分的概念与性质 ·· 58

    2.5 微积分学的基本原理 ·· 62

    2.6 定积分的计算方法 ··· 65

    2.7 定积分的应用 ·· 68

    2.8 广义积分 ··· 72

    本章小结 ·· 75

    综合习题 2 ·· 77

第 3 章 向量代数与空间解析几何 ··· 80

    3.1 空间直角坐标系 ··· 80

3.2 向量及其线性运算 ……………………………………………………… 83
3.3 向量的数量积与向量积 …………………………………………………… 88
3.4 平面方程 …………………………………………………………………… 95
3.5 空间直线方程 ……………………………………………………………… 100
3.6 空间曲面与空间曲线 ……………………………………………………… 104
本章小结 ………………………………………………………………………… 111
综合习题 3 ……………………………………………………………………… 113

第 4 章 常微分方程与级数 ……………………………………………………… 117
4.1 常微分方程的概念 ………………………………………………………… 117
4.2 一阶微分方程 ……………………………………………………………… 120
※4.3 二阶常系数线性微分方程 ……………………………………………… 128
4.4 常数项级数的概念和性质 ………………………………………………… 133
4.5 常数项级数收敛法 ………………………………………………………… 138
4.6 幂级数 ……………………………………………………………………… 146
4.7 函数幂级数的展开 ………………………………………………………… 151
本章小结 ………………………………………………………………………… 158
综合习题 4 ……………………………………………………………………… 162

附录 A 常用初等数学公式 ……………………………………………………… 165

附录 B 常用基本初等函数的定义、定义域、性质和图形 ………………… 168

附录 C 二阶与三阶行列式 ……………………………………………………… 170

附录 D 练习参考答案 …………………………………………………………… 176

第1章　导数与微分

本章提要：17世纪初期笛卡儿提出变量和函数的概念，由此客观世界的运动变化过程就可以用数学来描述了，稍后牛顿和莱布尼兹基于直观的无穷小量，分别独立地建立了微积分学。到了19世纪，柯西和维尔斯特拉斯建立了极限理论，康托尔等建立了严格的实数理论，使微积分学得以严密化。微积分是人类智慧的伟大结晶，极大地推动了数学的发展，同时也极大地推动了其他学科和工程技术的发展，其应用越来越广泛。本章主要内容包括：函数的基本概念，极限的概念及求极限的基本方法；导数的概念，导数的几何意义及求导法则、公式；导数的应用，包含洛必达法则、函数单调性与极值的判定、函数凹凸性及拐点的判定、函数作图等；最后简单介绍多元函数微分学。

1.1　函数复习

数学中把不断变化的、可取不同值的量称为变量，函数是对变量之间的依赖关系的一种抽象，以下是与函数有关的几个概念。

1. 函数、反函数、复合函数

（1）函数

定义 1　设 x 和 y 为两个变量，D 为一个给定的数集，如果对每一个 $x \in D$，按照一定的法则 f，变量 y 总有确定的数值与之对应，则称 f 是定义在 D 上的函数，记为 $y = f(x)$。x 称为自变量，y 称为因变量，数集 D 称为该函数的定义域，因变量 y 的变化范围则称为该函数的值域。

【例 1-1】　求函数 $y = \dfrac{1}{\sqrt{4-x^2}} + \arcsin\left(\dfrac{x}{2}-1\right)$ 的定义域。

解：由所给函数可知，要使函数有定义，必须有

$$\begin{cases} 4-x^2 > 0 \\ \left|\dfrac{x}{2}-1\right| \leqslant 1 \end{cases}$$

即

$$0 \leqslant x < 2$$

因此，所给函数的定义域为$[0, 2)$。

（2）反函数

定义 2 设$y = f(x)$是x的函数，其定义域为D，值域为W，如果对于W中的每一个y值，D中总有唯一确定的x通过$y = f(x)$与之对应，这样得到定义在W上的以y为自变量、x为因变量的新函数，我们称它为$y = f(x)$的反函数，记作$x = f^{-1}(y)$。

显然，$x = f^{-1}(y)$的定义域为W，值域为D。由于习惯上自变量用x表示，因变量用y表示，所以$y = f(x)$的反函数可表示为

$$y = f^{-1}(x)$$

反函数的求解步骤：

① 由$y = f(x)$解出$x = f^{-1}(y)$；

② 互换x和y，得$y = f^{-1}(x)$；

③ 标明反函数的定义域。

【例 1-2】 求下面函数的反函数。

$$y = 2x - 1, \quad x \in [2, +\infty)$$

解：

由

$$y = 2x - 1$$

得

$$x = \frac{y + 1}{2}$$

且

$$y \in [3, +\infty)$$

互换x和y得到，反函数为

$$y = \frac{x + 1}{2}, \quad x \in [3, +\infty)$$

反函数一般具有以下性质：

① 反函数的定义域、值域分别是原函数的值域、定义域；

② 互为反函数的两个函数的图像关于直线$y = x$对称；

③ 严格递增（减）的函数一定有严格递增（减）的反函数。

（3）复合函数

定义 3 若函数$y = f(u)$，定义域为U_1，函数$u = \varphi(x)$的值域为U_2，其中$U_2 \subseteq U_1$，则y通过变量u成为x的函数，这个函数称为由函数$y = f(x)$和函数$u = \varphi(x)$构成的复合函数，记为$y = f[\varphi(x)]$，其中u称为中间变量。

如函数$y = \ln u$，$u = x^2 + 1$，因为$u = x^2 + 1$的值域$[1, +\infty)$包含在$y = \ln u$的定义域$(0, +\infty)$内，所以$y = \ln(x^2 + 1)$是$y = \ln u$与$u = x^2 + 1$复合而成的复合函数。

注意：并不是任何两个函数都可以复合，如 $y=\ln u$ 与 $u=-x^2$ 就不能复合。因为 $u=-x^2$ 的值域为 $(-\infty, 0]$，而 $y=\ln u$ 的定义域为 $(0, +\infty)$，所以对于任意的 x 所对应的 u，都使 $y=\ln u$ 无意义。

【例 1-3】 写出下列函数的复合过程。

(1) $y=\sqrt{\sin(2x+3)}$ (2) $y=e^{\sin\ln(3x-2)}$

解：

(1) $y=\sqrt{u}$，$u=\sin v$，$v=2x+3$；

(2) $y=e^u$，$u=\sin v$，$v=\ln w$，$w=3x-2$。

函数的应用十分广泛，从不同角度分析函数的特性有利于我们更好地认识函数，以下介绍函数的几种简单性质。

2. 函数的几种简单性质

设函数 $y=f(x)$ 在数集 D 上有定义，它的几种简单性质见表 1-1。

表 1-1 函数 $y=f(x)$ 的几种简单性质

函数性质	描述
有界性	若存在一个正数 M，对任意 $x\in D$，恒有 $|f(x)|\leqslant M$，就称 $f(x)$ 在 D 上有界；否则称 $f(x)$ 在 D 上无界
单调性	在 D 上任取 $x_1 < x_2$：(1) 若恒有 $f(x_1)\leqslant f(x_2)$，则称 $f(x)$ 在 D 上单调增加；(2) 若恒有 $f(x_1)\geqslant f(x_2)$，则称 $f(x)$ 在 D 上单调减小
奇偶性	D 关于原点对称，且对任意 $x\in D$：(1) 若恒有 $f(-x)=f(x)$，则称 $f(x)$ 为偶函数；(2) 若恒有 $f(-x)=-f(x)$，则称 $f(x)$ 为奇函数
周期性	若存在常数 T $(T\neq 0)$，对任意 $x\in D$，恒有 $f(x+T)=f(x)$，$(x+T\in D)$，则称函数 $f(x)$ 为周期函数，且称 T 为 $f(x)$ 的周期，通常称 $f(x)$ 的最小正周期为基本周期，简称周期

3. 基本初等函数和初等函数

人们在长期的实践中总结出六类最常见、最基本的函数：常数函数（$y=C$，C 为常数），幂函数（$y=x^\alpha$），指数函数（$y=a^x$），对数函数（$y=\log_a x$），三角函数（$y=\sin x$、$y=\cos x$、$y=\tan x$、$y=\cot x$、$y=\sec x$、$y=\csc x$ 等），反三角函数（$y=\arcsin x$、$y=\arccos x$、$y=\arctan x$、$y=\text{arc}\cot x$ 等），这六类函数统称为基本初等函数。

基本初等函数的定义、性质和图形在中学阶段已经学过，在这里不再重复。

由基本初等函数经过有限次的四则运算及有限次的复合运算所得到的，且可用一个解析式表示的函数统称为初等函数。例如，$y=|x|=\sqrt{x^2}$ 由两个基本初等函数 $y=\sqrt{u}$ 与 $u=x^2$ 复合而成，是初等函数。

有些函数，如狄利克雷函数：
$$y = \begin{cases} 1 & \text{当}x\text{是有理数} \\ 0 & \text{当}x\text{是无理数} \end{cases}$$

不能用基本初等函数经过有限次的四则运算和有限次复合，且用一个解析式表示而成，就不是初等函数，称为非初等函数。

练习 1.1

1. 求下列函数的定义域。

   （1） $y = \sqrt{x^2 - 4x + 3}$ 　　　　　　　　（2） $y = \log_3 \dfrac{1}{1-x}$

   （3） $y = \arcsin \dfrac{x-3}{2}$ 　　　　　　　（4） $y = \dfrac{1}{\sqrt{x^2 - x - 6}} + \lg(3x - 8)$

2. 指出下列函数中哪些是偶函数，哪些是奇函数。

   （1） $y = x + \sin x$ 　　　　　　　　　　　（2） $y = \dfrac{\cos x}{1 - x^2}$

   （3） $y = \lg \dfrac{1-x}{1+x}$ 　　　　　　　　　（4） $y = 2^{x^2 - 1}$

3. 证明：若 $f(x) = \dfrac{1}{2}(a^x + a^{-x})$，（$a > 0$），则 $f(x+y) + f(x-y) = 2f(x)f(y)$。

4. 指出下列函数的复合过程。

   （1） $y = \cos x^2$ 　　　　　　　　　　　（2） $y = \sqrt{\lg x}$

   （3） $y = \sin(\arccos x^3)$ 　　　　　　　（4） $y = \ln^2 \sin^3(4x+5)$

5. 一个无盖的长方体大木箱，体积为 4m^3，底为正方形，试把木箱的表面积 S 表示为底边长 x 的函数。

1.2 极限的概念

1. 数列极限

定义 1 对数列 $\{x_n\}$，如果当 n 无限增大时，数列 $\{x_n\}$ 无限趋向于一个常数 a，那么 a 就称为数列 $\{x_n\}$ 的极限，或称数列 $\{x_n\}$ 收敛于 a，记为
$$\lim_{n \to \infty} x_n = a \quad \text{或} \quad x_n \to a (n \to \infty)$$

如果数列 $\{x_n\}$ 没有极限，就说数列 $\{x_n\}$ 是发散的。可以证明，如果一个数列有极限，则此极限必是唯一的。

【例 1-4】 根据极限的定义,判断下列各数列是否有极限,对于收敛的数列指出其极限。

(1) $2, 4, 6, \cdots, 2n, \cdots$

(2) $-1, \dfrac{1}{2}, -\dfrac{1}{3}, \cdots, \dfrac{(-1)^n}{n}, \cdots$

(3) $1, -1, 1, \cdots, (-1)^{n+1}, \cdots$

(4) $\dfrac{1}{2}, \dfrac{2}{3}, \dfrac{3}{4}, \cdots, \dfrac{n}{n+1}, \cdots$

解: 把以上的每个数列逐项在数轴上表示出来,可以看出(1)和(3)两个数列没有极限,(2)和(4)两个数列有极限,即

$$\lim_{n \to \infty} \dfrac{(-1)^n}{n} = 0, \quad \lim_{n \to \infty} \dfrac{n}{n+1} = 1$$

2. 函数的极限

定义 2 当 x 趋向于 x_0 时,函数 $f(x)$ 趋向于常数 A,则称 A 为当 $x \to x_0$ 时 $f(x)$ 的极限,记作: $\lim\limits_{x \to x_0} f(x) = A$ 或 $f(x) \to A(x \to x_0)$。

这时,根据 x 小于 x_0 或 x 大于 x_0 而分为两种情况:

(i) 当 x 小于 x_0 而趋向于 x_0(记为 $x \to x_0^-$)时,$f(x)$ 趋向于常数 A,则称 A 为当 $x \to x_0$ 时 $f(x)$ 的左极限,或简称 $f(x)$ 在 x_0 处的左极限为 A。

记作: $\lim\limits_{x \to x_0^-} f(x) = A$ 或 $f(x) \to A(x \to x_0^-)$ 或 $f(x_0 - 0) = A$。

(ii) 当 x 大于 x_0 而趋向于 x_0(记为 $x \to x_0^+$)时,$f(x)$ 趋向于常数 A,则称 A 为当 $x \to x_0$ 时 $f(x)$ 的右极限,或简称 $f(x)$ 在 x_0 处的右极限为 A。

记作: $\lim\limits_{x \to x_0^+} f(x) = A$ 或 $f(x) \to A(x \to x_0^+)$ 或 $f(x_0 + 0) = A$。

定理 1 当 $x \to x_0$ 时 $f(x)$ 以 A 为极限的充要条件是 $f(x)$ 在 x_0 处的左、右极限存在且都等于 A,即

$$\lim_{x \to x_0} f(x) = A \Leftrightarrow \lim_{x \to x_0^-} f(x) = \lim_{x \to x_0^+} f(x) = A$$

定义 3 当 $|x|$ 无限增大时,函数 $f(x)$ 无限趋向于常数 A,则称 A 为 $x \to \infty$ 时 $f(x)$ 的极限,记作: $\lim\limits_{x \to \infty} f(x) = A$ 或 $f(x) \to A(x \to \infty)$。

这时,根据 x 的正负性,当 $|x|$ 无限增大时,可分为两种情况:

(i) 当 $x > 0$ 且无限增大时,$f(x)$ 无限趋向于常数 A,此时极限可记作: $\lim\limits_{x \to +\infty} f(x) = A$ 或 $f(x) \to A(x \to +\infty)$。

(ii) 当 $x < 0$ 且 $|x|$ 无限增大时,$f(x)$ 无限接近于常数 A,此时极限可记作:

$$\lim_{x\to-\infty}f(x)=A \text{ 或 } f(x)\to A(x\to-\infty)。$$

定理 2 $\lim\limits_{x\to\infty}f(x)=A \Leftrightarrow \lim\limits_{x\to-\infty}f(x)=\lim\limits_{x\to+\infty}f(x)=A$。

【例 1-5】 试求函数 $f(x)=\begin{cases}x+1 & x\leqslant 0 \\ e^x & x>0\end{cases}$，当 $x\to 0$ 时的极限。

解：$x=0$ 是函数的分段点，而

$$\lim_{x\to 0^-}f(x)=\lim_{x\to 0^-}(x+1)=1，\quad \lim_{x\to 0^+}f(x)=\lim_{x\to 0^+}e^x=1$$

故

$$\lim_{x\to 0}f(x)=1$$

【例 1-6】 $f(x)=\begin{cases}x+2 & x\leqslant 0 \\ a & x>0\end{cases}$，问 a 为何值时，极限 $\lim\limits_{x\to 0}f(x)$ 存在。

解：$x=0$ 是函数 $f(x)$ 的分段点，左、右极限分别为

$$\lim_{x\to 0^-}f(x)=\lim_{x\to 0^-}(x+2)=2，\quad \lim_{x\to 0^+}f(x)=\lim_{x\to 0^+}a=a$$

若要极限 $\lim\limits_{x\to 0}f(x)$ 存在，左、右极限必须相等，即当 $a=2$ 时，$\lim\limits_{x\to 0}f(x)$ 存在。

【例 1-7】 考察下列函数的极限。

（1）当 $x\to+\infty$ 时，函数 $\left(\dfrac{1}{e}\right)^x$ 的变化趋势。

（2）当 $x\to\infty$ 时，函数 e^x 的变化趋势。

解：（1）由图 1-1 可以看出，$\lim\limits_{x\to+\infty}\left(\dfrac{1}{e}\right)^x=0$；

（2）由图 1-1 可以看出，$\lim\limits_{x\to+\infty}e^x=+\infty$，$\lim\limits_{x\to-\infty}e^x=0$，故 $\lim\limits_{x\to\infty}e^x$ 不存在。

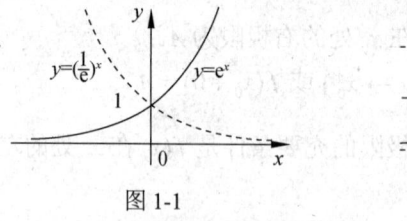

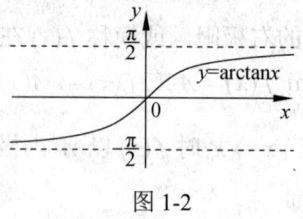

图 1-1

图 1-2

【例 1-8】 考察当 $x\to\infty$ 时，函数 $y=\arctan x$ 的极限。

解：由图 1-2 可以看出，

$$\lim_{x\to+\infty}\arctan x=\frac{\pi}{2}，\quad \lim_{x\to-\infty}\arctan x=-\frac{\pi}{2}$$

由于 $\lim\limits_{x\to+\infty}\arctan x\neq\lim\limits_{x\to-\infty}\arctan x$，所以当 $x\to\infty$ 时，函数 $y=\arctan x$ 的极限不存在。

【例 1-9】 在半径为 R 的圆内作内接正方形，在这个正方形内再作内切圆，在内切圆内又作内接正方形，如此 n 次。试求当 $n\to\infty$ 时所有圆面积总和的极限。

解： 本例的作图示意如图 1-3 所示。

第一个圆的面积为：πR^2；

第二个圆的面积为：$\pi\left(\dfrac{R}{\sqrt{2}}\right)^2=\dfrac{1}{2}\pi R^2$（因为 $r=\dfrac{R}{\sqrt{2}}$）；

第三个圆的面积为：$\pi\left(\dfrac{1}{\sqrt{2}}\cdot\dfrac{R}{\sqrt{2}}\right)^2=\dfrac{\pi R^2}{2^2}$；

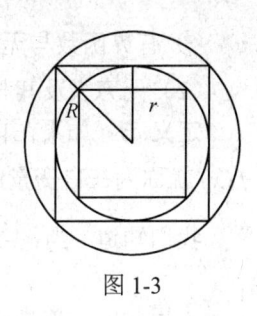

⋮

第 n 个圆的面积为：$\dfrac{\pi R^2}{2^{n-1}}$；

所以，圆面积总和为：$\pi R^2+\dfrac{\pi R^2}{2}+\dfrac{\pi R^2}{2^2}+\cdots+\dfrac{\pi R^2}{2^{n-1}}=\pi R^2\left(1+\dfrac{1}{2}+\dfrac{1}{2^2}+\cdots+\dfrac{1}{2^{n-1}}\right)$

$$=\dfrac{1-\left(\dfrac{1}{2}\right)^n}{1-\dfrac{1}{2}}\pi R^2；$$

图 1-3

所求极限为 $\lim\limits_{n\to\infty}\dfrac{1-\left(\dfrac{1}{2}\right)^n}{1-\dfrac{1}{2}}\pi R^2=2\pi R^2$。

3. 无穷小与无穷大

无穷小与无穷大是两个特殊的变量，微积分起源于无穷小演算。

（1）无穷小及其性质

定义 4 如果在 x 的某种趋向下，函数 $f(x)$ 以零为极限，则称在 x 的这种趋向下，函数 $f(x)$ 是<u>无穷小量</u>，简称无穷小。

注： 无穷小是趋于零的函数，非零常数都不是无穷小。

例如，当 $x\to 2$ 时，函数 x^2-4 和 $\ln(x-1)$ 都是无穷小；

当 $x\to\infty$ 时，函数 $\dfrac{1}{x}$ 和 $\dfrac{1}{x^2}$ 也都是无穷小。

以下定理描述了无穷小与函数的极限的关系。

定理 3 若在 x 的某种趋向下，函数 $f(x)\to A$，则在 x 的这种趋向下，$f(x)-A$ 是无穷小，其逆定理也为真。

例如，当 $x\to\infty$ 时，函数 $f(x)=1+\dfrac{1}{x}\to 1$，而 $f(x)-A=\left(1+\dfrac{1}{x}\right)-1\to 0$。

定理 4 在自变量的同一变化过程中，无穷小具有下列性质：

① 有限个无穷小的代数和仍是无穷小。

② 有限个无穷小的乘积仍是无穷小。

③ 有界函数与无穷小的乘积仍是无穷小。

（2）无穷大及其与无穷小的关系

定义 5　如果在自变量 x 的某种趋向下，函数 $f(x)$ 的绝对值无限增大，那么函数 $f(x)$ 就称为在自变量的这种趋向下的无穷大量，简称无穷大。

我们知道，当 $x \to 1$ 时，$x-1$ 是无穷小，$\dfrac{1}{x-1}$ 是无穷大；当 $x \to \infty$ 时，x 是无穷大，$\dfrac{1}{x}$ 是无穷小。一般地，无穷小与无穷大之间有以下的关系（即定理 5）。

定理 5　在自变量的同一变化过程中，如果 $f(x)$ 为无穷大，则 $\dfrac{1}{f(x)}$ 是无穷小；反之，如果 $f(x)$ 是无穷小，且 $f(x) \neq 0$，则 $\dfrac{1}{f(x)}$ 为无穷大。

【例 1-10】　求下列函数的极限。

（1）$\lim\limits_{x \to 0} x^2 \sin \dfrac{1}{x}$　　　　　　　　（2）$\lim\limits_{x \to 1} \dfrac{x^2+1}{x-1}$

解：（1）因为 $\lim\limits_{x \to 0} x^2 = 0$，即 x^2 是 $x \to 0$ 时的无穷小，且 $\left|\sin \dfrac{1}{x}\right| \leqslant 1$，即 $\sin \dfrac{1}{x}$ 是有界函数，所以由定理 4 知

$$\lim_{x \to 0} x^2 \sin \dfrac{1}{x} = 0$$

（2）因为 $\lim\limits_{x \to 1}(x-1) = 0$，而 $\lim\limits_{x \to 1}(x^2+1) \neq 0$，求该式的极限需用无穷小与无穷大关系定理（定理 5）解决。因为 $\lim\limits_{x \to 1} \dfrac{x-1}{x^2+1} = 0$，所以当 $x \to 1$ 时，$\dfrac{x-1}{x^2+1}$ 是无穷小，因而它的倒数是无穷大，即 $\lim\limits_{x \to 1} \dfrac{x^2+1}{x-1} = \infty$。

例 1-10（1）无穷小性质的应用

现实生活中也有不少无穷小、无穷大的例子。如单摆离开铅直位置的偏度（见图 1-4）可以用角 θ 来度量，这个角可规定当偏到一方（如右边）时为正，而偏到另一方（如左边）时为负。如果让单摆自己摆动，则由于机械摩擦力和空气的阻力，振幅就不断地减小。在这个过程中，角 θ 正负交替而且在每次改变符号时都要通过数值零（$\theta = 0$）处。即在这个过程中，角 θ 是一个无穷小量。

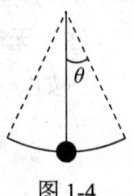

图 1-4

练习 1.2

1. 观察下列数列是否有极限，若有极限请指出其极限值。

（1）$x_n = \dfrac{1}{n}$　　　　　　　　　　　　（2）$x_n = 2 + \dfrac{1}{n^2}$

（3）$x_n = (-1)^n \cdot n$　　　　　　　　　（4）$x_n = \dfrac{n+(-1)^n}{n}$

2. 求 $f(x) = \dfrac{|x|}{x}$ 在 $x=0$ 处的左、右极限，并说明当 $x \to 0$ 时 $f(x)$ 的极限是否存在。

3. 设 $f(x) = \begin{cases} x+2 & x<2 \\ 3-x & x \geq 2 \end{cases}$，试求 $\lim\limits_{x \to 2^-} f(x)$ 与 $\lim\limits_{x \to 2^+} f(x)$，并确定 $\lim\limits_{x \to 2} f(x)$ 是否存在。

4. 指出下列各题中哪些是无穷小量，哪些是无穷大量。

（1）$f(x) = \dfrac{\sin x}{1+\cos x}$，当 $x \to 0$ 时　　　（2）$f(x) = e^x - 1$，当 $x \to 0$ 时

（3）$f(x) = \dfrac{1}{\sqrt[3]{x}}$，当 $x \to 0$ 时　　　　　（4）$f(x) = \ln x$，当 $x \to 0^+$ 时

5. 利用无穷小的相关定理求下列极限。

（1）$\lim\limits_{x \to 0} x \cos \dfrac{1}{x^2}$　　　　　　　　（2）$\lim\limits_{x \to \infty} \dfrac{\arctan x}{x+1}$

（3）$\lim\limits_{x \to -\infty} e^x \sin(x^2+1)$

1.3　极限的运算

1. 极限的运算法则

定理　若 $\lim u(x) = A$，$\lim v(x) = B$，则

（1）$\lim[u(x) \pm v(x)] = \lim u(x) \pm \lim v(x) = A \pm B$

（2）$\lim[u(x) \cdot v(x)] = \lim u(x) \cdot \lim v(x) = A \cdot B$

（3）$\lim v(x) = B \neq 0$ 时，

$$\lim \dfrac{u(x)}{v(x)} = \dfrac{\lim u(x)}{\lim v(x)} = \dfrac{A}{B}$$

说明：记号" $\lim$ "下面没有指明自变量的变化过程，这表明定理对于 $x \to x_0$ 和 $x \to \infty$ 等各种情形都成立。

推论　设 $\lim u(x)$ 存在，c 为常数，n 为正整数，则有

（1）$\lim c \cdot u(x) = c \cdot \lim u(x)$

（2）$\lim [u(x)]^n = [\lim u(x)]^n$

使用这些法则时必须注意以下两点：

（1）法则要求每个参与运算的函数的极限存在；

（2）商的极限的运算法则有一个前提，即分母的极限不能为零。

【例 1-11】 求 $\lim\limits_{x\to 1}(x^2-2x+5)$。

解：
$$\lim_{x\to 1}(x^2-2x+5) = \lim_{x\to 1}x^2 - \lim_{x\to 1}2x + \lim_{x\to 1}5$$
$$= (\lim_{x\to 1}x)^2 - 2\lim_{x\to 1}x + 5 = 1^2 - 2\times 1 + 5 = 4$$

【例 1-12】 求 $\lim\limits_{x\to -3}\dfrac{x^2+1}{x^3+3x^2+4}$。

解： 因为分母的极限
$$\lim_{x\to -3}(x^3+3x^2+4) = 4 \neq 0$$

所以
$$\lim_{x\to -3}\frac{x^2+1}{x^3+3x^2+4} = \frac{\lim\limits_{x\to -3}(x^2+1)}{\lim\limits_{x\to -3}(x^3+3x^2+4)}$$
$$= \frac{9+1}{-27+27+4} = \frac{5}{2}$$

注： 对于多项式 $f(x) = a_0 x^n + a_1 x^{n-1} + \cdots + a_n$，有
$$\lim_{x\to x_0} f(x) = a_0 x_0^n + a_1 x_0^{n-1} + \cdots + a_n = f(x_0)$$

【例 1-13】 求 $\lim\limits_{x\to 1}\dfrac{4x+5}{x^2-3x+2}$。

解： 因为分母的极限
$$\lim_{x\to 1}(x^2-3x+2) = 0$$

所示不能直接用运算法则。在分母极限为零的情况下，求极限的方法将取决于分子极限的状况。本例中易求得分子的极限不等于零，这时我们将考虑原来函数的倒数的极限（分子分母颠倒过来求极限）。

$$\lim_{x\to 1}\frac{x^2-3x+2}{4x+5} = \frac{\lim\limits_{x\to 1}(x^2-3x+2)}{\lim\limits_{x\to 1}(4x+5)} = \frac{0}{4+5} = 0$$

即 $\dfrac{x^2-3x+2}{4x+5}$ 是 $x\to 1$ 时的无穷小，由无穷小与无穷大的倒数关系，得

$$\lim_{x\to 1}\frac{4x+5}{x^2-3x+2} = \infty$$

【例 1-14】 求 $\lim\limits_{x\to 1}\dfrac{x^2-1}{x^2+2x-3}$ 的值。

解： 当 $x\to 1$ 时，此分式的分母与分子的极限都为零，因而不能直接运用商的极限运算法则。但当 $x\to 1$ ($x\neq 1$) 时，可通过因式分解消去零因子 $(x-1)$，求出极限。

$$\lim_{x\to 1}\frac{x^2-1}{x^2+2x-3} = \lim_{x\to 1}\frac{(x-1)(x+1)}{(x-1)(x+3)}$$
$$= \lim_{x\to 1}\frac{x+1}{x+3} = \frac{1}{2}$$

【例 1-15】 求 $\lim\limits_{x \to \infty} \dfrac{3x^2+x-1}{x^2+2x+3}$ 的值。

解：当 $x \to \infty$ 时，分子、分母都趋于无穷大，这类问题也不能直接利用商的极限运算法则，可使用如下方法（分子分母同除以 x 的最高次幂）：

$$\lim_{x \to \infty} \frac{3x^2+x-1}{x^2+2x+3} = \lim_{x \to \infty} \frac{3+\dfrac{1}{x}-\dfrac{1}{x^2}}{1+\dfrac{2}{x}+\dfrac{3}{x^2}} = 3$$

综合以上例子，我们可以得出如下结论：

$$\lim_{x \to \infty} \frac{a_0 x^m + a_1 x^{m-1} + \cdots + a_m}{b_0 x^n + b_1 x^{n-1} + \cdots + b_n} = \begin{cases} \dfrac{a_0}{b_0} & \text{当} m = n \text{时} \\ \infty & \text{当} m > n \text{时} \\ 0 & \text{当} m < n \text{时} \end{cases} \quad (\text{其中}, a_0 \neq 0, b_0 \neq 0)$$

利用这个结论，今后对于这种极限我们可以直接写结果，例如：

$$\lim_{x \to \infty} \frac{2x^2+3x+5}{3x^2+2x-1} = \frac{2}{3}, \qquad \lim_{x \to \infty} \frac{x^3+5x+7}{4x^4+x^3+1} = 0$$

【例 1-16】 计算 $\lim\limits_{x \to 2}\left(\dfrac{x^2}{x^2-4} - \dfrac{1}{x-2}\right)$ 的值。

解：当 $x \to 2$ 时，$\dfrac{x^2}{x^2-4}$ 和 $\dfrac{1}{x-2}$ 均为无穷大（极限不存在），因此，上式极限不能直接用差的极限运算法则，通常是先通分再处理。

$$\lim_{x \to 2}\left(\frac{x^2}{x^2-4} - \frac{1}{x-2}\right) = \lim_{x \to 2} \frac{x^2-x-2}{x^2-4} = \lim_{x \to 2} \frac{(x-2)(x+1)}{(x-2)(x+2)}$$

$$= \lim_{x \to 2} \frac{x+1}{x+2} = \frac{3}{4}$$

2. 复合函数的极限运算法则

复合函数的极限运算需用到连续函数的定义，所以我们先介绍连续函数。

定义 如果函数在点 x_0 处满足以下三个条件：

(1) $f(x)$ 在点 x_0 处的某邻域有定义（含 x_0 点）；

(2) $\lim\limits_{x \to x_0} f(x)$ 存在；

(3) $\lim\limits_{x \to x_0} f(x) = f(x_0)$。

则称函数 $f(x)$ 在点 x_0 处连续。

上述三个条件中，只要有一个不满足，则函数在点 x_0 处就不连续，这时称函数 $f(x)$ 在点 x_0 处间断，点 x_0 称为函数 $f(x)$ 的间断点。连续函数的图形是不间断的。

在点 x_0 处间断，点 x_0 称为函数 $f(x)$ 的间断点。连续函数的图形是不间断的。

【例 1-17】 已知函数 $f(x)=\begin{cases} x^2+1 & x<0 \\ 2x+b & x\geq 0 \end{cases}$ 在 $x=0$ 处连续，求 b 的值。

解：
$$\lim_{x\to 0^-}f(x)=\lim_{x\to 0^-}(x^2+1)=1,\quad \lim_{x\to 0^+}f(x)=\lim_{x\to 0^+}(2x+b)=b$$

因为 $f(x)$ 在 $x=0$ 连续，故 $\lim_{x\to 0}f(x)$ 存在，则 $\lim_{x\to 0^-}f(x)=\lim_{x\to 0^+}f(x)$，所以 $b=1$。

关于函数的连续性的四点结论：

（1）基本初等函数在它的定义域内都是连续的；

（2）连续函数的和、差、积、商（分母不为零）在它的定义域内仍是连续函数；

（3）连续函数复合而成的函数在它们的定义域内仍是连续函数；

（4）初等函数在它们的定义域内都是连续的。

上述结论为求函数极限提供了一类有效的方法，如果 $f(x)$ 是初等函数，且 x_0 是函数 $f(x)$ 定义区间内的点，则 $\lim_{x\to x_0}f(x)=f(x_0)$。

【例 1-18】 求 $\lim_{x\to 2}\arcsin(\log_2 x)$ 的值。

解： 因为 $\arcsin(\log_2 x)$ 是初等函数，且 $x=2$ 为其定义域内的点，所以有
$$\lim_{x\to 2}\arcsin(\log_2 x)=\arcsin(\log_2 2)=\frac{\pi}{2}$$

3. 两个重要极限

先介绍两个极限存在的准则。

准则 1 如果在自变量 x 的某个变化过程中，三个函数 $F(x), f(x), G(x)$ 总有关系 $F(x)\leq f(x)\leq G(x)$，且 $\lim F(x)=\lim G(x)=A$，则 $\lim f(x)=A$。

准则 2 单调有界数列必有极限。

下面介绍两个重要极限。

（1）$\lim_{x\to 0}\dfrac{\sin x}{x}=1$

证明： 因为 $\dfrac{\sin(-x)}{-x}=\dfrac{-\sin x}{-x}=\dfrac{\sin x}{x}$，所以当 x 改变符号时 $\dfrac{\sin x}{x}$ 的值不变，故只讨论 x 由正值趋于零的情形就可以了。

先设 $0<x<\dfrac{\pi}{2}$，在图 1-5 所示的单位圆中，令圆心角 $\angle AOB=x$（弧度），点 A 处的切线与 OB 的延长线相交于 D，又 $BC\perp OA$，则

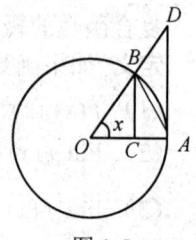

图 1-5

因为△AOB 的面积＜扇形 AOB 的面积＜△AOD 的面积，所以

$$\frac{1}{2}\sin x < \frac{1}{2}x < \frac{1}{2}\tan x$$

即

$$\sin x < x < \tan x$$

除以 $\sin x$，得

$$1 < \frac{x}{\sin x} < \frac{1}{\cos x}$$

从而有

$$\cos x < \frac{\sin x}{x} < 1$$

因为上述不等式三边都是偶函数，所以当 $-\frac{\pi}{2} < x < 0$ 时上述不等式也成立。

又知 $\lim\limits_{x \to 0}\cos x = 1$，$\lim\limits_{x \to 0} 1 = 1$，根据准则 1，得

$$\lim_{x \to 0}\frac{\sin x}{x} = 1$$

这是一个非常重要的极限，其中 x 可以是任何极限为 0 的表达式。实际上该极限具有以下更普遍的形式：

$$\lim_{\square \to 0}\frac{\sin \square}{\square} = 1$$

注：□ 是相同的，且要趋向于 0。

【例 1-19】 求 $\lim\limits_{x \to 0}\frac{\sin kx}{x}(k \neq 0)$。

解：$\lim\limits_{x \to 0}\frac{\sin kx}{x} = \lim\limits_{x \to 0}\frac{k\sin kx}{kx} = k$

【例 1-20】 求 $\lim\limits_{x \to 0}\frac{1 - \cos x}{x^2}$。

解：$\lim\limits_{x \to 0}\frac{1-\cos x}{x^2} = \lim\limits_{x \to 0}\frac{2\sin^2 \frac{x}{2}}{x^2} = \frac{1}{2}\lim\limits_{x \to 0}\frac{\sin^2 \frac{x}{2}}{\left(\frac{x}{2}\right)^2}$

$$= \frac{1}{2}\left[\lim_{x \to 0}\frac{\sin \frac{x}{2}}{\frac{x}{2}}\right]^2 = \frac{1}{2}$$

注：此极限 $\lim\limits_{x \to 0}\frac{1-\cos x}{x^2} = \frac{1}{2}$ 也可作为公式用。

【例 1-21】 求 $\lim\limits_{x \to \pi}\frac{\sin 3x}{\tan 5x}$。

解：令 $x = \pi + t$，则当 $x \to \pi$ 时，$t \to 0$，所以

$$\lim_{x\to\pi}\frac{\sin 3x}{\tan 5x}=\lim_{t\to 0}\frac{\sin(3\pi+3t)}{\tan(5\pi+5t)}$$

$$=-\lim_{t\to 0}\frac{\sin 3t}{\tan 5t}=-\lim_{t\to 0}\frac{\frac{\sin 3t}{3t}}{\frac{\tan 5t}{5t}}\cdot\frac{3}{5}=-\frac{3}{5}$$

（2） $\lim\limits_{x\to\infty}\left(1+\dfrac{1}{x}\right)^x = \mathrm{e}$

其中，e 是无理数，它的值是 e = 2.7182818284590…。

利用代换 $z=\dfrac{1}{x}$，则当 $x\to\infty$ 时，$z\to 0$，于是上式又可改写成

$$\lim_{z\to 0}(1+z)^{\frac{1}{z}}=\mathrm{e}$$

这样我们又得到了另一个重要极限：

$$\lim_{x\to 0}(1+x)^{\frac{1}{x}}=\lim_{x\to\infty}\left(1+\frac{1}{x}\right)^x=\mathrm{e}$$

再由极限存在的充分必要条件可得

$$\lim_{x\to -\infty}\left(1+\frac{1}{x}\right)^x=\lim_{x\to +\infty}\left(1+\frac{1}{x}\right)^x=\mathrm{e}$$

$$\lim_{x\to 0^-}(1+x)^{\frac{1}{x}}=\lim_{x\to 0^+}(1+x)^{\frac{1}{x}}=\mathrm{e}$$

可以用重要极限的这几种形式求某些函数的极限。

实际上，该重要极限也同样具有更普遍的形式：

$$\lim_{\square\to\infty}\left(1+\frac{1}{\square}\right)^{\square}=\mathrm{e} \quad 或 \quad \lim_{\square\to 0}(1+\square)^{\frac{1}{\square}}=\mathrm{e}$$

【例 1-22】 求 $\lim\limits_{x\to\infty}\left(1+\dfrac{2}{x}\right)^x$。

解：令 $\dfrac{2}{x}=t$，当 $x\to\infty$ 时，$t\to 0$，则

$$原式=\lim_{t\to 0}(1+t)^{\frac{2}{t}}=\left[\lim_{t\to 0}(1+t)^{\frac{1}{t}}\right]^2=\mathrm{e}^2$$

该方法熟练后，可不设新变量，直接求解。

【例 1-23】 求 $\lim\limits_{x\to\infty}\left(\dfrac{x}{1+x}\right)^x$。

解：$\lim\limits_{x\to\infty}\left(\dfrac{x}{1+x}\right)^x=\lim\limits_{x\to\infty}\dfrac{1}{\left(1+\dfrac{1}{x}\right)^x}=\dfrac{1}{\mathrm{e}}$

【例1-24】 求 $\lim\limits_{x\to\infty}\left(\dfrac{x+1}{x-1}\right)^x$。

解法一：$\lim\limits_{x\to\infty}\left(\dfrac{x+1}{x-1}\right)^x = \lim\limits_{x\to\infty}\left[\dfrac{1+\dfrac{1}{x}}{1-\dfrac{1}{x}}\right]^x = \lim\limits_{x\to\infty}\dfrac{\left(1+\dfrac{1}{x}\right)^x}{\left(1-\dfrac{1}{x}\right)^x} = \dfrac{e}{e^{-1}} = e^2$

解法二：$\lim\limits_{x\to\infty}\left(\dfrac{x+1}{x-1}\right)^x = \lim\limits_{x\to\infty}\left(1+\dfrac{2}{x-1}\right)^x$

$= \lim\limits_{x\to\infty}\left(1+\dfrac{2}{x-1}\right)^{x-1}\cdot\left(1+\dfrac{2}{x-1}\right)$

$= \lim\limits_{x\to\infty}\left[\left(1+\dfrac{2}{x-1}\right)^{\frac{x-1}{2}}\right]^2\cdot\left(1+\dfrac{2}{x-1}\right) = e^2$

【例1-25】 求 $\lim\limits_{x\to+\infty}\left(\dfrac{3x+2}{3x-2}\right)^{2x+3}$。

解：$\lim\limits_{x\to+\infty}\left(\dfrac{3x+2}{3x-2}\right)^{2x+3} = \lim\limits_{x\to+\infty}\left(\dfrac{3x+2}{3x-2}\right)^{2x}\cdot\lim\limits_{x\to+\infty}\left(\dfrac{3x+2}{3x-2}\right)^3$

$= \lim\limits_{x\to+\infty}\left(\dfrac{1+\dfrac{2}{3x}}{1-\dfrac{2}{3x}}\right)^{\frac{3x}{2}\cdot\frac{4}{3}} = \left[\lim\limits_{x\to+\infty}\dfrac{\left(1+\dfrac{2}{3x}\right)^{\frac{3x}{2}}}{\left(1-\dfrac{2}{3x}\right)^{\frac{3x}{2}}}\right]^{\frac{4}{3}}$

$= (e^2)^{\frac{4}{3}} = e^{\frac{8}{3}}$

练习 1.3

1. 求下列函数的极限。

（1）$\lim\limits_{x\to 2}\dfrac{x^2+3}{x+1}$

（2）$\lim\limits_{x\to 1}\dfrac{x^3-1}{x-1}$

（3）$\lim\limits_{t\to 0}\dfrac{(x+t)^3-x^3}{t}$

（4）$\lim\limits_{x\to 1}\left(\dfrac{1}{1-x}-\dfrac{3}{1-x^3}\right)$

（5）$\lim\limits_{x\to\infty}\dfrac{3x^5+2x^2+1}{4x^5+3x^4-5}$

（6）$\lim\limits_{x\to 0}\dfrac{1-\sqrt{1+x^2}}{x}$

（7）$\lim\limits_{x\to\infty}\dfrac{\sqrt{1+x^2}-1}{x}$

（8）$\lim\limits_{x\to 0}\dfrac{\sqrt{x^2+1}-1}{\sqrt{x^2+9}-3}$

2. 求下列函数的极限。

(1) $\lim\limits_{x\to 0}\dfrac{\sin 3x}{\sin 2x}$

(2) $\lim\limits_{x\to 0}\dfrac{\sin x-\tan x}{x^3}$

(3) $\lim\limits_{x\to 0}\dfrac{1-\cos 2x}{x\sin x}$

(4) $\lim\limits_{x\to a}\dfrac{\sin(x-a)}{x^2-a^2}$ $(a\neq 0)$

(5) $\lim\limits_{x\to 0}\dfrac{\sqrt{1+\sin^2 x}-1}{x^2}$

(6) $\lim\limits_{x\to \infty}\left(1+\dfrac{1}{x}\right)^{2x}$

(7) $\lim\limits_{x\to \infty}\left(\dfrac{x+a}{x}\right)^{2x}$ (a为常数)

(8) $\lim\limits_{x\to \infty}\left(\dfrac{2x+3}{2x+1}\right)^{x+1}$

(9) $\lim\limits_{x\to 0}(1+3\tan x)^{\cot x}$

(10) $\lim\limits_{x\to +\infty}\left(\dfrac{x-2}{x+1}\right)^{2x}$

3. 已知函数 $f(x)=\begin{cases}\dfrac{\sin x}{x}+a & x<0\\ \mathrm{e}^x+1 & x\geq 0\end{cases}$，在 $x=0$ 处连续，求 a 的值。

1.4　导数的概念

变化率问题，如人口增长率、股票价格的涨跌率以及气体分子的扩散率等，在人类社会活动中随处可见。导数就是变化率的精确化，由极限方法建立的导数概念，是微积分学最基本的概念。

1. 变化率问题举例

【例 1-26】　变速直线运动的瞬时速度。

设有一质点做变速直线运动，已知它的运动方程是 $s=f(t)$，则在时刻 t_0 到时刻 $t_0+\Delta t$ 这个时间段 Δt 内，路程的改变量为 $\Delta s=f(t_0+\Delta t)-f(t_0)$，平均速度为

$$\bar{v}=\dfrac{\Delta s}{\Delta t}=\dfrac{f(t_0+\Delta t)-f(t_0)}{\Delta t}$$

无论 $|\Delta t|$ 取得多么小（$\Delta t\neq 0$），由上式得到的仍是平均速度。

为了得到质点在时刻 t_0 的瞬时速度 $v(t_0)$，我们采用极限方法：若 $\Delta t\to 0$ 时平均速度有极限，则称此极限为 t_0 时刻的瞬时速度，即

$$v(t_0)=\lim\limits_{\Delta t\to 0}\dfrac{\Delta s}{\Delta t}=\lim\limits_{\Delta t\to 0}\dfrac{f(t_0+\Delta t)-f(t_0)}{\Delta t}$$

例如，自由落体的运动规律为 $s=\dfrac{1}{2}gt^2$，则在时刻 t_0，自由落体的瞬时速度为

$$v(t_0) = \lim_{\Delta t \to 0} \frac{s(t_0 + \Delta t) - s(t_0)}{\Delta t} = \lim_{\Delta t \to 0} \frac{\frac{1}{2}g(t_0 + \Delta t)^2 - \frac{1}{2}gt_0^2}{\Delta t}$$

$$= \lim_{\Delta t \to 0} \left(gt_0 + \frac{1}{2}g\Delta t\right) = gt_0$$

2. 导数的定义

定义 1 设函数 $y = f(x)$ 在点 x_0 的某邻域内有定义,当自变量 x 在 x_0 处取得改变量 Δx(点 $x_0 + \Delta x$ 仍在该邻域内),相应地函数 y 有改变量 $\Delta y = f(x_0 + \Delta x) - f(x_0)$,若极限

$$\lim_{\Delta x \to 0} \frac{\Delta y}{\Delta x} = \lim_{\Delta x \to 0} \frac{f(x_0 + \Delta x) - f(x_0)}{\Delta x} \tag{1-1}$$

存在,则称函数 $y = f(x)$ 在点 x_0 处<u>可导</u>,此极限称为函数 $f(x)$ 在点 x_0 处的<u>导数</u>,记作 $f'(x_0)$,也可记作 $y'(x_0)$ 或 $y'\big|_{x=x_0}$ 或 $\dfrac{dy}{dx}\big|_{x=x_0}$ 或 $\dfrac{df}{dx}\big|_{x=x_0}$。

若式(1-1)的极限不存在,则称函数 $y = f(x)$ 在点 x_0 处<u>不可导</u>。

令 $x = x_0 + \Delta x$ 或 $\Delta x = h$,可得到导数的其他等价形式:

$$f'(x_0) = \lim_{x \to x_0} \frac{f(x) - f(x_0)}{x - x_0} \tag{1-2}$$

$$f'(x_0) = \lim_{h \to 0} \frac{f(x_0 + h) - f(x_0)}{h} \tag{1-3}$$

定义 2 若在区间 (a,b) 内每一点 x 处 $f(x)$ 都可导且对应一个确定的导数值 $f'(x)$,则称函数 $f'(x)$ 为 $f(x)$ 在区间 (a,b) 内对 x 的<u>导函数</u>,简称<u>导数</u>,记作 $f'(x)$ 或 y'。

$f'(x)$ 表示了函数 $f(x)$ 在点 x 处因变量相对于自变量的变化速率。

根据导数定义,求函数 $f(x)$ 的导数可分三步进行:

(1)计算函数的改变量 Δy;

(2)计算比值 $\dfrac{\Delta y}{\Delta x}$;

(3)求极限 $\lim\limits_{\Delta x \to 0} \dfrac{\Delta y}{\Delta x}$。

【**例 1-27**】 求函数 $f(x) = \sin x$ 的导数。

解:因为 $\Delta y = \sin(x + \Delta x) - \sin x = 2\cos\left(x + \dfrac{\Delta x}{2}\right)\sin\dfrac{\Delta x}{2}$

所以

$$y' = \lim_{\Delta x \to 0} \frac{\Delta y}{\Delta x} = \lim_{\Delta x \to 0} \cos\left(x + \frac{\Delta x}{2}\right) \frac{\sin\frac{\Delta x}{2}}{\frac{\Delta x}{2}} = \cos x$$

即
$$(\sin x)' = \cos x$$

类似地可求得 $(\cos x)' = -\sin x$。

【例 1-28】 求函数 $f(x) = \ln x$ 的导数。

解： $\Delta y = \ln(x + \Delta x) - \ln x = \ln\left(1 + \dfrac{\Delta x}{x}\right)$

$$\frac{\Delta y}{\Delta x} = \frac{1}{\Delta x}\ln\left(1 + \frac{\Delta x}{x}\right) = \ln\left(1 + \frac{\Delta x}{x}\right)^{\frac{1}{\Delta x}} = \ln\left(1 + \frac{\Delta x}{x}\right)^{\frac{x}{\Delta x}\cdot\frac{1}{x}} = \frac{1}{x}\ln\left(1 + \frac{\Delta x}{x}\right)^{\frac{x}{\Delta x}}$$

所以
$$(\ln x)' = \lim_{\Delta x \to 0}\frac{\Delta y}{\Delta x} = \frac{1}{x}\lim_{\Delta x \to 0}\ln\left(1 + \frac{\Delta x}{x}\right)^{\frac{x}{\Delta x}} = \frac{1}{x}\ln e = \frac{1}{x}$$

3. 导数的几何意义

设曲线的方程为 $f(x)$，L_p 为过曲线上两点 $P_0(x_0, y_0)$ 与 $P(x, y)$ 的割线，则 L_p 的斜率为 $k_p = \dfrac{f(x) - f(x_0)}{x - x_0}$。

如图 1-6 所示，当点 $P(x, y)$ 沿着曲线趋近 $P_0(x_0, y_0)$ 时，割线 L_p 就趋近于点 $P_0(x_0, y_0)$ 处的切线，k_p 趋近于切线的斜率 k，因此切线的斜率为

$$k = \lim_{x \to x_0}\frac{f(x) - f(x_0)}{x - x_0} = f'(x_0)$$

导数的几何意义 函数 $y = f(x)$ 在 x_0 处的导数 $f'(x_0)$ 等于曲线 $y = f(x)$ 在点 (x_0, y_0) 处切线的斜率 k，即 $k = f'(x_0)$。

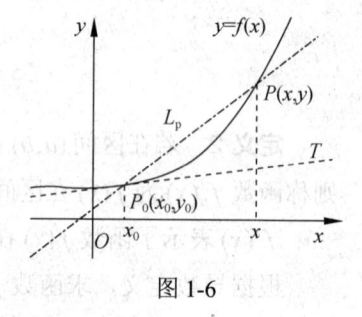

图 1-6

因此，曲线 $y = f(x)$ 上的点 (x_0, y_0) 处的切线方程为 $y - y_0 = f'(x_0)(x - x_0)$。过切点与切线垂直的直线称为法线，因此，法线方程为 $y - y_0 = -\dfrac{1}{f'(x_0)}(x - x_0)$。

【例 1-29】 求曲线 $y = x^2$ 在点 $x = 1$ 处的切线方程和法线方程。

解： $x = 1$ 时，$y = x^2 = 1^2 = 1$，所以切点为 $(1, 1)$。切线斜率 $k = (x^2)'|_{x=1} = 2x|_{x=1} = 2$。

代入切线方程和法线方程得：

切线方程为 $y - 1 = 2(x - 1)$，即 $2x - y - 1 = 0$

法线方程为 $y - 1 = -\dfrac{1}{2}(x - 1)$，即 $x + 2y - 3 = 0$

注：（1）如果函数 $y = f(x)$ 在 x_0 处可导，那么曲线 $y = f(x)$ 在点 x_0 处光滑连续（不间断且没有尖角），且曲线 $y = f(x)$ 在点 (x_0, y_0) 处有不垂直于 x 轴的切线；

（2）若 $y=f(x)$ 在点 x_0 处可导，即 $\lim\limits_{\Delta x \to 0} \dfrac{\Delta y}{\Delta x} = f'(x_0)$ 存在，则必在 x_0 处连续。但连续未必可导。

练习 1.4

1. 求函数 $y=2x^2$ 从 $x=1$ 变化到 $x=1+\Delta x$ 处的改变量 Δy，并求 $\lim\limits_{\Delta x \to 0} \dfrac{\Delta y}{\Delta x}$ 的值。

2. 用导数的定义求下列函数在指定点的导数。
（1） $y=\sqrt{x+1}$ 在点 $x_0=3$ 处 　　　　　（2） $y=\sin(2x+1)$ 在点 $x=x_0$ 处

3. 证明 $(\cos x)' = -\sin x$。

4. 证明 $(x^n)' = nx^{n-1}$（n 为正整数）。

5. 求下列曲线在给定点处的切线方程和法线方程。
（1） $y=\ln x$ 在点（1，0）处 　　　　　（2） $y=\cos x$ 在点 $\left(\dfrac{\pi}{4}, \dfrac{\sqrt{2}}{2}\right)$ 处

6. 自变量 x 取何值时，曲线 $y=\ln x$ 的切线与 $y=\sqrt{x}$ 的切线平行？

1.5 导数运算法则

根据导数的定义，可以计算部分基本初等函数的导数。但直接用导数定义计算复杂函数的导数很烦琐，本节将建立一系列导数运算法则，从而使求导数的计算简单化。求导数的方法称为微分法。

1. 导数的四则运算法则

定理 1 设函数 $u(x)$ 与 $v(x)$ 都在点 x 处可导，则它们的和、差、积、商（分母不为零）在点 x 处仍可导，并且

（1） $[u(x) \pm v(x)]' = u'(x) \pm v'(x)$

（2） $[u(x)v(x)]' = u'(x)v(x) + u(x)v'(x)$

（3） $\left[\dfrac{u(x)}{v(x)}\right]' = \dfrac{u'(x)v(x) - u(x)v'(x)}{v^2(x)}$ $(v(x) \neq 0)$

证明：下面仅对（2）进行证明。

令 $y=u(x)v(x)$，则

$$\begin{aligned}\Delta y &= [u(x+\Delta x)v(x+\Delta x)] - [u(x)v(x)] \\ &= u(x+\Delta x)v(x+\Delta x) - u(x)v(x+\Delta x) + u(x)v(x+\Delta x) - u(x)v(x) \\ &= [u(x+\Delta x) - u(x)]v(x+\Delta x) + u(x)[v(x+\Delta x) - v(x)]\end{aligned}$$

$$\frac{\Delta y}{\Delta x} = \frac{u(x+\Delta x)-u(x)}{\Delta x}v(x+\Delta x)+u(x)\frac{v(x+\Delta x)-v(x)}{\Delta x}$$

$$\lim_{\Delta x\to 0}\frac{\Delta y}{\Delta x} = \lim_{\Delta x\to 0}\frac{u(x+\Delta x)-u(x)}{\Delta x}\lim_{\Delta x\to 0}v(x+\Delta x)+u(x)\lim_{\Delta x\to 0}\frac{v(x+\Delta x)-v(x)}{\Delta x}$$

即
$$[u(x)v(x)]' = u'(x)v(x) + u(x)v'(x)$$

推论 1 $[ku(x)]' = ku'(x)$（k 为常数）

推论 2 $\left[\dfrac{1}{u(x)}\right]' = -\dfrac{u'(x)}{u^2(x)}$

推论 3 $[u(x)v(x)w(x)]' = u'(x)v(x)w(x) + u(x)v'(x)w(x) + u(x)v(x)w'(x)$

【例 1-30】 设 $y = \dfrac{1}{3}x^3 + \sqrt{x} - \cos x$，求 y'。

解： $y' = \left(\dfrac{1}{3}x^3 + \sqrt{x} - \cos x\right)' = \left(\dfrac{1}{3}x^3\right)' + (\sqrt{x})' - (\cos x)' = x^2 + \dfrac{1}{2\sqrt{x}} + \sin x$

【例 1-31】 设 $f(x) = xe^x$，求 $f'(x)$ 及 $f'(0)$。

解： $f'(x) = x'e^x + x(e^x)' = e^x + xe^x = (x+1)e^x$

$$f'(0) = e^0 = 1$$

【例 1-32】 设 $f(x) = \dfrac{x-1}{x^2+1}$，求 $f'(x)$。

解： $f'(x) = \dfrac{(x-1)'(x^2+1) - (x-1)(x^2+1)'}{(x^2+1)^2} = \dfrac{x^2+1 - (x-1)\times 2x}{(x^2+1)^2}$

$$= \dfrac{x^2+1-2x^2+2x}{(x^2+1)^2} = \dfrac{-x^2+2x+1}{(x^2+1)^2}$$

【例 1-33】 设 $f(x) = \tan x$，求 $f'(x)$。

解： $f'(x) = (\tan x)' = \left(\dfrac{\sin x}{\cos x}\right)' = \dfrac{(\sin x)'\cos x - \sin x(\cos x)'}{\cos^2 x}$

$$= \dfrac{\cos x\cos x - \sin x(-\sin x)}{\cos^2 x} = \dfrac{\cos^2 x + \sin^2 x}{\cos^2 x}$$

$$= \dfrac{1}{\cos^2 x} = \sec^2 x$$

同理可得 $(\cot x)' = -\csc^2 x$。

【例 1-34】 设 $f(x) = \sec x$，求 $f'(x)$。

解： $f'(x) = (\sec x)' = \left(\dfrac{1}{\cos x}\right)' = -\dfrac{(\cos x)'}{\cos^2 x}$

$$= -\dfrac{-\sin x}{\cos^2 x} = \dfrac{\sin x}{\cos^2 x} = \dfrac{1}{\cos x}\dfrac{\sin x}{\cos x} = \sec x \tan x$$

同理可得 $(\csc x)' = -\csc x \cot x$。

【例 1-35】 设 $f(x) = \log_a x$（$a > 0$ 且 $a \neq 1$），求 $f'(x)$。

解： $f'(x) = (\log_a x)' = \left(\dfrac{\ln x}{\ln a}\right)' = \dfrac{1}{\ln a}(\ln x)' = \dfrac{1}{x\ln a}$

即 $(\log_a x)' = \dfrac{1}{x\ln a}$ $(a>0$ 且 $a\neq 1)$。

根据相关知识还可以求得：

$(\arcsin x)' = \dfrac{1}{\sqrt{1-x^2}}$ $\qquad$ $(\arccos x)' = -\dfrac{1}{\sqrt{1-x^2}}$

$(\arctan x)' = \dfrac{1}{1+x^2}$ $\qquad$ $(\text{arccot}\, x)' = -\dfrac{1}{1+x^2}$

这样可以得到基本初等函数及常数的导数公式，为了方便查阅，汇总如下：

（1） $(C)' = 0$ $\qquad\qquad$ （2） $(x^a)' = ax^{a-1}$

（3） $(a^x)' = a^x \ln a$ $\qquad\qquad$ （4） $(e^x)' = e^x$

（5） $(\log_a x)' = \dfrac{1}{x\ln a}$ $\qquad\qquad$ （6） $(\ln x)' = \dfrac{1}{x}$

（7） $(\sin x)' = \cos x$ $\qquad\qquad$ （8） $(\cos x)' = -\sin x$

（9） $(\tan x)' = \sec^2 x$ $\qquad\qquad$ （10） $(\cot x)' = -\csc^2 x$

（11） $(\sec x)' = \sec x \tan x$ $\qquad\qquad$ （12） $(\csc x)' = -\csc x \cot x$

（13） $(\arcsin x)' = \dfrac{1}{\sqrt{1-x^2}}$ $\qquad$ （14） $(\arccos x)' = -\dfrac{1}{\sqrt{1-x^2}}$

（15） $(\arctan x)' = \dfrac{1}{1+x^2}$ $\qquad$ （16） $(\text{arccot}\, x)' = -\dfrac{1}{1+x^2}$

2. 复合函数的求导法则

定理 2 设函数 $y = f(u)$ 与函数 $u = \varphi(x)$ 构成复合函数 $y = f[\varphi(x)]$，如果

① 函数 $u = \varphi(x)$ 在点 x 处可导；

② 函数 $y = f(u)$ 在对应点 $u = \varphi(x)$ 可导。

那么复合函数 $y = f[\varphi(x)]$ 在点 x 处可导，且

$$f'[\varphi(x)] = [f(u)]'_u [\varphi(x)]'_x，\text{即 } y'_x = y'_u u'_x \text{ 或 } \dfrac{dy}{dx} = \dfrac{dy}{du} \cdot \dfrac{du}{dx}$$

这个法则说明：复合函数的导数，等于复合函数对中间变量的导数乘以中间变量对自变量的导数。这一法则又称为链式法则。

【**例 1-36**】 求下列函数的导数。

（1） $y = (3x^2+1)^3$ $\qquad\qquad$ （2） $y = \sin(\sqrt{x}-2)$

（3） $y = \ln\cos x$ $\qquad\qquad$ （4） $y = e^{\tan x}$

解：（1）函数可以分解为 $y = u^3(x)$，$u(x) = 3x^2+1$，得

$$y' = [u^3(x)]' = 3u^2(x)u'(x) = 3(3x^2+1)^2(3x^2+1)'$$
$$= 3(3x^2+1)^2 6x = 18x(3x^2+1)^2$$

例 1-36（1） 复合函数导数的求解

（2）把 $\sqrt{x}-2$ 当作中间变量，

$$y' = \cos(\sqrt{x}-2)(\sqrt{x}-2)' = \frac{\cos(\sqrt{x}-2)}{2\sqrt{x}}$$

（3）把 $\cos x$ 当作中间变量，

$$y' = \frac{1}{\cos x}(\cos x)' = -\frac{\sin x}{\cos x} = -\tan x$$

（4）把 $\tan x$ 当作中间变量，

$$y' = (e^{\tan x})' = e^{\tan x}(\tan x)' = \sec^2 x e^{\tan x}$$

【例 1-37】 求下列函数的导数。

(1) $y = \sqrt{\cos x^2}$ (2) $y = e^{x^2-3x-2}$

解：(1) 设 $y = \sqrt{u(x)}$，$u(x) = \cos v$，$v = x^2$，则

$$y' = y_u' u_v' v_x' = \left(\sqrt{u(x)}\right)_u' (\cos v)_v' (x^2)' = \frac{1}{2\sqrt{u(x)}}(-\sin v)(2x)$$

$$= -\frac{x \sin x^2}{\sqrt{\cos x^2}} = -x \tan x^2 \sqrt{\cos x^2}$$

(2) $y' = e^{x^2-3x-2}(x^2-3x-2)' = (2x-3)e^{x^2-3x-2}$

练习 1.5

1. 求下列各函数的导数（其中，x，t，θ 为变量）。

(1) $y = 2x^2 - 3x + 1$ (2) $y = 3\sqrt{x} - \frac{1}{x} + \sqrt[3]{3}$

(3) $y = (\sqrt{x}+1)\left(\frac{1}{\sqrt{x}}-1\right)$ (4) $y = x \ln x$

(5) $y = 2\sin\theta + 3\cos\theta$ (6) $y = x\cos x \ln x$

(7) $y = e^x \sin x$ (8) $y = \sin\theta + \cos\theta$

(9) $y = (2+\sec t)\sin t$ (10) $y = x^5 e^x$

(11) $y = \frac{1-\ln t}{1+\ln t}$ (12) $y = \frac{\sin x}{1+\cos x}$

(13) $y = \sin(x \ln x)$ (14) $y = e^{3x} + \sin 2x$

(15) $y = xe^{x^2}$ (16) $y = (2x+1)^3(3x-2)^2$

(17) $y = (3\sin x + 2\cos x - 5)^3$ (18) $y = \sin^2 x \cos 2x$

(19) $y = \ln(x+\sqrt{x^2+1})$ (20) $y = e^{3x}\sin 2x$

2. 求下列函数在给定点的导数。

(1) $f(x) = 3x - 2\sqrt{x}$，$x = 4$ 和 $x = a^2$ (2) $y = \sqrt{1+\ln^2 x}$，$x = e$

3. 设电量 Q 与时间 t 的函数关系为 $Q(t)=3\sin t$，求在时刻 t 的电流强度 $i(t)$。

4. 设放入冷冻库中的食物，依据函数 $F(t)=\dfrac{700}{t^2+4t+10}$ 降温，其中，t 为时间（单位为小时），求 $t=1$ 和 $t=10$ 时 F 相对于 t 的变化率。

1.6　隐函数的导数和高阶导数

1. 隐函数的导数

如果变量 x、y 之间的函数关系由一个二元方程 $F(x,y)=0$ 确定，称这种函数为隐函数。

有些隐函数，如方程 $y^3+2y-x=0$ 所确定的函数，y 难以解出。因此，我们对隐函数直接求导，其步骤是：

（1）将方程 $F(x,y)=0$ 两端对 x 求导，在求导过程中要注意 y 是 x 的函数，含 y 的函数是 x 的复合函数；

（2）解出 y'。

【例 1-38】　设 $y^5+2y-x=0$，求 y' 与 $y'|_{x=0}$。

解：将方程两端对 x 求导，得
$$5y^4\cdot y'+2y'-1=0$$
所以
$$y'=\dfrac{1}{5y^4+2}$$

当 $x=0$ 时，由方程知 $y=0$，因此有
$$y'|_{x=0}=\dfrac{1}{5y^4+2}\bigg|_{y=0}=\dfrac{1}{2}$$

【例 1-39】　设 $y=\arctan x$，求 y'。

解：由 $y=\arctan x$，得 $x=\tan y$，两边求导，得
$$1=\sec^2 y\cdot y'$$
$$y'=\dfrac{1}{\sec^2 y}=\dfrac{1}{1+\tan^2 y}=\dfrac{1}{1+x^2}$$
即
$$(\arctan x)'=\dfrac{1}{1+x^2}$$

类似地，可以得到其他反三角函数的导数公式：
$$(\arcsin x)'=\dfrac{1}{\sqrt{1-x^2}} \qquad (\arccos x)'=-\dfrac{1}{\sqrt{1-x^2}} \qquad (\text{arccot}\, x)'=-\dfrac{1}{1+x^2}$$

2. 高阶导数

若函数 $y=f(x)$ 的导数 $y'=f'(x)$ 仍然是 x 的可导函数，则称 $y'=f'(x)$ 的导数为函数 $y=f(x)$ 的<u>二阶导数</u>，记作 y''，$y''(x)$ 或 $\dfrac{d^2 y}{dx^2}$，即 $y''=(y')'$，$f''(x)=\left[f'(x)\right]'$ 或 $\dfrac{d^2 y}{dx^2}=\dfrac{d}{dx}\left(\dfrac{dy}{dx}\right)$。

类似地，二阶导数的导数称为 $y=f(x)$ 的三阶导数；一般地，$f(x)$ 的 $(n-1)$ 阶导数的导数称为 $y=f(x)$ 的 n 阶导数；三阶及三阶以上的导数形式可以记作 y'''，$y^{(4)}$，…，$y^{(n)}$ 或 $f'''(x)$，$f^{(4)}(x)$，…，$f^{(n)}(x)$ 或 $\dfrac{d^3 y}{dx^3}$，$\dfrac{d^4 y}{dx^4}$，…，$\dfrac{d^n y}{dx^n}$。

一般把 $f'(x)$ 称为 $y=f(x)$ 的<u>一阶导数</u>，二阶及二阶以上的导数统称为<u>高阶导数</u>。

【例 1-40】 设 $y=x^4$，求 $y^{(4)}$ 和 $y^{(5)}$。

解： $y'=4x^3$，$y''=12x^2$，$y'''=24x$，$y^{(4)}=24$，$y^{(5)}=0$

【例 1-41】 设 $y=\sin x$，求 $y^{(n)}$。

解： $y'=\cos x=\sin\left(x+\dfrac{\pi}{2}\right)$

$$y''=\cos\left(x+\dfrac{\pi}{2}\right)=\sin\left(x+2\times\dfrac{\pi}{2}\right)$$

$$y'''=\cos\left(x+2\times\dfrac{\pi}{2}\right)=\sin\left(x+3\times\dfrac{\pi}{2}\right)$$

$$\vdots$$

$$y^{(n)}=\sin\left(x+n\cdot\dfrac{\pi}{2}\right)=\sin\left(x+\dfrac{n\pi}{2}\right)$$

即

$$(\sin x)^{(n)}=\sin\left(x+\dfrac{n\pi}{2}\right)$$

同理可得 $(\cos x)^{(n)}=\cos\left(x+\dfrac{n\pi}{2}\right)$。

注： 求显函数的高阶导数，经常要进行归纳。

前面介绍了求隐函数的导数 y' 的若干方法，若求隐函数的二阶导数，无非是求 $\dfrac{dy'}{dx}$，其求解方法与求 y' 相类似。

【例 1-42】 方程 $x^2+y^2=R^2$ 确定了函数 $y=y(x)$，求 y''。

解： 先求一阶导数，两边分别对 x 求导，得

$$2x+2yy'=0$$

$$y' = -\frac{x}{y}$$

再求二阶导数，注意到 $y'' = \dfrac{\mathrm{d}y'}{\mathrm{d}x}$，所以

$$y'' = \frac{\mathrm{d}y'}{\mathrm{d}x} = -\frac{x'y - xy'}{y^2} = \frac{xy' - y}{y^2}$$

$$= \frac{x\left(-\dfrac{x}{y}\right) - y}{y^2} = -\frac{x^2 + y^2}{y^3} = -\frac{R^2}{y^3}$$

3. 洛必达法则

在求分式极限 $\lim \dfrac{f(x)}{g(x)}$ 时，若 $f(x)$ 和 $g(x)$ 都趋向于 0 或 ∞，则极限可能存在，也可能不存在。通常把上述极限称为未定式，并简记为 $\dfrac{0}{0}$ 或 $\dfrac{\infty}{\infty}$。洛必达法则是处理上述未定式极限的有效方法，也是导数在计算极限中的一个应用。

定理（洛必达法则） 对 $\dfrac{0}{0}$ 型或 $\dfrac{\infty}{\infty}$ 型的极限，只要下式右边极限存在（或为 ∞），则

$$\lim_{x \to *} \frac{f(x)}{g(x)} = \lim_{x \to *} \frac{f'(x)}{g'(x)}$$

正确使用洛必达法则，应注意以下几点：
① "*" 可表示 x_0，x_0^+，x_0^-，∞，+∞，-∞ 中任一种；
② 必须是 $\dfrac{0}{0}$ 型或 $\dfrac{\infty}{\infty}$ 型，否则不适用；
③ 上式右端 $\lim\limits_{x \to *} \dfrac{f'(x)}{g'(x)}$ 极限不存在时，不能说明原极限 $\lim\limits_{x \to *} \dfrac{f(x)}{g(x)}$ 不存在；
④ 洛必达法则施行一次后未得结果，若仍满足洛必达法则条件，则可继续使用洛必达法则。

【例 1-43】 求 $\lim\limits_{x \to 1} \dfrac{x^3 - 3x + 2}{x^3 - x^2 - x + 1}$。

解：所求极限为 $\dfrac{0}{0}$ 型。

$$\lim_{x \to 1} \frac{x^3 - 3x + 2}{x^3 - x^2 - x + 1} = \lim_{x \to 1} \frac{(x^3 - 3x + 2)'}{(x^3 - x^2 - x + 1)'} = \lim_{x \to 1} \frac{3x^2 - 3}{3x^2 - 2x - 1}$$

$$= \lim_{x \to 1} \frac{(3x^2 - 3)'}{(3x^2 - 2x - 1)'} = \lim_{x \to 1} \frac{6x}{6x - 2} = \frac{3}{2}$$

注：极限 $\lim\limits_{x \to 1} \dfrac{3x^2 - 3}{3x^2 - 2x - 1}$ 仍为 $\dfrac{0}{0}$ 型，再次运用洛必达法则。

【例1-44】 求 $\lim\limits_{x\to+\infty}\dfrac{\ln x}{x^n}$ （$n>0$）。

解：所求极限为 $\dfrac{\infty}{\infty}$ 型。

$$\lim_{x\to+\infty}\frac{\ln x}{x^n}=\lim_{x\to+\infty}\frac{(\ln x)'}{(x^n)'}=\lim_{x\to+\infty}\frac{\dfrac{1}{x}}{nx^{n-1}}=\lim_{x\to+\infty}\frac{1}{nx^n}=0$$

注：形如 $0\cdot\infty$，1^∞，0^0，∞^0，$\infty-\infty$ 等类型的极限若可化为 $\dfrac{0}{0}$ 型或 $\dfrac{\infty}{\infty}$ 型的未定式，也可采用洛必达法则求极限。

【例1-45】 求 $\lim\limits_{x\to 0^+} x^n\ln x$ （$n>0$）。

解：将 $0\cdot\infty$ 型的 $x^n\ln x$ 改写为 $\dfrac{\ln x}{x^{-n}}$，使之转化为 $\dfrac{\infty}{\infty}$ 型未定式。

$$\lim_{x\to 0^+}x^n\ln x=\lim_{x\to 0^+}\frac{\ln x}{x^{-n}}=\lim_{x\to 0^+}\frac{\dfrac{1}{x}}{-nx^{-n-1}}=-\frac{1}{n}\lim_{x\to 0^+}x^n=0$$

【例1-46】 求 $\lim\limits_{x\to 1}\left(\dfrac{x}{1-x}-\dfrac{1}{\ln x}\right)$。

解：将 $\infty-\infty$ 型的 $\dfrac{x}{1-x}-\dfrac{1}{\ln x}$ 通分转化为 $\dfrac{0}{0}$ 型未定式。

$$\lim_{x\to 1}\left(\frac{x}{1-x}-\frac{1}{\ln x}\right)=\lim_{x\to 1}\frac{x\ln x-(1-x)}{(1-x)\ln x}=\lim_{x\to 1}\frac{\ln x+2}{\dfrac{1-x}{x}-\ln x}=\infty$$

最后，读者可验证，极限 $\lim\limits_{x\to 0}\dfrac{x^2\sin\dfrac{1}{x}}{\sin x}=0$，虽然极限为 $\dfrac{0}{0}$ 型，但不能用洛必达法则求出。

练习1.6

1. 求下列方程所确定的隐函数 y 的导数。

   (1) $y^2-2xy+9=0$ 　　　　　　　　　(2) $\dfrac{x^2}{4}+\dfrac{y^2}{9}=1$

   (3) $y=\cos(x+y)$ 　　　　　　　　　　(4) $\arctan\dfrac{y}{x}=\ln(x^2+y^2)$

2. 求下列函数的导数。

   (1) $y=\arccos\dfrac{1}{x}$ 　　　　　　　　　(2) $y=\arcsin\sqrt{\dfrac{1-x}{1+x}}$

3. 求曲线 $x+\dfrac{5}{2}x^2y^2-3y=\dfrac{1}{2}$ 在点 (1,1) 处的切线方程和法线方程。

4. 求下列函数的二阶导数。
(1) $y = x^3 + 2x^2 + 3$
(2) $y = x\sin x$

5. 求下列隐函数的二阶导数。
(1) $x^2 - xy + y^2 = 1$
(2) $x + y = e^y$

6. 求下列极限。
(1) $\lim\limits_{x \to 0} \dfrac{\tan x}{x}$
(2) $\lim\limits_{x \to 0} \dfrac{x - \sin x}{x^3}$
(3) $\lim\limits_{x \to 0} \left(\dfrac{1}{x} - \dfrac{1}{e^x - 1} \right)$
(4) $\lim\limits_{x \to +\infty} \dfrac{x^2 + \ln x}{x \ln x}$

1.7 微分及其应用

对于函数 $y = f(x)$，当 x 有微小改变量 Δx 时，讨论 Δy 的简单近似公式。

如 $y = x^2$，有 $f'(x) = 2x$，当 x 增加 Δx 时，

$$\Delta y = (x + \Delta x)^2 - x^2 = 2x\Delta x + \Delta x^2 = f'(x)\Delta x + \Delta x^2$$

上式中 $f'(x)\Delta x$ 是 Δx 的线性函数，当 $\Delta x \to 0$ 时，Δx^2 比 Δx 更快接近 0，可用 $f'(x)\Delta x$ 近似表示 Δy。

1. 微分的概念

定义 若函数 $y = f(x)$ 在点 x_0 处有导数 $f'(x_0)$，则称 $f'(x_0)\Delta x$ 为 $y = f(x)$ 在点 x_0 处的微分，记作 dy，即 $dy = f'(x_0)\Delta x$，此时，称 $y = f(x)$ 在点 x_0 处可微。

函数 $y = f(x)$ 在任意点 x 处的微分，称为函数的微分，记作 $dy = f'(x)\Delta x$。

如果将自变量 x 作为自己的函数 $y = x$，则有 $dx = (x)'\Delta x = \Delta x$，说明自变量的微分 dx 就等于它的改变量 Δx，于是函数的微分可写成

$$dy = f'(x)dx$$

即

$$f'(x) = \dfrac{dy}{dx}$$

就是说，函数的微分 dy 与自变量的微分 dx 之商等于该函数的导数，因此，导数又叫微商。

2. 微分的计算

根据定义，函数 $y = f(x)$ 在点 x 处可导就可微；反之，可微则一定可导，即可导和可微是等价的。

求函数的微分就是求函数的导数，再乘一个 dx。因此，求导数的一切基本公式和

运算法则都适用于求微分。

【例1-47】 求下列函数的微分。

(1) $y = x^2 e^x$ 　　　　　　　　　　　　　(2) $y = \cos x \ln x$

解：(1) $y' = (x^2)' e^x + x^2 (e^x)' = 2x e^x + x^2 e^x = x e^x (x+2)$

$$dy = y' dx = x e^x (x+2) dx$$

(2) $y' = -\sin x \ln x + \dfrac{1}{x} \cos x$

$$dy = \left(-\sin x \ln x + \dfrac{1}{x} \cos x \right) dx$$

由于可导和可微的这种等价关系，通常把求导运算和求微分运算统称为<u>微分法</u>。

设 $y = f(u)$，$u = \varphi(x)$ 复合为函数 $y = f[\varphi(x)]$，如果 $u = \varphi(x)$ 可微，且相应点处 $y = f(u)$ 可微，则有

$$dy = f'(u) \varphi'(x) dx = f'(u) du$$

上式说明，不管 u 是自变量还是中间变量，其微分形式都不变，这一性质称为<u>一阶微分形式的不变性</u>。

3. 微分在近似计算中的应用

用微分进行近似计算，既简便又能达到较高的精确度，因而适用于许多实际生产、生活中的数值计算问题。当 $|\Delta x|$ 很小时，有 $\Delta y \approx dy$。

即　　　　　　　　　$f(x_0 + \Delta x) - f(x_0) \approx f'(x_0) \Delta x$

或　　　　　　　　　$f(x_0 + \Delta x) \approx f(x_0) + f'(x_0) \Delta x$

或　　　　　　　　　$f(x) \approx f(x_0) + f'(x_0)(x - x_0)$

上式的意义：在 x_0 附近可用切线 $y = f(x_0) + f'(x_0)(x - x_0)$ 近似代替曲线 $y = f(x)$。

【例1-48】 求 $\sin 46°$ 的近似值。

解：取 $x_0 = 45° = \dfrac{\pi}{4}$，$\Delta x = 1° = \dfrac{\pi}{180}$

$$\sin 46° \approx \sin\left(\dfrac{\pi}{4} + \dfrac{\pi}{180}\right) \cos \dfrac{\pi}{4} = 0.7071 \times (1 + 0.0175) = 0.7194$$

查三角函数表得 $\sin 46° = 0.7193$。

【例1-49】 一个充气的气球，半径为 4m，升空后，因外部气压降低，气球半径增大了 10cm，问气球的体积近似增加多少？

解：球的体积公式是 $V = \dfrac{4}{3} \pi r^3$。当 r 由 4m 增加到 (4+0.1)m 时，V 的增加为

$$\Delta V \approx dV$$
$$dV = V' dr = 4\pi r^2 dr$$

$$dr = 0.1, \quad r = 4$$

代入上式，得出体积近似增加了 $\Delta V \approx 4 \times 3.14 \times 4^2 \times 0.1 \approx 20 (\text{m}^3)$。

4. 误差估计

先介绍关于误差的两个术语。

如果某个量的准确值为 A，它的近似值为 a，则 A 与 a 之差的绝对值 $|A-a|$ 叫作 a 的绝对误差。

绝对误差与 $|a|$ 的比值 $\left|\dfrac{A-a}{a}\right|$ 叫作 a 的相对误差。

例如，一根轴的设计要求为长 120mm，而加工后测量为 120.03mm，则

绝对误差为 $|120-120.03| = 0.03 \,(\text{mm})$

相对误差为 $\left|\dfrac{0.03}{120.03}\right| = 0.00025 = 0.025\,\%$

又如，一根轴的设计要求为长 12 mm，而加工后测量为 12.03(mm)，则

绝对误差为 $|12-12.03| = 0.03 \,(\text{mm})$

相对误差为 $\left|\dfrac{0.03}{12.03}\right| = 0.0025 = 0.25\,\%$

两例相比，绝对误差相同，而前者的相对误差比后者的相对误差小，即前者的精确度高得多。

由此，一个量的精确程度应当由相对误差来衡量。怎样用微分计算误差呢？

函数 $y=f(x)$，如果用 x 计算 y 时，x 有误差 Δx，则由 $\Delta y \approx f'(x)\Delta x$ 计算 y 的绝对误差

$$|f'(x)\Delta x|$$

和相对误差

$$\left|\dfrac{f'(x)\Delta x}{f(x)}\right|$$

【例 1-50】 在机械设计与制造中，常用到圆钢。多次测量一根圆钢，测得其直径平均值为 $D = 50\,\text{mm}$，绝对误差的平均值为 $0.04\,\text{mm}$。试计算其截面积，并估计其误差。

解：圆面积 $S = \dfrac{\pi}{4}D^2$，故截面积为

$$S = \dfrac{\pi}{4} \times 50^2 \approx 1963.5 \,(\text{mm}^2)$$

S 的绝对误差 $\quad \Delta S \approx \left|\dfrac{\pi}{2}D \cdot \Delta D\right| = \dfrac{\pi}{2} \times 50 \times 0.04 \approx 3.14 \,(\text{mm}^2)$

相对误差 $\left|\dfrac{\Delta S}{S}\right| \approx \left|\dfrac{\dfrac{\pi}{2}D \cdot \Delta D}{\dfrac{\pi}{4}D^2}\right| = \dfrac{1}{625} = 0.16\%$

练习 1.7

1. 求函数 $y = x^2 + 1$ 在 $x = 1$，$\Delta x = 0.1$ 的改变量与微分。

2. 函数 $y = x^2 + 2x + 3$，求当 x 由 2 变到 1.98 时函数的微分。

3. 求下列函数的微分。
   (1) $y = \sqrt{1+x^2}$ 　　　　　　　　　　(2) $y = 2\sqrt{x} + 3\ln x - 6\mathrm{e}^x + 7$
   (3) $y = x\ln x$ 　　　　　　　　　　　　(4) $y = \mathrm{e}^x \sin x$

4. 计算 $\sqrt[3]{996}$ 的近似值。

5. 计算 $\cos 29°$ 的近似值。

6. 正方形铁板边长 $x = 2.4(\mathrm{m}) \pm 0.05(\mathrm{m})$，求由此计算所得正方形的面积的绝对误差和相对误差。

7. 为了使球的体积的相对误差不超过 1%，问测量球的半径 R 时所允许发生的相对误差是多少？

1.8　函数的单调性与极值

1. 函数单调性的判别法

定理 1　设函数 $f(x)$ 在闭区间 $[a,b]$ 上连续，在开区间 (a,b) 内可微，则
① 若 $x \in (a,b)$ 时恒有 $f'(x) > 0$，则 $f(x)$ 在闭区间 $[a,b]$ 上单调递增；
② 若 $x \in (a,b)$ 时恒有 $f'(x) < 0$，则 $f(x)$ 在闭区间 $[a,b]$ 上单调递减。

该定理的几何意义：如图 1-7（a）所示，$f'(x) = \tan\alpha > 0$，α 是锐角，曲线单调上升；如图 1-7（b）所示，$f'(x) = \tan\alpha < 0$，α 是钝角，曲线单调下降。

说明：若导数 $f'(x)$ 仅在个别点处为 0，定理的结论仍然成立。

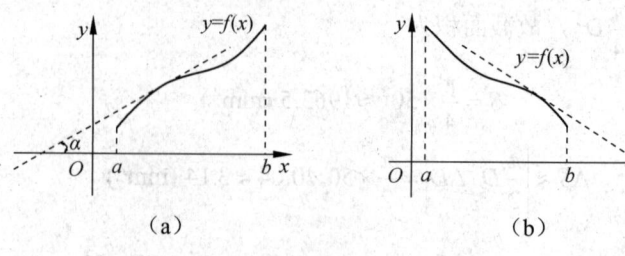

　　　　　　　　（a）　　　　　　　　　　　　（b）

图 1-7

【例 1-51】 求函数 $f(x)=x^3-3x^2-9x$ 的单调区间。

解：函数在定义区间 $(-\infty,+\infty)$ 上连续，且可导，故
$$f'(x)=3x^2-6x-9=3(x-3)(x+1)$$
解方程 $f'(x)=0$，即 $3(x-3)(x+1)=0$，得
$$x_1=-1，\quad x_2=3$$
使 $f'(x)=0$ 的点 x_0 称为 $f(x)$ 的驻点。

两个驻点把定义区间 $(-\infty,+\infty)$ 分成三个子区间 $(-\infty,-1]$，$(-1,3)$，$[3,+\infty)$，每个区间的单调情况见表 1-2。

表 1-2

x	$(-\infty,-1]$	$(-1,3)$	$[3,+\infty)$
$f'(x)$	+	−	+
$f(x)$	↗	↘	↗

注：表中"↗"表示单调递增，"↘"表示单调递减。

由表 1-2 可以看出，$f(x)$ 在 $(-\infty,-1]$ 和 $[3,+\infty)$ 内单调增加，在 $(-1,3)$ 内单调减小。

确定函数单调性的一般步骤：

① 确定函数的定义域；

② 求出使 $f'(x)=0$ 和 $f'(x)$ 不存在的点，并以这些点为分界点，将定义域分为若干个子区间；

③ 确定 $f'(x)$ 在各个子区间内的符号，从而判定 $f(x)$ 的单调性。

【例 1-52】 讨论 $f(x)=\ln\left(x+\sqrt{1+x^2}\right)$ 的单调性。

解：$f(x)$ 的定义域为 $(-\infty,+\infty)$
$$f'(x)=\frac{1}{x+\sqrt{1+x^2}}\left(1+\frac{2x}{2\sqrt{1+x^2}}\right)=\frac{1}{\sqrt{1+x^2}}>0$$
故 $f(x)$ 在 $(-\infty,+\infty)$ 内单调增加。

2. 函数的极值和最值

（1）极值和极值点的概念

定义 设函数 $f(x)$ 在 x_0 的一个邻域内有定义，若对于该邻域内异于 x_0 的 x 恒有：

① $f(x_0)>f(x)$，则称 $f(x_0)$ 为函数 $f(x)$ 的极大值，x_0 称为 $f(x)$ 的极大值点；

② $f(x_0)<f(x)$，则称 $f(x_0)$ 为函数 $f(x)$ 的极小值，x_0 称为 $f(x)$ 的极小值点。

函数的极大值、极小值统称为函数的极值，极大值点、极小值点统称为极值点。

注：

① 函数的极值是函数的局部性质，不一定是最值。

② 函数的极值不是唯一的。
③ 极大值和极小值没有必然的大小关系。

（2）极值点的判定

定理 2（必要条件） 函数的极值点必为驻点或不可导点。

定理 3（第一充分条件） 设函数 $f(x)$ 在点 x_0 的某去心邻域内可导，且 $f'(x_0)=0$，则

① 如果当 x 取 x_0 左侧邻近的值时，$f'(x)$ 恒为正；当 x 取 x_0 右侧邻近的值时，$f'(x)$ 恒为负，那么函数 $f(x)$ 在 x_0 处取得极大值。

② 如果当 x 取 x_0 左侧邻近的值时，$f'(x)$ 恒为负；当 x 取 x_0 右侧邻近的值时，$f'(x)$ 恒为正，那么函数 $f(x)$ 在 x_0 处取得极小值。

在图 1-8 中，x_5 处有平行于 x 轴的切线，即 $f'(x_5)=0$，x_5 左侧有 $f'(x)>0$，x_5 右侧有 $f'(x)<0$，故 x_5 处取得极大值 $f(x_5)$，在 x_5 附近 $f'(x)$ 由正变负。类似地，在 x_4 处取得极小值，$f'(x)$ 由负变正，为此有下述定理。

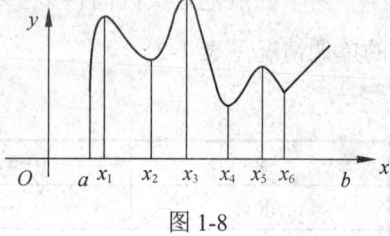

图 1-8

定理 4（第二充分条件） 设函数 $f(x)$ 在点 x_0 处具有二阶导数，且 $f'(x_0)=0$，$f''(x_0) \neq 0$，那么

① 当 $f''(x_0)<0$ 时，函数 $f(x)$ 在点 x_0 处取得极大值；
② 当 $f''(x_0)>0$ 时，函数 $f(x)$ 在点 x_0 处取得极小值。

【例 1-53】 求函数 $f(x)=2x^3+3x^2-12x-1$ 的极值。

解：函数定义域为 $(-\infty,+\infty)$，$f'(x)=6x^2+6x-12=6(x+2)(x-1)$，令 $f'(x)=0$，得驻点 $x_1=-2$，$x_2=1$，其单调区间和极值见表 1-3。

例 1-53 函数极值的求解

表 1-3

x	$(-\infty,-2)$	-2	$(-2,1)$	1	$(1,+\infty)$
y'	$+$	0	$-$	0	$+$
y	↗	极大值	↘	极小值	↗

由表 1-3 可知，函数在 $x=-2$ 处取得极大值 $f(-2)=19$，在 $x=1$ 处取得极小值 $f(1)=-8$。

【例 1-54】 求函数 $f(x)=\sqrt{3}x+2\sin x$ 在区间 $[0,2\pi]$ 上的极值。

解：因为 $f'(x)=\sqrt{3}+2\cos x$，$f''(x)=-2\sin x$

令 $f'(x)=0$，解得驻点 $x_1=\dfrac{5\pi}{6}$，$x_2=\dfrac{7\pi}{6}$。

又 $f''\left(\dfrac{5\pi}{6}\right)=-1<0$，所以 $f\left(\dfrac{5\pi}{6}\right)=\dfrac{5\sqrt{3}}{6}\pi+1$ 为极大值。

$f''\left(\dfrac{7\pi}{6}\right)=1>0$，所以 $f\left(\dfrac{7\pi}{6}\right)=\dfrac{7\sqrt{3}}{6}\pi-1$ 为极小值。

（3）函数的最值

函数的最大值、最小值统称为函数的**最值**。在很多实际问题中，经常需要求出最大值或最小值，表示这些问题的函数 $f(x)$ 一般在区间 $[a,b]$ 上是连续的。可以证明，连续函数 $f(x)$ 在闭区间 $[a,b]$ 上的最大值、最小值总是存在的，且最大值、最小值只可能在 $f'(x)=0$ 的点、$f'(x)$ 不存在的点或区间端点处取得。

求 $y=f(x)$ 在 $[a,b]$ 上最大值、最小值的步骤：

① 求出 $f'(x)=0$ 及 $f'(x)$ 不存在的点 x_1，x_2，…，x_n；

② 比较 $f(a)$，$f(x_1)$，$f(x_2)$，…，$f(x_n)$，$f(b)$ 的大小，其中，最大的是最大值，最小的是最小值。

注：在实际问题中常常遇到这样的一种特殊情况，可导函数 $f(x)$ 在闭区间 $[a,b]$ 上只有一个极值点，而且它是函数的极大（小）值点，则不必将该点的函数值与端点处的函数值进行比较，就可以断定它必是函数 $f(x)$ 在闭区间 $[a,b]$ 上的最大值或最小值。此结论对于开区间或无穷区间也适用。

【**例 1-55**】 求函数 $f(x)=x^2(x-1)^3$ 在区间 $[-2,2]$ 上的最大值和最小值。

解：$f'(x)=2x(x-1)^3+3x^2(x-1)^2$

$\qquad\quad =x(x-1)^2(5x-2)$

$\qquad\quad =5x\left(x-\dfrac{2}{5}\right)(x-1)^2$

令 $f'(x)=0$，得 $x_1=0$，$x_2=\dfrac{2}{5}$，$x_3=1$，没有不可导点。

而 $f(0)=0$，$f\left(\dfrac{2}{5}\right)=-\dfrac{108}{3125}$，$f(1)=0$，$f(-2)=-108$，$f(2)=4$。

故 $f(x)$ 在 $[-2,2]$ 上的最大值为 4，最小值为 -108。

【**例 1-56**】 如图 1-9 所示，将一块边长为 a 的正方形硬纸板制作成一个无盖方盒，可在四角截去相同小方块后折起来，问怎样截方盒容积最大？

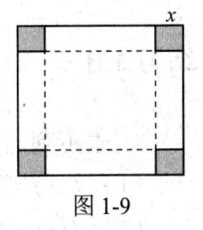

图 1-9

解：设方盒容积为 V，截去小方块边长为 $x\left(0<x<\dfrac{a}{2}\right)$，则

$$V=(a-2x)^2 x$$

$$V'=(a-2x)^2-4(a-2x)x=(a-2x)(a-6x)$$

令 $V'=0$，得 $x_1=\dfrac{a}{6}$，$x_2=\dfrac{a}{2}$（不合实际，舍去）。

盒子最大容积客观存在，最大值点必是定义域 $\left(0, \dfrac{a}{2}\right)$ 内唯一驻点 $x = \dfrac{a}{6}$。所以，截去边长 $x = \dfrac{a}{6}$ 可使方盒容积最大。

【例 1-57】 某车间要制造一个容积为 V 的带盖圆桶（圆桶示意图见图 1-10）。问：圆桶的半径 r 和桶高 h 应如何确定，所用材料最省？

解： 要使材料最省，就是要使圆桶的表面积 S 最小，但前提条件是圆桶的体积是固定的，它等于 V。在这个条件下，如果圆桶的半径 r 定了，圆桶的高 h 也就固定了。事实上，有

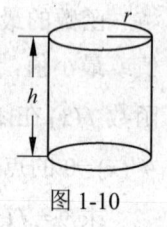

$$\pi r^2 h = V$$

从而

$$h = \dfrac{V}{\pi r^2}$$

图 1-10

圆桶的面积包括三部分：底和盖的面积，它们都等于 πr^2；侧面积，它等于 $2\pi r h = 2\pi r \dfrac{V}{\pi r^2} = \dfrac{2V}{r}$。因此

$$S = 2\pi r^2 + \dfrac{2V}{r}$$

我们的问题就是求这个函数的最小值点。

为此，我们先算出函数的导数，然后解方程。即

$$S' = 4\pi r - \dfrac{2V}{r^2} = 0，\text{即 } r^3 = \dfrac{V}{2\pi}$$

这是 r 的三次方程，只有一个实根 $r = \sqrt[3]{\dfrac{V}{2\pi}}$，它就是函数的最小值点。

注意： 当 $r = \sqrt[3]{\dfrac{V}{2\pi}}$ 时，$h = \dfrac{V}{\pi r^2} = \dfrac{Vr}{\pi r^3} = \dfrac{Vr}{\pi \dfrac{V}{2\pi}} = 2r$，即圆桶的高等于圆桶的直径。这种形状的圆柱形容器，在实际中常采用，如储油罐、化学反应容器、罐头盒等。

练习 1.8

1. 求下列函数的单调区间及极值。
   （1）$f(x) = 2x^3 - 6x^2 - 18x + 7$
   （2）$f(x) = (x-1)(x+1)^3$
   （3）$f(x) = 2x^2 - \ln x$
   （4）$f(x) = (2x-5)\sqrt[3]{x^2}$

2. 求下列函数在给定区间上的最大值和最小值。
   （1）$f(x) = \dfrac{1}{3}x^3 - 3x^2 + 9x$，$x \in [0, 4]$
   （2）$f(x) = x + \dfrac{1}{x}$，$x \in \left[\dfrac{1}{2}, 2\right]$

3. 设药物进入人体后，两小时内药物在血液中的浓度 C 可用下列模型描述：
$$C(t) = 0.29843t + 0.04253t^2 - 0.00035t^3 \ (0 \leqslant t \leqslant 120)$$

其中，C 的单位为 mg/L，t 的单位为 min，试求 C 的递增或递减区间。

4. 试证在面积为定值的矩形中，正方形的周长最短。

5. 求内接于椭圆 $\dfrac{x^2}{a^2}+\dfrac{y^2}{b^2}=1$ 的面积最大的矩形的长和宽。

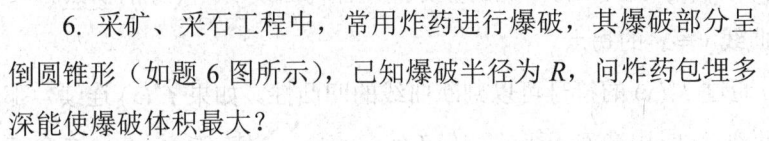

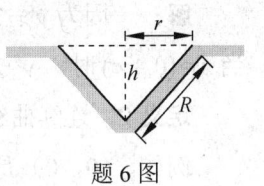

6. 采矿、采石工程中，常用炸药进行爆破，其爆破部分呈倒圆锥形（如题 6 图所示），已知爆破半径为 R，问炸药包埋多深能使爆破体积最大？

题 6 图

7. 某电阻器的电阻 R 满足 $R=\sqrt{0.001T^4-4T+100}$，其中，R 的单位为 Ω，T 的单位为 ℃，试问在何种温度下会产生最小电阻？

8. 已知某公司生产某种产品的总收益函数为 $R=-x^3+450x^2+52500x$，其中，R 的单位为元，x 为生产数量，试问在何种生产数量下会产生最大收益？

1.9 函数的凹凸性、拐点与函数作图

1. 曲线的凹凸性及拐点

前面研究了函数的单调性与极值，对于描述函数的图形有很大帮助，但仅有这些还不能完全掌握曲线的形状。例如，抛物线 $y=x^2$ 和 $y=\sqrt{x}$，它们在 $[0,1]$ 上，虽然都是单调增加的，可是 $y=x^2$ 的这段曲线弧是凹的（即向上弯曲），而 $y=\sqrt{x}$ 是凸的（即向下弯曲的），如图 1-11 所示。因此，有必要来研究曲线凹凸性的判别法。

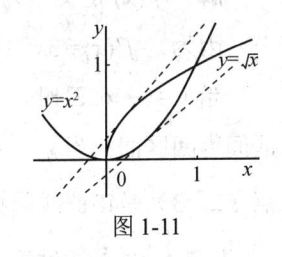

图 1-11

由图 1-11 可以看出，曲线 $y=\sqrt{x}$ 在 $x\in[0,1]$ 上是凸的，这时曲线位于切线的下方；而曲线 $y=x^2$ 在 $x\in[0,1]$ 上是凹的，曲线位于切线的上方，因此可给出如下定义。

定义 1 如果曲线弧总是位于其任一点切线的上方，则称这条曲线弧是凹的；如果曲线弧总是位于其任一点切线的下方，则称这条曲线弧是凸的。

定理 设函数 $f(x)$ 在 (a,b) 内具有二阶导数，则有以下结论：

（1）如果在 (a,b) 内，$f''(x)>0$，那么曲线在 (a,b) 内是凹的。

（2）如果在 (a,b) 内，$f''(x)<0$，那么曲线在 (a,b) 内是凸的。

【例 1-58】 某凸轮的某一边沿呈曲线 $y=\dfrac{1}{x}$ 形状，试判断其凹凸性。

解：因为 $y'=-\dfrac{1}{x^2}$，$y''=\dfrac{2}{x^3}$，当 $x\in(-\infty,0)$ 时，$y''(x)<0$，此时曲线是凸的；当 $x\in(0,+\infty)$ 时，$y''>0$，此时曲线是凹的。

例 1-58 凸凹性的求解

【例 1-59】 判断曲线 $y=x^3$ 的凹凸性。

解： 因为 $y'=3x^2$，$y''=6x$，所以当 $x\in(-\infty,0)$ 时，$y''<0$，此时曲线是凸的；当 $x\in(0,+\infty)$ 时，$y''>0$，此时曲线是凹的。

定义 2 连续曲线 $y=f(x)$ 上凹弧与凸弧的分界点，称为曲线 $y=f(x)$ 的<u>拐点</u>。

例如，(0，0) 是曲线 $y=x^3$ 的拐点。

由上述定义可知，通过 $f''(x)$ 的符号可以判断曲线的凹凸性。如果 $f''(x)$ 连续，那么当 $f''(x)$ 的符号由正变负或由负变正时，必定有一点 x_0，使 $f''(x)=0$，这个点 $(x_0,f(x_0))$ 就是曲线的一个拐点。另外，二阶导数不存在的点也有可能是拐点。因此，可以按下列步骤来判定曲线 $y=f(x)$ 的拐点。

① 确定 $y=f(x)$ 的定义域，并求 $f'(x)$，$f''(x)$。

② 令 $f''(x_0)=0$，求出其解，并求出二阶导数不存在的点。

③ 考察 $f''(x)$ 在点 x_0 左、右两侧邻近的符号，如果当 x 渐增地经过 x_0 时，$f''(x)$ 变号，则点 $(x_0,f(x_0))$ 是拐点，否则就不是拐点。

【例 1-60】 求曲线 $f(x)=x^3-6x^2+9x+1$ 的凹凸区间与拐点。

解： $f(x)$ 定义域为 $(-\infty,+\infty)$。

因为 $f'(x)=3x^2-12x+9$，$f''(x)=6x-12=6(x-2)$，令 $f''(x)=0$，可得 $x=2$。

当 $x\in(-\infty,2)$ 时，$f''(x)<0$，此区间为凸区间；当 $x\in(2,+\infty)$ 时，$f''(x)>0$，此区间为凹区间；当 $x=2$ 时，$f''(2)=0$，因 $f''(x)$ 在 $x=2$ 的两侧变号，而 $f(2)=3$，所以点 (2，3) 是该曲线的拐点。

【例 1-61】 讨论曲线 $f(x)=x^{\frac{1}{3}}$ 的凹凸性并求拐点。

解： 因为 $f'(x)=\frac{1}{3}x^{-\frac{2}{3}}$，$f''(x)=-\frac{2}{9}x^{-\frac{5}{3}}$ $(x\neq 0)$

当 $x\in(-\infty,0)$ 时，$f''(x)>0$，此区间为凹区间；当 $x\in(0,+\infty)$ 时，$f''(x)<0$，此区间为凸区间。所以，点 (0，0) 是曲线的拐点。

2. 函数图形的描绘

描绘函数的图形，其一般步骤：

① 确定函数的定义域，并考察其奇偶性和周期性等；

② 讨论函数的单调性、极值点和极值；

③ 讨论函数图形的凹凸区间和拐点；

④ 讨论函数图形的水平渐近线和垂直渐近线；

⑤ 补充函数图形上的若干特殊点（如与坐标轴的交点等）；

⑥ 根据上述结果，适当地描出一些点，即可描绘函数的图形。

【例 1-62】 作函数 $y=f(x)=x^3-3x$ 的图形。

解：函数定义域为 $(-\infty,+\infty)$，函数为奇函数。

因为
$$f'(x)=3x^2-3=3(x^2-1)=3(x+1)(x-1)$$
$$f''(x)=6x$$

令 $f'(x)=0$，得 $x_1=-1$，$x_2=1$。

当 $x\in(-\infty,-1)$ 时，$f'(x)>0$；当 $x\in(-1,1)$ 时，$f'(x)<0$；当 $x\in(1,+\infty)$ 时，$f'(x)>0$。故 $f(-1)=2$ 为极大值，$f(1)=-2$ 为极小值。

令 $f''(x)=0$，得 $x=0$。

当 $x\in(-\infty,0)$ 时，$f''(x)<0$；当 $x\in(0,+\infty)$ 时，$f''(x)>0$，故点（0，0）为拐点。

其相关结论见表 1-4。

根据以上讨论可大致作出其图形，如图 1-12 所示。

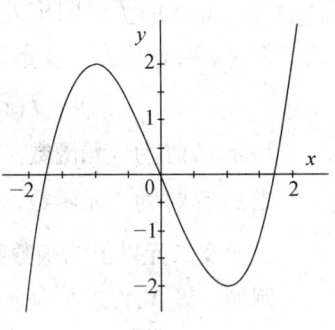

图 1-12

表 1-4

x	$(-\infty,-1)$	-1	$(-1,0)$	0	$(0,1)$	1	$(1,+\infty)$
$f'(x)$	+	0	−	−	−	0	+
$f''(x)$	−	−	−	0	+	+	+
$f(x)$	↗	极大值为 $f(-1)=2$	↘	拐点为 (0,0)	↘	极小值为 $f(1)=-2$	↗

练习 1.9

1. 求下列曲线的凹凸区间和拐点。

（1）$y=x^3-3x^2-9x+9$ （2）$y=2-\sqrt[3]{x-1}$

（3）$y=e^{-x^2}$ （4）$y=\ln(1+x^2)$

2. 作出下列函数的图形。

（1）$y=x^3+\dfrac{1}{4}x^4$ （2）$y=x-\ln(1+x)$

（3）$y=x+\dfrac{1}{x}$ （4）$y=\dfrac{x^2}{1+x^2}$

*1.10 多元函数微分学

1. 多元函数概念

定义 1 设有集合 $X_1, X_2, \cdots, X_n$ 及 Y，f 是由 $X_1 \times X_2 \times \cdots \times X_n$ 到 Y 的一个映射，如果对每一个有序数组 $(x_1, x_2, \cdots, x_n)$，$x_i \in X_i (i=1,2,\cdots,n)$，总有唯一确定的 $y \in Y$，使得 $(x_1, x_2, \cdots, x_n, y) \in f$，则称 f 是一个由 $X_1 \times X_2 \times \cdots \times X_n$ 到 Y 的 n 元函数关系，简称 n 元函数。$x_1, x_2, \cdots, x_n$ 称为自变量，y 称为因变量，记为

$$y = f(x_1, x_2, \cdots, x_n) \ x_i \in X_i (i=1,2,\cdots,n), \ y \in Y$$

当 $n=1$ 时为一元函数，习惯上记为 $y=f(x)$，即 f 为由 X 到 Y 的函数。

当 $n=2$ 时为二元函数，习惯上记为 $z=f(x,y)$，即 f 为由 $X \times Y$ 到 Z 的函数。

二元及二元以上的函数统称为多元函数。

例如，设 X, Y, Z 均为全体实数的集合

$$f = \{(x,y,z) | z = x^2 + y^2, x \in X, y \in Y, z \in Z\}$$

显然，f 是一个由 $X \times Y$ 到 Z 的二元函数，即 f 是由 x, y 为自变量，z 为因变量的一个二元函数。

定义域 $D(f) = \{(x,y) | z = x^2 + y^2, x \in X, y \in Y\}$

值域 $Z(f) = \{z | z \geq 0, z \in Z\}$

在多元函数的进一步学习中，常见的多元函数一般是二元、三元函数。这里我们只介绍二元函数。

二元函数 $z=f(x,y)$ 在点 (x_0, y_0) 处的函数值记作 $f(x_0, y_0)$。

二元函数 $z=f(x,y)$ 的定义域在几何上表示一个平面区域，围成平面区域的曲线称为该区域的边界。包括边界在内的平面区域称为闭区域，不包括边界在内的平面区域称为开区域；如果区域延伸到无穷远处，则称为无界区域，否则称为有界区域。

例如，函数 $z = \sqrt{R^2 - x^2 - y^2}$ 的定义域 $D = \{(x,y) | x^2 + y^2 \leq R^2\}$ 是 xy 平面上，由圆 $x^2 + y^2 = R^2$（包括圆周在内）围成的有界区域，如图 1-13 所示。

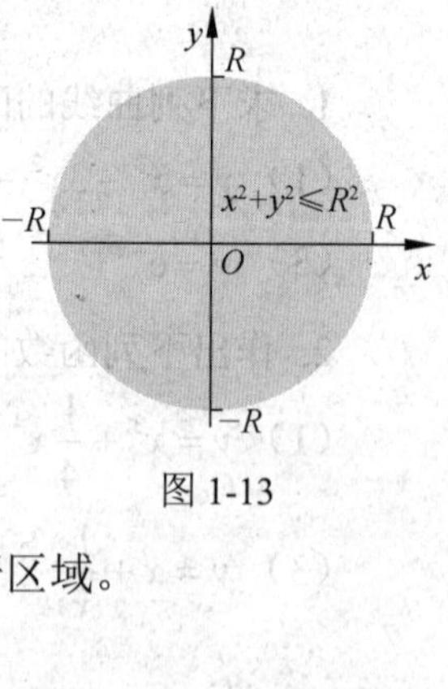

函数 $z = \dfrac{1}{\sqrt{R^2 - x^2 - y^2}}$ 的定义域 $D = \{(x,y) | x^2 + y^2 < R^2\}$

图 1-13

是 xy 平面上，由圆 $x^2 + y^2 = R^2$（不包括圆周在内）围成的有界开区域。

下面介绍二元函数的偏导数。

2. 偏导数

定义 2 设函数 $z=f(x,y)$ 在点 (x_0,y_0) 的某个邻域内有定义，当 x 从 x_0 取得改变量 $\Delta x(\Delta x \neq 0)$，而 y 保持不变时，得到一个改变量

$$\Delta_x z = f(x_0+\Delta x, y_0) - f(x_0, y_0)$$

如果当 $\Delta x \to 0$ 时，极限

$$\lim_{\Delta x \to 0} \frac{f(x_0+\Delta x, y_0) - f(x_0, y_0)}{\Delta x}$$

存在，则称此极限为函数 $z=f(x,y)$ 在点 (x_0,y_0) 处对 x 的偏导数，记作

$$f'_x(x_0,y_0), \frac{\partial f(x_0,y_0)}{\partial x} \quad \text{或} \quad \left.\frac{\partial z}{\partial x}\right|_{\substack{x=x_0\\y=y_0}}, \left.z'_x\right|_{\substack{x=x_0\\y=y_0}}$$

同理，如果极限

$$\lim_{\Delta y \to 0} \frac{f(x_0, y_0+\Delta y) - f(x_0, y_0)}{\Delta y}$$

存在，则称此极限为函数 $z=f(x,y)$ 在点 (x_0,y_0) 处对 y 的偏导数。记作

$$f'_y(x_0,y_0), \frac{\partial f(x_0,y_0)}{\partial y} \quad \text{或} \quad \left.\frac{\partial z}{\partial y}\right|_{\substack{x=x_0\\y=y_0}}, \left.z'_y\right|_{\substack{x=x_0\\y=y_0}}$$

如果函数 $z=f(x,y)$ 在平面区域 D 内每一点 (x,y) 处对 x（或 y）的偏导数都存在，则称函数 $z=f(x,y)$ 在 D 内有对 x（或 y）的偏导数，简称偏导数，记作

$$f'_x(x,y), \frac{\partial f(x,y)}{\partial x}, \quad \frac{\partial z}{\partial x}, z'_x$$

$$f'_y(x,y), \frac{\partial f(x,y)}{\partial y}, \quad \frac{\partial z}{\partial y}, z'_y$$

由偏导数的定义可知，求多元函数对一个自变量的偏导数时，只需将其他自变量看成常数，用一元函数求导法则即可求得。

【**例 1-63**】 求函数 $f(x,y)=5x^2y^3$ 的偏导数 $f'_x(x,y)$ 与 $f'_y(x,y)$，并求 $f'_x(0,1)$ 与 $f'_y(1,-2)$。

解：
$$f'_x(x,y) = (5x^2y^3)'_x = 5 \cdot 2x \cdot y^3 = 10xy^3$$
$$f'_y(x,y) = (5x^2y^3)'_y = 5 \cdot x^2 \cdot 3y^2 = 15x^2y^2$$
$$f'_x(0,1) = 10 \cdot 0 \cdot 1^3 = 0$$
$$f'_y(1,-2) = 15 \cdot 1^2 \cdot (-2)^2 = 60$$

一般来说，函数 $z=f(x,y)$ 的偏导数

$$z'_x = \frac{\partial f(x,y)}{\partial x}, \quad z'_y = \frac{\partial f(x,y)}{\partial y}$$

还是 x，y 的二元函数。如果这两个函数对自变量 x 和 y 的偏导数也存在，则称这些偏

导数为函数 $z = f(x, y)$ 的二阶偏导数，记作

$$\frac{\partial^2 z}{\partial x^2} = \frac{\partial}{\partial x}\left(\frac{\partial z}{\partial x}\right), \quad \frac{\partial^2 z}{\partial x \partial y} = \frac{\partial}{\partial y}\left(\frac{\partial z}{\partial x}\right)$$

$$\frac{\partial^2 z}{\partial y^2} = \frac{\partial}{\partial y}\left(\frac{\partial z}{\partial y}\right), \quad \frac{\partial^2 z}{\partial y \partial x} = \frac{\partial}{\partial x}\left(\frac{\partial z}{\partial y}\right)$$

或 z''_{xx}，z''_{xy}，z''_{yy}，z''_{yx}。

仿此可以定义更高阶的偏导数。（略）

【例 1-64】 求函数 $f(x, y) = x^3 + y^3 - 3xy^2$ 的各二阶偏导数。

解： $\dfrac{\partial z}{\partial x} = 3x^2 - 3y^2$，$\dfrac{\partial^2 z}{\partial x^2} = 6x$，$\dfrac{\partial^2 z}{\partial x \partial y} = -6y$，

$\dfrac{\partial z}{\partial y} = 3y^2 - 6xy$，$\dfrac{\partial^2 z}{\partial y^2} = 6y - 6x$，$\dfrac{\partial^2 z}{\partial y \partial x} = -6y$

3. 全微分

定义 3 设函数 $z = f(x, y)$ 在点 (x, y) 的某一邻域内有连续的偏导数 $f'_x(x, y)$、$f'_y(x, y)$，则函数 $z = f(x, y)$ 在点 (x, y) 处可微，且

$$dz = f'_x(x, y)dx + f'_y(x, y)dy$$

称 dz 称为函数 $z = f(x, y)$ 的全微分。

【例 1-65】 求函数 $z = e^{xy}$ 的全微分。

解： 由

$$\frac{\partial z}{\partial x} = ye^{xy}, \quad \frac{\partial z}{\partial y} = xe^{xy}$$

所以

$$dz = ye^{xy}dx + xe^{xy}dy = e^{xy}(ydx + xdy)$$

利用全微分可以进行一些近似计算。由近似公式

$$dz \approx \Delta z$$

有

$$f'_x(x, y)\Delta x + f'_y(x, y)\Delta y \approx f(x + \Delta x, y + \Delta y) - f(x, y)$$

这里 Δx、Δy 分别为 x、y 的增量。

【例 1-66】 要造一个无盖的圆柱形水槽，其内半径为 $2\,\text{m}$，高为 $4\,\text{m}$，厚度均为 $0.01\,\text{m}$，求需用材料多少立方米？

解： 因为圆柱的体积 $V = \pi r^2 h$（其中 r 为底半径，h 为高），所以，由近似公式得

$$\Delta V \approx 2\pi rh \Delta r + \pi r^2 \Delta h$$

由于 $r = 2$，$h = 4$，$\Delta r = \Delta h = 0.01$，所以

$$\Delta V \approx 2\pi \times 2 \times 4 \times 0.01 + \pi \times 2^2 \times 0.01 = 0.2\pi$$

所以所需材料约为 0.2π m³，与直接计算 ΔV 的值 0.200801π m³ 相当接近。

4. 二元函数的极值

定义 4 如果二元函数 $z=f(x,y)$ 在点 (x_0,y_0) 的某一邻域的所有点，总有
$$f(x,y)<f(x_0,y_0)$$
则称 $f(x_0,y_0)$ 是函数 $z=f(x,y)$ 的极大值；如果总有
$$f(x,y)>f(x_0,y_0)$$
则称 $f(x_0,y_0)$ 是函数 $z=f(x,y)$ 的极小值。

函数的极大值与极小值统称为极值，使函数取得极值的点称为极值点。

定理 1（极值存在的必要条件） 如果函数 $z=f(x,y)$ 在点 (x_0,y_0) 处有极值，且两个一阶偏导数存在，则有
$$f'_x(x_0,y_0)=0, \quad f'_y(x_0,y_0)=0$$

注意：使 $f'_x(x_0,y_0)=0$，$f'_y(x_0,y_0)=0$ 同时成立的点 (x_0,y_0) 称为函数的驻点。

定理 2（极值存在的充分条件） 如果函数 $z=f(x,y)$ 在点 (x_0,y_0) 的某一邻域内有连续的二阶偏导数，且 (x_0,y_0) 是它的驻点，设
$$A=f''_{xx}(x_0,y_0), \quad B=f''_{xy}(x_0,y_0), \quad C=f''_{yy}(x_0,y_0)$$
则

（1）如果 $B^2-AC<0$，则函数 $z=f(x,y)$ 在点 (x_0,y_0) 处有极值，且当 $A<0$ 时，$f(x_0,y_0)$ 是极大值，当 $A>0$ 时，$f(x_0,y_0)$ 是极小值。

（2）如果 $B^2-AC>0$，则函数 $z=f(x,y)$ 在点 (x_0,y_0) 处没有极值。

（3）如果 $B^2-AC=0$，则函数 $z=f(x,y)$ 在点 (x_0,y_0) 处可能有极值，也可能没有极值，需另行讨论。

【例 1-67】 求函数 $f(x,y)=y^3-x^2+6x-12y+5$ 的极值。

解：由 $f'_x(x,y)=-2x+6=0$，$f'_y(x,y)=3y^2-12=0$

得驻点 $(3,2)$，$(3,-2)$，再由
$$A=f''_{xx}(x,y)=-2, \quad B=f''_{xy}(x,y)=0, \quad C=f''_{yy}(x,y)=6y$$

在点 $(3,2)$ 处，$A=-2$，$B=0$，$C=12$，而 $B^2-AC=12\times 2=24>0$，所以函数 $f(x,y)=y^3-x^2+6x-12y+5$ 在点 $(3,2)$ 处不取得极值。

在点 $(3,-2)$ 处，$A=-2$，$B=0$，$C=-12$，而 $B^2-AC=-(-12)\times(-2)=-24<0$，且 $A=-2<0$，所以函数 $f(x,y)=y^3-x^2+6x-12y+5$ 在点 $(3,-2)$ 处取得极大值，极大值为 $f(3,-2)=30$。

在实际问题中，如果函数只有一个驻点，则该驻点的函数值就是函数的最大值或最

小值。

【例 1-68】 某企业要建造一个容量一定的长方形铁箱,问选择怎样的尺寸,才能使所用的材料最少?

解:设铁箱的容量为 V,其长、宽、高分别为 x,y,z,则 $V=xyz$,设铁箱的表面积为 S,则有

$$S = 2(xy+yz+zx)$$

由于 $z = \dfrac{V}{xy}$,所以

$$S = 2\left(xy + \dfrac{V}{x} + \dfrac{V}{y}\right)$$

这是 x,y 的二元函数,定义域 $D=\{(x,y)\mid x>0, y>0\}$。由

$$\dfrac{\partial S}{\partial x} = 2\left(y - \dfrac{V}{x^2}\right) = 0, \quad \dfrac{\partial S}{\partial y} = 2\left(x - \dfrac{V}{y^2}\right) = 0$$

得驻点 $(\sqrt[3]{V}, \sqrt[3]{V})$。根据实际问题可知 S 一定存在最小值,所以 $(\sqrt[3]{V}, \sqrt[3]{V})$ 是使 S 取得最小值的点。于是,当 $x=y=z=\sqrt[3]{V}$ 时,函数 S 取得最小值 $6V^{\frac{2}{3}}$,即当铁箱的长、宽、高相等时,所用材料最少。

练习 1.10

1. 求下列函数的偏导数。

   (1) $z = xy$ 　　　　　　　　　　　　　　　(2) $z = \ln xy$

   (3) $z = \sin(x^2 y)$ 　　　　　　　　　　　　(4) $z = 2^{x+y}$

2. 设 $f(x,y) = x + y - \sqrt{x^2 + y^2}$,求 $f'_x(3,4)$。

3. 设 $z = \ln\left(x + \dfrac{y}{2x}\right)$,求 $z'_y(1,0)$。

4. 求下列函数的全微分。

   (1) $z = x^3 y^2$ 　　　　　　　　　　　　　(2) $z = \arcsin \dfrac{x}{y}$

5. 有一用水泥制作成的开顶长方形水池,它的外形长 5m、宽 4m、高 3m,又它的四壁及底的厚度为 20cm,试求所需水泥量的近似值和精确值。

6. 求下列函数的极值。

   (1) $z = 4(x-y) - x^2 - y^2$ 　　　　　　　(2) $z = x^2 + xy + y^2 + x - y + 1$

7. 在机械加工中,常常把某个形状的原料制作成另一种形状。现有半径为 R 的半球,要去掉周围多余的部分,留下一个体积最大的内接长方体,问尺寸如何确定?

本章小结

1. 本章主要知识点及内容归纳如下：

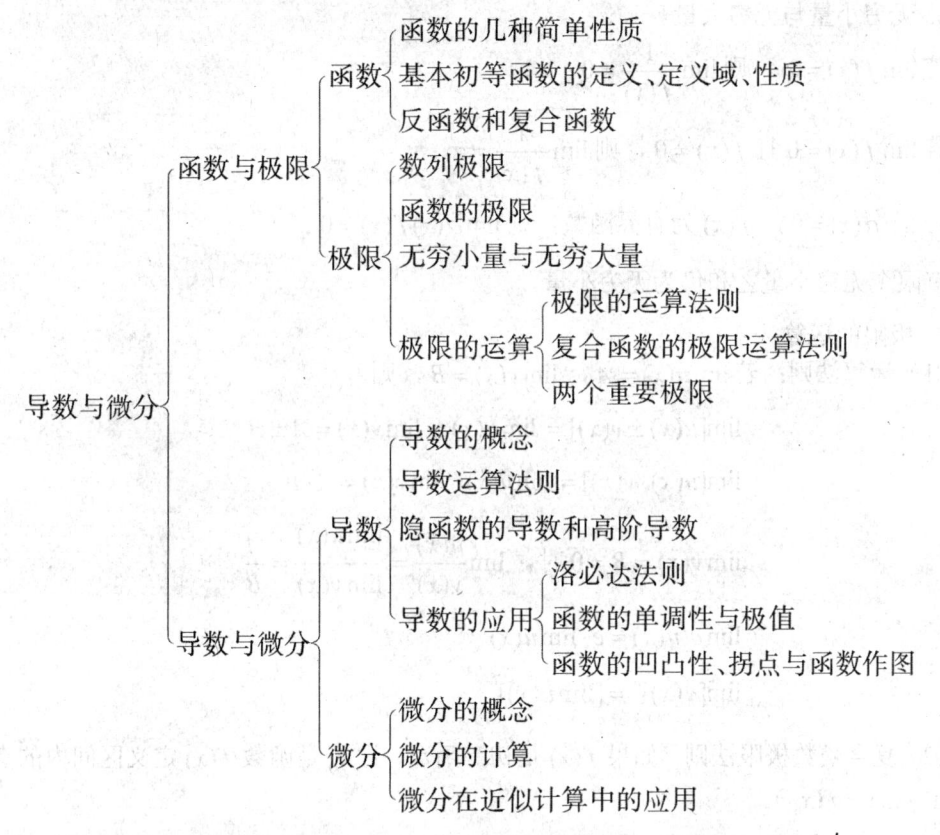

$$\text{导数与微分}\begin{cases}\text{函数与极限}\begin{cases}\text{函数}\begin{cases}\text{函数的几种简单性质}\\\text{基本初等函数的定义、定义域、性质}\\\text{反函数和复合函数}\end{cases}\\\text{极限}\begin{cases}\text{数列极限}\\\text{函数的极限}\\\text{无穷小量与无穷大量}\end{cases}\\\text{极限的运算}\begin{cases}\text{极限的运算法则}\\\text{复合函数的极限运算法则}\\\text{两个重要极限}\end{cases}\end{cases}\\\text{导数与微分}\begin{cases}\text{导数}\begin{cases}\text{导数的概念}\\\text{导数运算法则}\\\text{隐函数的导数和高阶导数}\end{cases}\\\text{导数的应用}\begin{cases}\text{洛必达法则}\\\text{函数的单调性与极值}\\\text{函数的凹凸性、拐点与函数作图}\end{cases}\\\text{微分}\begin{cases}\text{微分的概念}\\\text{微分的计算}\\\text{微分在近似计算中的应用}\end{cases}\end{cases}\end{cases}$$

2. 函数的几种简单性质：有界性、单调性、奇偶性、周期性。
3. 基本初等函数的定义、定义域、性质，幂函数、指数函数、对数函数、三角函数、反三角函数。
4. 数列的极限：数列 $\{x_n\}$ 收敛于 a，记为 $\lim\limits_{n\to\infty}x_n=a$ 或 $x_n\to a(n\to\infty)$。
5. 函数的极限。

（1）$x\to x_0$ 点时 $f(x)$ 的极限：

$$\lim_{x\to x_0}f(x)=A \quad \text{或} \quad f(x)\to A(x\to x_0)$$

$$\lim_{x\to x_0^-}f(x)=A \quad \text{或} \quad f(x)\to A(x\to x_0^-) \quad \text{或} \quad f(x_0-0)=A$$

$$\lim_{x\to x_0^+}f(x)=A \quad \text{或} \quad f(x)\to A(x\to x_0^+) \quad \text{或} \quad f(x_0+0)=A$$

$$\lim_{x\to x_0}f(x)=A \Leftrightarrow \lim_{x\to x_0^-}f(x)=\lim_{x\to x_0^+}f(x)=A$$

（2）$x\to\infty$ 时 $f(x)$ 的极限：

$$\lim_{x\to\infty}f(x)=A \quad \text{或} \quad f(x)\to A(x\to\infty)$$

$$\lim_{x \to +\infty} f(x) = A \quad \text{或} \quad f(x) \to A(x \to +\infty)$$

$$\lim_{x \to -\infty} f(x) = A \quad \text{或} \quad f(x) \to A(x \to -\infty)$$

$$\lim_{x \to \infty} f(x) = A \Leftrightarrow \lim_{x \to -\infty} f(x) = \lim_{x \to +\infty} f(x) = A$$

6. 无穷小量与无穷大量。

若 $\lim f(x) = \infty$，则 $\lim \dfrac{1}{f(x)} = 0$；

若 $\lim f(x) = 0$ 且 $f(x) \neq 0$，则 $\lim \dfrac{1}{f(x)} = \infty$；

若 $\lim \alpha(x) = 0$，$f(x)$ 为有界函数，则 $\lim \alpha(x)f(x) = 0$；

有限个无穷小量之和仍为无穷小量。

7. 极限的运算。

（1）运算法则：若 $\lim u(x) = A$，$\lim v(x) = B$，则

$$\lim[u(x) \pm v(x)] = \lim u(x) \pm \lim v(x) = A \pm B$$

$$\lim[u(x) \cdot v(x)] = \lim u(x) \cdot \lim v(x) = A \cdot B$$

$$\lim v(x) = B \neq 0 \text{ 时}, \quad \lim \frac{u(x)}{v(x)} = \frac{\lim u(x)}{\lim v(x)} = \frac{A}{B}$$

$$\lim c \cdot u(x) = c \cdot \lim u(x)$$

$$\lim [u(x)]^n = [\lim u(x)]^n$$

（2）复合函数极限法则：如果 $f(x)$ 是初等函数，且 x_0 是函数 $f(x)$ 定义区间内的点，则 $\lim\limits_{x \to x_0} f(x) = f(x_0)$。

（3）两个重要极限：$\lim\limits_{x \to 0} \dfrac{\sin x}{x} = 1$，$\lim\limits_{x \to \infty} \left(1 + \dfrac{1}{x}\right)^x = e$。

8. 导数的定义：$f'(x_0) = \lim\limits_{x \to x_0} \dfrac{f(x) - f(x_0)}{x - x_0}$ 或 $f'(x_0) = \lim\limits_{h \to 0} \dfrac{f(x_0 + h) - f(x_0)}{h}$。

9. 导数的几何意义：函数 $y = f(x)$ 在 x_0 处的导数 $f'(x_0)$ 等于曲线 $y = f(x)$ 在点 (x_0, y_0) 处切线的斜率 k，即 $k = f'(x_0)$。

10. 导数的运算法则：设函数 $u(x)$ 与 $v(x)$ 都在点 x 处可导，则

$$[u(x) \pm v(x)]' = u'(x) \pm v'(x)$$

$$[u(x)v(x)]' = u'(x)v(x) + u(x)v'(x)$$

$$\left[\frac{u(x)}{v(x)}\right]' = \frac{u'(x)v(x) - u(x)v'(x)}{v^2(x)} \quad (v(x) \neq 0)$$

$$[k\,u(x)]' = k\,u'(x) \quad (k \text{ 为常数})$$

$$\left[\frac{1}{u(x)}\right]' = -\frac{u'(x)}{u^2(x)}$$

11. 复合函数的求导法则：$f'[\varphi(x)] = [f(u)]'_u [\varphi(x)]'_x$，即

$$y'_x = y'_u u'_x \quad \text{或} \quad \frac{dy}{dx} = \frac{dy}{du} \cdot \frac{du}{dx}$$

12. 基本初等函数导数公式。

13. 隐函数的导数和高阶导数。

14. 洛必达法则：对 $\dfrac{0}{0}$ 型或 $\dfrac{\infty}{\infty}$ 型未定式的极限，只要下式右边极限存在（或为 ∞），则

$$\lim_{x \to *} \frac{f(x)}{g(x)} = \lim_{x \to *} \frac{f'(x)}{g'(x)}$$

15. 微分的概念：$dy = f'(x)dx$。

16. 微分在近似计算中的应用：$f(x) \approx f(x_0) + f'(x_0)(x - x_0)$。

17. 绝对误差与相对误差：如果某个量的准确值为 A，它的近似值为 a，则绝对值 $|A - a|$ 叫作 a 的绝对误差；比值 $\left|\dfrac{A - a}{a}\right|$ 叫作 a 的相对误差。

函数 $y = f(x)$，如果用 x 计算 y 时，x 有误差 Δx，则由 $\Delta y \approx f'(x)\Delta x$ 算出 y 有绝对误差 $|f'(x)\Delta x|$ 和相对误差 $\left|\dfrac{f'(x)\Delta x}{f(x)}\right|$。

18. 函数单调性的判别法。

设函数 $f(x)$ 在闭区间 $[a,b]$ 上连续，在开区间 (a,b) 内可微，则

（1）若 $x \in (a,b)$ 时恒有 $f'(x) > 0$，则 $f(x)$ 在闭区间 $[a,b]$ 上单调增加；

（2）若 $x \in (a,b)$ 时恒有 $f'(x) < 0$，则 $f(x)$ 在闭区间 $[a,b]$ 上单调减小。

确定函数单调性的一般步骤是：

（1）确定函数的定义域；

（2）求出使 $f'(x) = 0$ 和 $f'(x)$ 不存在的点，并以这些点为分界点，将定义域分为若干个子区间；

（3）确定 $f'(x)$ 在各个子区间内的符号，从而判定 $f'(x)$ 的单调性。

19. 函数的极值的判定。

第一充分条件：设函数 $f(x)$ 在点 x_0 的某去心邻域内可导且 $f'(x_0) = 0$，则

① 如果当 x 取 x_0 左侧邻近的值时，$f'(x)$ 恒为正；当 x 取 x_0 右侧邻近的值时，$f'(x)$ 恒为负，那么函数 $f(x)$ 在 x_0 处取得极大值。

② 如果当 x 取 x_0 左侧邻近的值时，$f'(x)$ 恒为负；当 x 取 x_0 右侧邻近的值时，$f'(x)$ 恒为正，那么函数 $f(x)$ 在 x_0 处取得极小值。

第二充分条件：设函数 $f(x)$ 在 x_0 处具有二阶导数且 $f'(x_0)=0$，$f''(x_0)\neq 0$，那么

① 当 $f''(x_0)<0$ 时，函数 $f(x)$ 在 x_0 处取得极大值；

② 当 $f''(x_0)>0$ 时，函数 $f(x)$ 在 x_0 处取得极小值。

20. 函数的凹凸性与拐点：设函数 $f(x)$ 在 (a,b) 内具有二阶导数，则

(1) 如果在 (a,b) 内，$f''(x)>0$，那么曲线在 (a,b) 内是凹的。

(2) 如果在 (a,b) 内，$f''(x)<0$，那么曲线在 (a,b) 内是凸的。

连续曲线 $y=f(x)$ 上凹弧与凸弧的分界点，称为曲线 $y=f(x)$ 的拐点。

21. 描绘函数的图形，其一般步骤是：

(1) 确定函数的定义域，并考察其奇偶性和周期性等；

(2) 讨论函数的单调性、极值点和极值；

(3) 讨论函数图形的凹凸区间和拐点；

(4) 讨论函数图形的水平渐近线和垂直渐近线；

(5) 补充函数图形上的若干特殊点（如与坐标轴的交点等）；

(6) 根据上述结果，适当地描出一些点，即可描绘函数的图形。

综合习题 1

A 组

1. 选择题

(1) 函数 $y=\sin\dfrac{1}{x}$ 在其定义域内是（　　）。

A. 单调函数　　B. 周期函数　　C. 无界函数　　D. 有界函数

(2) 数列 $-1,\dfrac{1}{2},-\dfrac{1}{3},\ldots,\dfrac{(-1)^n}{n},\ldots$ 的极限是（　　）。

A. 不存在　　B. -1　　C. 0　　D. 1

(3) $\lim\limits_{x\to 0} x^2\sin\dfrac{1}{x}=$（　　）。

A. 不存在　　B. -1　　C. 0　　D. 1

(4) 下列各项正确的是（　　）。

A. $(x^\alpha)'=x^\alpha$　　B. $(e^x)'=e^x$　　C. $(a^x)'=a^x$　　D. $(C)'=C$

(5) 设 $f(x)=xe^x$，则 $f'(0)=$（　　）。

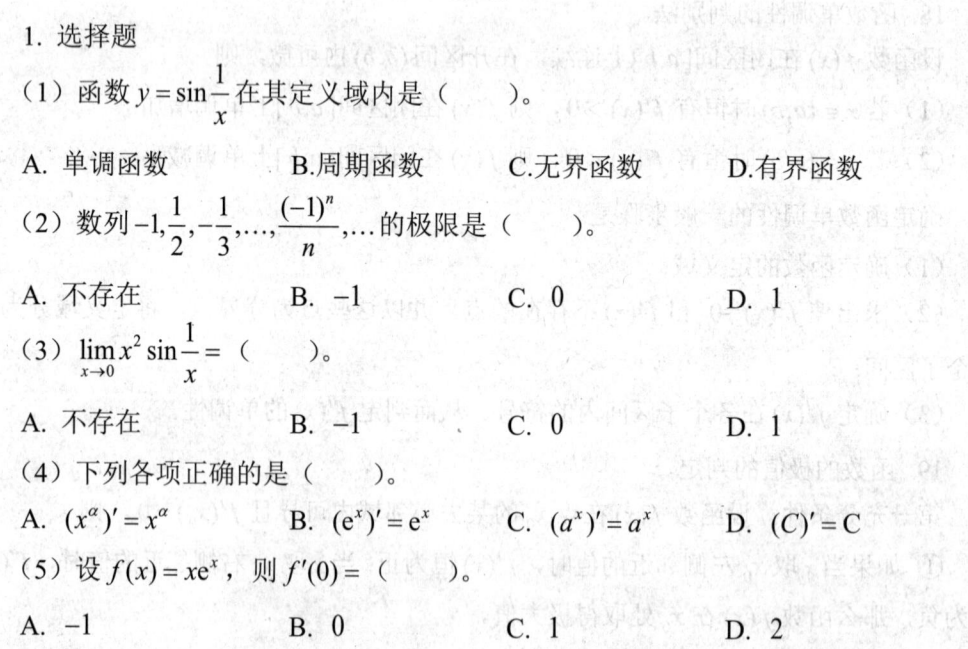

A. -1　　B. 0　　C. 1　　D. 2

2. 填空题

（1）函数 $f(x) = \dfrac{1}{\sqrt{x-1}}$ 的定义域为_____。

（2）已知 $\lim\limits_{x \to \infty} \dfrac{ax^2 + x + 1}{2x^2 + x - 5} = 1$，则 $a =$ _____。

（3）$\lim\limits_{n \to \infty} \left[\dfrac{1}{1 \times 3} + \dfrac{1}{3 \times 5} + \dfrac{1}{5 \times 7} + \cdots + \dfrac{1}{(2n-1)(2n+1)} \right] =$ _____。

（4）$\lim\limits_{x \to \infty} \left(1 + \dfrac{1}{x}\right)^{2x+1} =$ _____。

3. 求下列极限。

（1）$\lim\limits_{x \to \infty} \dfrac{3x^5 + 2x^2 + 1}{5x^5 + 3x^4 + 5}$　　　　　　　　（2）$\lim\limits_{x \to 0} \dfrac{\ln(1+x)}{x}$

（3）$\lim\limits_{x \to 1} \dfrac{\sin(x-1)}{x^2 - 1}$　　　　　　　　（4）$\lim\limits_{x \to 1} \dfrac{x^4 - 1}{x^3 - 1}$

4. 求下列各函数的导数。

（1）$y = \dfrac{1}{3}x^3 + \sqrt{x} - \cos x$　　　　　　　　（2）$y = x\mathrm{e}^x$

（3）$y = \dfrac{x-1}{x^2 + 1}$　　　　　　　　（4）$y = (3x^2 + 1)^3$

（5）$y = \sin(\sqrt{x} - 2)$　　　　　　　　（6）$y = \ln \cos x$

5. 求函数的微分。

（1）$y = x^2 \mathrm{e}^x$　　　　　　　　（2）$y = \sqrt{1 + x^2}$

6. 讨论 $f(x) = \dfrac{1}{3}x^3 - 4x + 4$ 的单调区间和极值。

7. 将一块边长为 12 个单位的正方形材料制作成一个无盖容器，可在四角截去相同方块后折起来，问怎样截容积最大？

B 组

1. 求下列极限。

（1）$\lim\limits_{x \to 4} \dfrac{x-4}{\sqrt{x} - 2}$　　　　　　　　（2）$\lim\limits_{x \to \infty} \left(\dfrac{2x-1}{2x+3} \right)^{3x+1}$

（3）$\lim\limits_{x \to \infty} \dfrac{x - \sin x}{x^3}$　　　　　　　　（4）$\lim\limits_{x \to +\infty} \dfrac{\ln x}{x^n}$

2. 求下列各函数的导数。

（1）$y = \sqrt{\cos x^2}$　　　　　　　　（2）$y = \mathrm{e}^{x^2 - 3x - 2}$

3. 求隐函数的导数。

（1）$y^5 + 2y - x = 0$　　　　　　　　（2）$\dfrac{x^2}{4} + \dfrac{y^2}{9} = 1$

4. 求二阶导数。

（1） $y = x\sin x$ 　　　　　　　　　　　　（2） $x^2 + y^2 = R^2$

5. 求函数 $f(x) = x^3 - 3x^2 - 9x + 3$ 的单调区间与极值以及在区间$[-2，2]$上的最大值和最小值。

6. 求曲线 $y = \dfrac{x^3}{6} - x^2 + x + 1$ 的凹凸区间和拐点。

第 2 章　不定积分与定积分

本章提要：给出一个函数，利用第 1 章所学的知识可以求得它的导数或微分。但是，在许多实际问题中，常常需要解决相反的实际问题，即已知某一函数的导数或微分，求出这个函数，这就是不定积分问题。不定积分是求导和微分运算的逆运算，定积分是一种具有确定结构的和式的极限，它有着很强的实际背景，在几何、物理、工程技术等方面都有着广泛应用。定积分与不定积分之间有着非常密切的联系。本章主要讨论的问题有不定积分与定积分的概念、性质，并研究基本的积分方法及定积分的应用，最后简单介绍广义积分。

2.1　不定积分的概念与性质

1. 原函数与不定积分的概念

定义 1　函数 $f(x)$ 在区间 I 上有定义，如果存在函数 $F(x)$，都有
$$F'(x) = f(x), \quad x \in I$$
则称 $F(x)$ 是函数 $f(x)$ 在区间 I 上的一个**原函数**。

例如：在区间 $(-\infty, +\infty)$ 内，因为有 $(x^2)' = 2x$，$(\sin x)' = \cos x$，所以 x^2 和 $\sin x$ 分别是函数 $2x$ 和 $\cos x$ 的一个原函数。

因为常数 $(C)' = 0$，有 $(\sin x + 1)' = (\sin x + 2)' = (\sin x + C)' = \cos x$（$C$ 为任意常数），所以 $\cos x$ 的原函数有无穷多个，而且它们之间只是相差一个常数。

一般地，若有 $F'(x) = f(x)$，就有 $(F(x) + C)' = f(x)$，若 $F(x)$ 是 $f(x)$ 的一个原函数，则 $F(x) + C$ 是 $f(x)$ 的全部原函数，其中 C 为任意常数。

定义 2　若函数 $F(x)$ 是 $f(x)$ 在区间 I 上一个的原函数，则 $F(x) + C$（C 为任意常数）称为 $f(x)$ 在该区间上的**不定积分**，记 $\int f(x)\mathrm{d}x$，即
$$\int f(x)\mathrm{d}x = F(x) + C$$
其中，$\int$ 称为积分号，$f(x)$ 称为被积函数，$f(x)\mathrm{d}x$ 称为<u>被积表达式</u>（或被积分表达式），x 称为积分变量，C 为积分常数。

【例 2-1】　求下列不定积分。

(1) $\int \cos x \mathrm{d}x$;   (2) $\int \mathrm{e}^x \mathrm{d}x$;   (3) $\int \dfrac{1}{1+x^2} \mathrm{d}x$ 。

解：（1）因为 $(\sin x)' = \cos x$，$\sin x$ 是 $\cos x$ 的一个原函数，所以
$$\int \cos x \mathrm{d}x = \sin x + C$$

（2）因为 $(\mathrm{e}^x)' = \mathrm{e}^x$，$\mathrm{e}^x$ 是 e^x 的一个原函数，所以
$$\int \mathrm{e}^x \mathrm{d}x = \mathrm{e}^x + C$$

（3）因为 $(\arctan x)' = \dfrac{1}{1+x^2}$，$\arctan x$ 是 $\dfrac{1}{1+x^2}$ 的一个原函数，所以
$$\int \dfrac{1}{1+x^2} \mathrm{d}x = \arctan x + C$$

2. 不定积分的几何意义

$F(x) + C$ 是 $f(x)$ 的所有原函数，原函数之间的关系可在坐标系中表示出来，把曲线 $y = F(x)$ 通过上、下平移，就得到曲线 $y = F(x) + C$ 的图像，如图 2-1 所示。

由此，积分曲线 $y = F(x) + C$ 有如下特点：

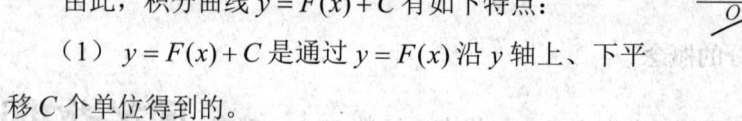

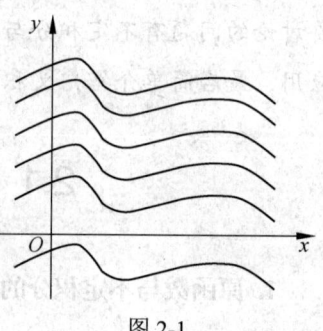

（1）$y = F(x) + C$ 是通过 $y = F(x)$ 沿 y 轴上、下平移 C 个单位得到的。

图 2-1

（2）由于 $(F(x) + C)' = F'(x) = f(x)$，在横坐标相同点 x 处，每条积分曲线在相应点的切线斜率相等，都等于 $f(x)$ 的切线斜率，即相应点的切线互相平行。这就是不定积分的几何意义。

由不定积分的定义可知，积分运算与微分运算之间有如下的关系：

（1）$\left(\int f(x) \mathrm{d}x\right)' = f(x)$ 或 $\mathrm{d}\left(\int f(x) \mathrm{d}x\right) = f(x) \mathrm{d}x$

（2）$\int F'(x) \mathrm{d}x = F(x) + C$ 或 $\int \mathrm{d}F(x) = F(x) + C$

由此可知，积分运算与微分运算互为逆运算。

3. 不定积分的运算法则与基本公式

（1）不定积分的性质

性质 1 $\int k f(x) \mathrm{d}x = k \int f(x) \mathrm{d}x$，$k$ 为非零常数。

性质 2 $\int [f(x) \pm g(x)] \mathrm{d}x = \int f(x) \mathrm{d}x \pm \int g(x) \mathrm{d}x$。

（2）不定积分的基本积分公式

由导数基本公式可得如下相应的不定积分公式，见表 2-1。

表 2-1 导数基本公式与不定积分公式对应表

序号	$F'(x) = f(x)$	$\int f(x)dx = F(x) + C$
1	$(x)' = 1$	$\int dx = x + C$
2	$\left(\dfrac{x^{a+1}}{a+1}\right)' = x^a$	$\int x^a dx = \dfrac{x^{a+1}}{a+1} + C (a \neq -1)$
3	$(\ln|x|)' = \dfrac{1}{x}$	$\int \dfrac{1}{x} dx = \ln|x| + C$
4	$(a^x)' = a^x \ln a$	$\int a^x dx = \dfrac{a^x}{\ln a} + C$
5	$(e^x)' = e^x$	$\int e^x dx = e^x + C$
6	$(\sin x)' = \cos x$	$\int \cos x dx = \sin x + C$
7	$(\cos x)' = -\sin x$	$\int \sin x dx = -\cos x + C$
8	$(\tan x)' = \sec^2 x$	$\int \sec^2 x dx = \tan x + C$
9	$(\cot x)' = -\csc^2 x$	$\int \csc^2 x dx = -\cot x + C$
10	$(\sec x)' = \sec x \tan x$	$\int \sec x \tan x dx = \sec x + C$
11	$(\csc x)' = -\csc x \cot x$	$\int \csc x \cot x dx = -\csc x + C$
12	$(\arcsin x)' = \dfrac{1}{\sqrt{1-x^2}}$	$\int \dfrac{1}{\sqrt{1-x^2}} dx = \arcsin x + C$
13	$(\arctan x)' = \dfrac{1}{1+x^2}$	$\int \dfrac{1}{1+x^2} dx = \arctan x + C$

利用不定积分的性质和基本积分公式，可求出一些简单函数的不定积分，我们把这种积分方法称为<u>直接积分法</u>。

【例 2-2】 求下列不定积分。

（1）$\int x\sqrt[3]{x} dx$ 　　　　　　　　　　　　　　　（2）$\int \dfrac{1}{x\sqrt{x}} dx$

解：（1）$\int x\sqrt[3]{x} dx = \int x^{\frac{4}{3}} dx = \dfrac{x^{\frac{4}{3}+1}}{\frac{4}{3}+1} + C = \dfrac{3}{7} x^{\frac{7}{3}} + C$

（2）$\int \dfrac{1}{x\sqrt{x}} dx = \int x^{-\frac{3}{2}} dx = \dfrac{x^{-\frac{3}{2}+1}}{-\frac{3}{2}+1} + C = -2x^{-\frac{1}{2}} + C = -\dfrac{2}{\sqrt{x}} + C$

【例2-3】 求 $\int\left(2^x e^x - 2\cos x + \dfrac{1}{x}\right)dx$。

解：$\int\left(2^x e^x - 2\cos x + \dfrac{1}{x}\right)dx = \int(2^x e^x)dx - 2\int\cos x dx + \int\dfrac{1}{x}dx$

$= \int(2e)^x dx - 2\int\cos x dx + \int\dfrac{1}{x}dx$

$= \dfrac{(2e)^x}{\ln 2e} - 2\sin x + \ln|x| + C$

$= \dfrac{2^x e^x}{1 + \ln 2} - 2\sin x + \ln|x| + C$

【例2-4】 求 $\int\left(1 - \dfrac{1}{x}\right)^2 dx$。

解：$\int\left(1 - \dfrac{1}{x}\right)^2 dx = \int\left(1 - \dfrac{2}{x} + \dfrac{1}{x^2}\right)dx = \int dx - 2\int\dfrac{1}{x}dx + \int\dfrac{1}{x^2}dx$

$= x - 2\ln|x| - \dfrac{1}{x} + C$

【例2-5】 求下列不定积分。

（1）$\int \cos^2\dfrac{x}{2}dx$ （2）$\int \cot^2 x dx$ （3）$\int \dfrac{\sec x + \tan x}{\cos x}dx$

解：（1）$\int \cos^2\dfrac{x}{2}dx = \int\dfrac{1 + \cos x}{2}dx = \dfrac{1}{2}\left(\int dx + \int\cos x dx\right) = \dfrac{1}{2}(x + \sin x) + C$

（2）$\int \cot^2 x dx = \int(\csc^2 x - 1)dx = \int\csc^2 x dx - \int dx = -\cot x - x + C$

（3）$\int \dfrac{\sec x + \tan x}{\cos x}dx = \int \sec x(\sec x + \tan x)dx$

$= \int \sec^2 x dx + \int \sec x \tan x dx = \tan x + \sec x + C$

练习 2.1

1. 用微分法验证下列各等式。

（1）$\int(3x^2 + e^x + 1)dx = x^3 + e^x + C$ （2）$\int\dfrac{x}{\sqrt{a^2 + x^2}}dx = \sqrt{a^2 + x^2} + C$

（3）$\int\cos^2 x dx = \dfrac{x}{2} + \dfrac{1}{4}\sin 2x + C$

2. 利用微分与积分的运算关系计算下列各式。

（1）$\int d\left(x^2\sqrt{x^3 + 1}\right)$ （2）$d\left(\int\sin x dx\right)$

（3）$\int(e^x - 2x)' dx$ （4）$\left(\int\sqrt{1 - \cos 2x}\,dx\right)'$

3. 计算下列不定积分。

(1) $\int (\sqrt{x}-1)^2 dx$

(2) $\int \dfrac{\sqrt[3]{x}-\sqrt[5]{x}}{\sqrt{x}} dx$

(3) $\int (3^x - 2^x) dx$

(4) $\int \dfrac{x^2}{1+x^2} dx$

(5) $\int 2^{2x} e^x dx$

(6) $\int \dfrac{1-x+x^2}{x(1+x^2)} dx$

(7) $\int \left(\sec^2 x - 3^x + \dfrac{1}{1+x^2}\right) dx$

(8) $\int x(x-a)(x-b) dx$

(9) $\int \left(\sin\dfrac{x}{2} + \cos\dfrac{x}{2}\right)^2 dx$

(10) $\int \left(\cos x - a^x + \dfrac{1}{\cos^2 x}\right) dx$

(11) $\int \dfrac{1}{\sqrt{2gh}} dh$

(12) $\int \dfrac{x^2 + x\sqrt{x} - 2}{\sqrt{x}} dx$

(13) $\int \left(1 - \dfrac{1}{x^2}\right) \sqrt{x\sqrt{x}} dx$

(14) $\int \dfrac{\cos 2x}{\cos x - \sin x} dx$

(15) $\int \sqrt{1 - \sin 2x} dx$

4. 已知某曲线上每一点 $P(x,y)$ 的切线斜率是 $3x^2+1$，且曲线经过点 $(1,1)$，求该曲线的方程。

2.2 换元积分法

1. 第一类换元积分法（凑微分法）

定理 设 $\int f(u) du = F(u) + C$，且 $u = \varphi(x)$ 可导，则有

$$\int f(\varphi(x))\varphi'(x) dx = F(\varphi(x)) + C$$

证明：因为 $F'(u) = f(u)$，记 $u = \varphi(x)$，由复合函数的求导法则，有

$$\dfrac{d}{dx}(F(\varphi(x)) + C) = \dfrac{dF(u)}{du} \cdot \dfrac{du}{dx} = f(u)\varphi'(x) = f(\varphi(x))\varphi'(x)$$

所以有

$$\int f(\varphi(x))\varphi'(x) dx = F(\varphi(x)) + C$$

其中，$u = \varphi(x)$ 称为<u>中间变量</u>。

第一类换元积分法

由上述定理可推出第一类换元积分法计算的一般过程：

$$\int f[\varphi(x)]\varphi'(x)dx \xrightarrow{\text{凑微分}} \int f[\varphi(x)]d\varphi(x) \xrightarrow{\text{令}u=\varphi(x)} \int f(u)du = F(u) + C \xrightarrow{\text{回代}u=\varphi(x)} F[\varphi(x)] + C$$

因此，我们把第一类换元积分法也称为凑微分法。

【例 2-6】 求 $\int \dfrac{1}{x-1} dx$。

解：$\int \dfrac{1}{x-1} dx = \int \dfrac{1}{x-1} d(x-1) = \ln|x-1| + C$

【例 2-7】 求 $\int \dfrac{1}{a^2 - x^2} dx$。

解：$\int \dfrac{1}{a^2 - x^2} dx = \dfrac{1}{2a} \int \left(\dfrac{1}{a-x} + \dfrac{1}{a+x} \right) dx$

$= \dfrac{1}{2a} \left(\int \dfrac{1}{a-x} dx + \int \dfrac{1}{a+x} dx \right)$

$= \dfrac{1}{2a} \left(\int \dfrac{-d(a-x)}{a-x} + \int \dfrac{d(a+x)}{a+x} \right)$

$= \dfrac{1}{2a} (\ln|a+x| - \ln|a-x|) + C$

$= \dfrac{1}{2a} \ln \left| \dfrac{a+x}{a-x} \right| + C$

常用的凑微分的公式有：

（1）$dx = \dfrac{1}{a} d(ax+b) \quad (a \neq 0)$

（2）$x dx = \dfrac{1}{2a} d(ax^2 + b) \quad (a \neq 0)$

（3）$\dfrac{1}{x} dx = d(\ln|x|)$

（4）$\dfrac{1}{\sqrt{ax+b}} dx = \dfrac{2}{a} d\left(\sqrt{ax+b} \right)$

（5）$\dfrac{1}{\sqrt{1-x^2}} dx = d(\arcsin x) = -d(\arccos x)$

（6）$\cos x dx = d \sin x$

（7）$\dfrac{1}{1+x^2} dx = d(\arctan x) = -d(\operatorname{arccot} x)$

（8）$\sec^2 x dx = d(\tan x)$

（9）$e^x dx = de^x$

（10）$\sec x \tan x dx = d(\sec x)$

【例 2-8】 求 $\int \dfrac{dx}{a^2 + x^2} \quad (a > 0)$。

解：$\int \dfrac{dx}{a^2 + x^2} = \dfrac{1}{a^2} \int \dfrac{dx}{1 + \left(\dfrac{x}{a} \right)^2} = \dfrac{1}{a} \int \dfrac{d\left(\dfrac{x}{a} \right)}{1 + \left(\dfrac{x}{a} \right)^2} = \dfrac{1}{a} \arctan \dfrac{x}{a} + C$

【例 2-9】 求 $\int \tan x dx$。

解：$\int \tan x dx = \int \dfrac{\sin x}{\cos x} dx = -\int \dfrac{d(\cos x)}{\cos x} = -\ln|\cos x| + C$

从以上例子得到，使用凑微分法的关键在于把被积表达式 $f(x)dx$ 凑成 $F[\varphi(x)]d\varphi(x)$ 的形式，以便引入中间变量 $u = \varphi(x)$，化为易积分的 $\int f(u)du$，最后把中间变量 u 还原为起始变量 x 的表达式。

2. 第二类换元积分法

第一类换元积分法是引入中间变量 u 代替可导函数 $\varphi(x)$，而第二类换元积分法是引入新变量 t，令 $x = \psi(t)$，使得新被积分表达式成为易积分的形式。

利用第二类换元积分法计算不定积分的一般过程为：

$$\int f(x)dx \xrightarrow{\text{令}x=\psi(t)} \int f[\psi(t)]\psi'(t)dt = F(t) + C \xrightarrow{\text{回代}t=\psi^{-1}(x)} F[\psi^{-1}(x)] + C$$

第二类换元积分法

【例 2-10】 求 $\int \sqrt{a^2 - x^2} dx \ (a > 0)$。

解：令 $x = a\sin t \ \left(|t| < \dfrac{\pi}{2}\right)$，则 $dx = a\cos t dt$，$\sqrt{a^2 - x^2} = a\cos t$

$$\int \sqrt{a^2 - x^2} dx = \int a\cos t d(a\sin t) = a^2 \int \cos^2 t dt$$
$$= \dfrac{a^2}{2} \int (1 + \cos 2t) dt$$
$$= \dfrac{a^2}{2}\left(t + \dfrac{1}{2}\sin 2t\right) + C$$

为了回代到原来变量 x，可用三角形法则，具体方法如下：作出以 t 为锐角的直角三角形，如图 2-2 所示。

使 $\sin t = \dfrac{x}{a}$，则有 $t = \arcsin\dfrac{x}{a}$，$\cos t = \dfrac{\sqrt{a^2 - x^2}}{a}$，于是

$$\int \sqrt{a^2 - x^2} dx = \dfrac{a^2}{2}\arcsin\dfrac{x}{a} + \dfrac{x}{2}\sqrt{a^2 - x^2} + C$$

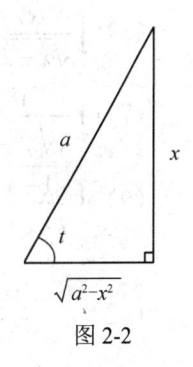

图 2-2

【例 2-11】 求 $\int \dfrac{dx}{\sqrt{x} + \sqrt[3]{x}}$。

解：令 $x = t^6$，则 $t = \sqrt[6]{x}$，$dx = 6t^5 dt$，$\sqrt{x} = \sqrt{t^6} = t^3$，$\sqrt[3]{x} = t^2$，于是

$$\int \dfrac{dx}{\sqrt{x} + \sqrt[3]{x}} = \int \dfrac{6t^5 dt}{t^3 + t^2} = 6\int \dfrac{t^3}{1+t} dt = 6\int \left(t^2 - t + 1 - \dfrac{1}{t+1}\right) dt$$
$$= 6\left(\dfrac{t^3}{3} - \dfrac{t^2}{2} + t - \ln|t+1|\right) + C$$
$$= 2\sqrt{x} - 3\sqrt[3]{x} + 6\sqrt[6]{x} - 6\ln|\sqrt[6]{x} + 1| + C$$

练习 2.2

1. 求下列不定积分。

(1) $\int \dfrac{x}{x^2+1}\mathrm{d}x$

(2) $\int \dfrac{\cos x}{2\sin x-1}\mathrm{d}x$

(3) $\int 2x(x^2-1)^{10}\mathrm{d}x$

(4) $\int \dfrac{\arcsin x}{\sqrt{1-x^2}}\mathrm{d}x$

(5) $\int \dfrac{\mathrm{d}x}{\cos^2 3x}$

(6) $\int \mathrm{e}^{\sin x}\cos x\mathrm{d}x$

(7) $\int \sin ax\mathrm{d}x$

(8) $\int x\sqrt{x^2+1}\mathrm{d}x$

(9) $\int \dfrac{\ln x}{x}\mathrm{d}x$

(10) $\int \mathrm{e}^{-3x}\mathrm{d}x$

(11) $\int \dfrac{1}{1+2x^2}\mathrm{d}x$

(12) $\int \tan^2 x\sec^2 x\mathrm{d}x$

(13) $\int \dfrac{\sec^2 x}{1+\tan x}\mathrm{d}x$

(14) $\int \dfrac{\sin x\cos x}{1+\sin^4 x}\mathrm{d}x$

2. 求下列不定积分。

(1) $\int x\sqrt{x-1}\mathrm{d}x$

(2) $\int \dfrac{1}{1+\sqrt{2x}}\mathrm{d}x$

(3) $\int \dfrac{1}{\sqrt{\mathrm{e}^x-1}}\mathrm{d}x$

(4) $\int \dfrac{\sqrt{x^2-1}}{x}\mathrm{d}x$

(5) $\int \dfrac{x}{\sqrt{x-2}}\mathrm{d}x$

(6) $\int \dfrac{\mathrm{d}x}{\sqrt{2x^2+1}}$

(7) $\int \dfrac{1}{x\sqrt{x^2-1}}\mathrm{d}x$

(8) $\int \dfrac{\mathrm{d}x}{\sqrt{x^2+a^2}}\ (a>0)$

(9) $\int \sqrt{\dfrac{1-x}{1+x}}\mathrm{d}x$

(10) $\int \dfrac{\mathrm{d}x}{x\sqrt{a^2-x^2}}$

2.3 分部积分法

设函数 $u=u(x)$，$v=v(x)$ 具有连续的导函数，根据两函数乘积的微分法得

$$\mathrm{d}(uv)=u\mathrm{d}v+v\mathrm{d}u$$

即

$$u\mathrm{d}v=\mathrm{d}(uv)-v\mathrm{d}u$$

两边积分得

$$\int u\mathrm{d}v=uv-\int v\mathrm{d}u$$

上式称为**分部积分公式**。用此公式计算不定积分的方法称为**分部积分法**。用分部积分法的关键在于正确选择 u 和 v，一般要注意以下两点：

（1）v 容易求出（可用凑微分法求出）；

（2）$\int v\mathrm{d}u$ 比 $\int u\mathrm{d}v$ 容易计算。

【例 2-12】 求 $\int x\cos x\mathrm{d}x$。

解： 设 $u=x, \mathrm{d}v=\cos x\mathrm{d}x$，于是 $\mathrm{d}u=\mathrm{d}x, v=\sin x$，根据分部积分公式有

$$\int x\cos x\mathrm{d}x = \int x\mathrm{d}(\sin x) = x\sin x - \int \sin x\mathrm{d}x$$

$$= x\sin x + \cos x + C$$

【例 2-13】 求 $\int e^x \sin x\mathrm{d}x$。

解： 设 $u=e^x, \mathrm{d}v=\sin x\mathrm{d}x$，则 $\mathrm{d}u=e^x\mathrm{d}x, v=-\cos x$，于是

$$\int e^x \sin x\mathrm{d}x = -e^x\cos x + \int e^x\cos x\mathrm{d}x$$

$$= -e^x\cos x + \int e^x\mathrm{d}(\sin x)$$

$$= -e^x\cos x + e^x\sin x - \int e^x\sin x\mathrm{d}x$$

所以

$$\int e^x\sin x\mathrm{d}x = \frac{1}{2}e^x(\sin x - \cos x) + C$$

对分部积分法熟练后，计算时不必写出 u 和 $\mathrm{d}v$，直接计算即可。

【例 2-14】 求 $\int \ln x\mathrm{d}x$。

解： $\int \ln x\mathrm{d}x = x\ln x - \int x\mathrm{d}(\ln x) = x\ln x - \int x\cdot\frac{1}{x}\mathrm{d}x = x(\ln x - 1) + C$

【例 2-15】 求 $\int \dfrac{x}{\cos^2 x}\mathrm{d}x$。

解：

$$\int \frac{x}{\cos^2 x}\mathrm{d}x = \int x\sec^2 x\mathrm{d}x = \int x\mathrm{d}(\tan x)$$

$$= x\tan x - \int \tan x\mathrm{d}x = x\tan x - \int \frac{\sin x}{\cos x}\mathrm{d}x$$

$$= x\tan x + \int \frac{\mathrm{d}\cos x}{\cos x} = x\tan x + \ln|\cos x| + C$$

练习 2.3

求下列不定积分。

（1）$\int xe^{-x}\mathrm{d}x$ （2）$\int x^2\ln x\mathrm{d}x$

(3) $\int \dfrac{\ln x}{x^3} dx$ (4) $\int x\sin 2x dx$

(5) $\int e^x \cos x dx$ (6) $\int \dfrac{\ln \ln x}{x} dx$

(7) $\int \arcsin x dx$ (8) $\int x^2 \arctan x dx$

(9) $\int \sin\sqrt{x} dx$ (10) $\int x^2 \sin x dx$

(11) $\int \ln(x+\sqrt{1+x^2}) dx$ (12) $\int \dfrac{x\arcsin x}{\sqrt{1-x^2}} dx$

2.4 定积分的概念与性质

1. 两个实例

【实例1】 曲边梯形的面积。

设函数 $y=f(x)$ 在区间 $[a,b]$ 上是非负连续函数，由曲线 $y=f(x)$，直线 $x=a$，$x=b$ 以及 x 轴所围成的平面图形，称为曲边梯形，其中曲线 $y=f(x)$ 为曲边，如图 2-3 所示。

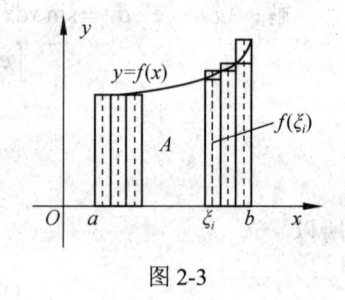

图 2-3

下面讨论曲边梯形的面积 A。

曲边梯形的面积 A 的表达式可写为

$$A=\{(x,y)\mid a\leqslant x\leqslant b, 0\leqslant y\leqslant f(x)\}$$

把 A 分割成若干个小曲边梯形，把每个小曲边梯形近似看作一个小矩形，用长乘以宽求得小矩形的面积，加起来就是曲边梯形面积的近似值。显然，分割得越细，误差越小，小矩形面积和越接近于曲边梯形的面积。

由如下四个步骤可得到曲边梯形的面积。

（1）分割 在区间 $[a,b]$ 内插入 $n-1$ 个分点：

$$a=x_0<x_1<x_2<\cdots<x_{i-1}<x_i<\cdots x_{n-1}<x_n=b$$

把区间 $[a,b]$ 分为 n 个小区间 $[x_0,x_1]$，$[x_1,x_2]$，…，$[x_{i-1},x_i]$，…，$[x_{n-1},x_n]$，小区间 $[x_{i-1},x_i]$ 的长度记为 $\Delta x_i=x_i-x_{i-1}(i=1,2,3,...,n)$，过各分点作垂直于 x 轴的直线，把整个曲边梯形分成 n 个小曲边梯形，其中第 i 个小曲边梯形的面积记为 ΔA_i $(i=1,2,3,\cdots,n)$。

（2）近似替换 在第 i 个小曲边梯形的底 $[x_{i-1},x_i]$ 上任取一点，它所对应的函数值 $f(\xi_i)$，以 Δx_i 为底的小矩形的面积 $f(\xi_i)\Delta x_i$ 近似替换这个小曲边梯形的面积，即

$$\Delta A_i \approx f(\xi_i)\Delta x_i$$

（3）求和 把 n 个小矩形面积相加，就得到曲边梯形的面积 A 的近似值，即

$$A\approx \sum_{i=1}^{n}\Delta A_i=f(\xi_1)\Delta x_1+f(\xi_2)\Delta x_2+\cdots+f(\xi_n)\Delta x_n=\sum_{i=1}^{n}f(\xi_i)\Delta x_i$$

（4）取极限 当区间 $[a,b]$ 的分点数无限增加，且小区间长度中的最大值 $\lambda=$

$\max\limits_{1\leqslant i\leqslant n}\{\Delta x_i\}\to 0$ 时，如果上述和式 $\sum\limits_{i=1}^{n}f(\xi_i)\Delta x_i$ 的极限存在，那么此极限就是所求曲边梯形的面积，即

$$A=\lim_{\lambda\to 0}\sum_{i=1}^{n}f(\xi_i)\Delta x_i$$

【实例2】 变速直线运动的路程。

设一物体沿直线做变速运动，已知速度 $v=v(t)$ $(v(t)\geqslant 0)$ 在区间 $[T_1,T_2]$ 上连续，求物体从时刻 T_1 到时刻 T_2 的运动路程 S。

现在的速度是变量，所求路程不能由 $S=v(T_2-T_1)$ 求得，但在很小时间内速度变化很小，近似等速，解决这个问题的思路与解决曲边梯形的面积相同。

(1) 分割 将区间 $[T_1,T_2]$ 任意地分成 n 个小区间 $[t_0,t_1]$，$[t_1,t_2]$，…，$[t_{i-1},t_i]$，…，$[t_{n-1},t_n]$，小区间 $[t_{i-1},t_i]$ 的长度记为 $\Delta t_i=t_i-t_{i-1}(i=1,2,3,\cdots,n)$。

(2) 近似替换 在小区间 $[t_{i-1},t_i]$ 上任取一点 ξ_i，用 $v(\xi_i)$ 来近似替换变化的速度 $v(t)$，从而得到 ΔS_i 的近似值，即

$$\Delta S_i\approx v(\xi_i)\Delta t_i$$

(3) 求和 把所有小的时段上的路程相加，和式 $\sum\limits_{i=1}^{n}v(\xi_i)\Delta t_i$ 就是区间 $[T_1,T_2]$ 上的路程 S 的近似值，即

$$S\approx\sum_{i=1}^{n}v(\xi_i)\Delta t_i$$

(4) 取极限 当最大区间长度趋近于零，即 $\lambda=\max\limits_{1\leqslant i\leqslant n}\{\Delta t_i\}\to 0$，和式 $\sum\limits_{i=1}^{n}v(\xi_i)\Delta t_i$ 的极限就是所求变速直线运动的路程，即

$$S=\lim_{\lambda\to 0}\sum_{i=1}^{n}v(\xi_i)\Delta t_i$$

两个不同类型的的问题，透过它们的解答思想方法和结构模式，最终可归结为求一个具有特定结构的和式的极限。

2. 定积分的概念

定义 设函数 $y=f(x)$ 在区间 $[a,b]$ 上有定义，任取分点

$$a=x_0<x_1<x_2<\cdots<x_{i-1}<x_i<\cdots<x_{n-1}<x_n=b$$

将区间 $[a,b]$ 分为 n 个子区间 $[x_{i-1},x_i]$ $(i=1,2,\cdots,n)$，记 $\Delta x_i=x_i-x_{i-1}$ $(i=1,2,\cdots,n)$，$\lambda=\max\limits_{1\leqslant i\leqslant n}\{\Delta x_i\}$，在每个子区间 $[x_{i-1},x_i]$ 上，任取一点 ξ_i，作乘积 $f(\xi_i)\Delta x_i$ 的和式

$$\sum_{i=1}^{n}f(\xi_i)\Delta x_i$$

若极限 $\lim\limits_{\lambda\to 0}\sum\limits_{i=1}^{n}f(\xi_i)\Delta x_i$ 存在，则称此极限值为函数 $f(x)$ 在区间 $[a,b]$ 上的定积分，记为

$$\int_a^b f(x)dx = \lim_{\lambda \to 0} \sum_{i=1}^n f(\xi_i)\Delta x_i$$

其中，x 称为积分变量，$f(x)$ 称为被积函数，$f(x)dx$ 称为被积表达式，a,b 分别称为积分的下限与上限，$[a,b]$ 称为积分区间。

根据定积分的定义，前面两个实例可分别用定积分表示为：

$$\text{曲边梯形面积 } A = \int_a^b f(x)\,dx$$

$$\text{变速运动路程 } S = \int_{T_1}^{T_2} v(t)\,dt$$

对于定积分，应该注意以下几点：

（1）定积分的值只与被积函数及积分区间有关，与积分变量的记号无关，即

$$\int_a^b f(x)dx = \int_a^b f(t)dt = \int_a^b f(u)du$$

（2）在定义中假设 $a<b$，为了计算方便起见，补充如下规定：

当 $a=b$ 时，$\int_a^a f(x)dx = 0$；

当 $a>b$ 时，$\int_a^b f(x)dx = -\int_b^a f(x)dx$；

当且仅当 $f(x)=1$ 时，$\int_a^b dx = b-a$。

（3）定义中的区间分法与 ξ_i 的取法是任意的。

（4）如果函数 $f(x)$ 在 $[a,b]$ 上连续，则函数 $f(x)$ 在 $[a,b]$ 上可积。

3. 定积分的几何意义

由曲边梯形面积的计算可知，当 $f(x)>0$ 时，图形位于 x 轴上方，$\int_a^b f(x)dx = A > 0$，如图 2-4（a）所示；当 $f(x)<0$ 时，图形位于 x 轴下方，$\int_a^b f(x)dx = A < 0$，如图 2-4（b）所示；当 $f(x)$ 在 $[a,b]$ 上有正有负时，$\int_a^b f(x)dx = A_1 - A_2 + A_3$，如图 2-4（c）所示。

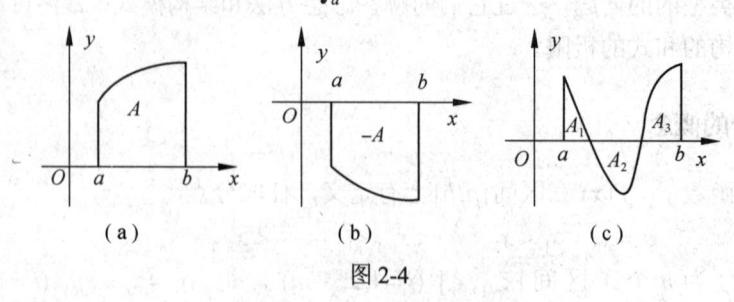

图 2-4

4. 定积分的性质

在下列性质中，假设 $f(x)$ 和 $g(x)$ 在所讨论的区间上可积。

性质 1 $\int_a^b [f(x) \pm g(x)]dx = \int_a^b f(x)dx \pm \int_a^b g(x)dx$。

性质 2 $\int_a^b kf(x)dx = k\int_a^b f(x)dx$，$k$ 为常数。

性质 3 $\int_a^b f(x)dx = \int_a^c f(x)dx + \int_c^b f(x)dx$，其中满足 $c \in [a,b]$，也可满足 $c \notin [a,b]$。

性质 4 若 $f(x) \geq g(x)$，则 $\int_a^b f(x)dx \geq \int_a^b g(x)dx$。特别地，当 $g(x) = 0$ 时，则有 $\int_a^b f(x)dx \geq 0$。

性质 5（估值定理） 若在区间 $[a,b]$ 上有 $m \leq f(x) \leq M$，则有

$$m(b-a) \leq \int_a^b f(x)dx \leq M(b-a)$$

性质 6（积分中值定理） 若函数 $f(x)$ 在区间 $[a,b]$ 上连续，则在区间 $[a,b]$ 上至少存在一点 ξ，使下式成立

$$\int_a^b f(x)dx = f(\xi)(b-a)$$

或

$$f(\xi) = \frac{1}{b-a}\int_a^b f(x)dx$$

图 2-5

该性质的几何意义如图 2-5 所示，曲边梯形的面积等于以 $f(x)$ 在区间 $[a,b]$ 上的平均值 $f(\xi)$ 为高、以积分区间长 $b-a$ 为宽的矩形区域的面积。

性质 7 若函数 $f(x)$ 在区间 $[-a,a]$ 上连续，则

$$\int_{-a}^a f(x)dx = \begin{cases} 2\int_0^a f(x)dx & \text{当}f(x)\text{为偶函数时} \\ 0 & \text{当}f(x)\text{为奇函数时} \end{cases}$$

该性质的几何意义如图 2-6 所示。

（a） （b）

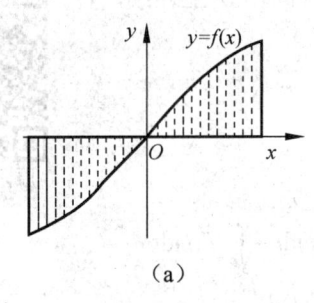

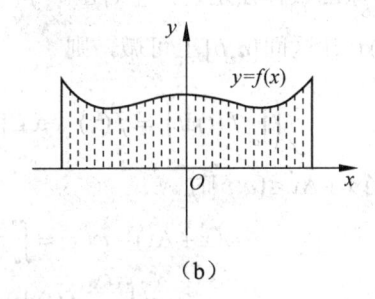

图 2-6

【例 2-16】 估计定积分 $\int_0^1 e^{x^2}dx$ 的值。

解： 因为 $0 \leq x \leq 1$，$f'(x) = 2xe^{x^2} \geq 0$，所以 $f(x)$ 在区间 $[0,1]$ 上单调增加，有

$$f(0) = 1 \leq e^{x^2} \leq f(1) = e$$

由估值定理可得

$$1 \leq \int_0^1 e^{x^2}dx \leq e$$

练习 2.4

1. 用定积分的定义计算下列定积。

   (1) $\int_1^2 (x+1)dx$ 　　　　　　　　　　　　　　(2) $\int_c^d xdx$

2. 利用定积分的几何意义计算下列定积分。

   (1) $\int_0^1 xdx$ 　　　　　　　　　　　　　　(2) $\int_0^a \sqrt{a^2-x^2}dx$

3. 判断下列各组定积分值的大小,并说明理由。

   (1) $\int_0^1 xdx$ 与 $\int_0^1 x^2dx$ 　　　　　　　　　　　　(2) $\int_1^2 x^2dx$ 与 $\int_1^2 x^3dx$

   (3) $\int_0^1 e^x dx$ 与 $\int_0^1 e^{2x}dx$

2.5 微积分学的基本原理

为了寻求计算定积分简便而有效的方法,现研究积分与微分之间的联系。

设 $f(x)$ 在区间 $[a,b]$ 上可积,对任何 $x \in [a,b]$,$f(x)$ 在区间 $[a,x]$ 上也可积。

记 $\varphi(x) = \int_a^x f(t)dt$,$x \in [a,b]$,显然,对每一个 $x_0 \in [a,b]$,有唯一确定的积分值 $\varphi(x_0) = \int_a^{x_0} f(t)dt$ 与之相对应,这样就定义了一个以积分上限 x 为自变量的函数,称为<u>变上限的定积分</u>。

注意:将 $\varphi(x) = \int_a^x f(t)dt$ 的积分变量写成 t,是为了避免与积分上限变量的 x 相混淆。

定理 1(原函数存在定理) 若函数 $f(x)$ 在区间 $[a,b]$ 上连续,且 $\varphi(x) = \int_a^x f(t)dt$ 在区间 $[a,b]$ 上可微,则

$$\left(\int_a^x f(t)dt\right)' = f(x) \quad x \in [a,b]$$

证明:当 $x + \Delta x \in [a,b]$ 时,

$$\varphi(x+\Delta x) - \varphi(x) = \int_a^{x+\Delta x} f(t)dt - \int_a^x f(t)dt$$

$$= \int_a^{x+\Delta x} f(t)dt + \int_x^a f(t)dt$$

$$= \int_x^{x+\Delta x} f(t)dt \quad \text{(依据微分中值定理)}$$

$$= f(\xi)\Delta x \quad \text{(其中,} x < \xi < x+\Delta x\text{)}$$

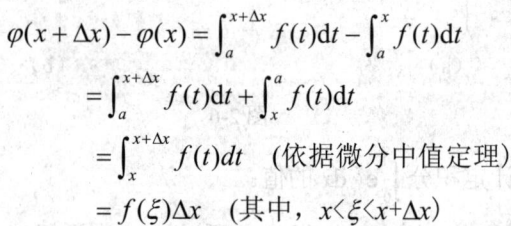

于是有 $\Delta \varphi(x) = f(\xi)\Delta x$,即

$$f(\xi) = \frac{\Delta \varphi(x)}{\Delta x} = \frac{\varphi(x+\Delta x) - \varphi(x)}{\Delta x}$$

$$\varphi'(x) = \lim_{\Delta x \to 0} \frac{\varphi(x+\Delta x) - \varphi(x)}{\Delta x} = \lim_{\Delta x \to 0} f(\xi) = \lim_{\xi \to x} f(\xi)$$
$$= f(x) \quad (当 \Delta x \to 0 时, \xi \to x)$$

【例 2-17】 求 $\left(\int_0^x e^{3t} dt\right)'$。

解：由定理 1 可得
$$\left(\int_0^x e^{3t} dt\right)' = e^{3x}$$

【例 2-18】 求 $\left(\int_x^1 \frac{1}{1+t^2} dt\right)'$。

解：由定理 1 可得
$$\left(\int_x^1 \frac{1}{1+t^2} dt\right)' = -\left(\int_1^x \frac{1}{1+t^2} dt\right)' = -\frac{1}{1+x^2}$$

【例 2-19】 求 $\left(\int_1^{x^2} \frac{1}{\sqrt{1+t^4}} dt\right)'$。

解：因为 $f(t) = \dfrac{1}{\sqrt{1+t^4}}$ 为连续函数，由定理 1 及复合函数求导法则可得
$$\left(\int_1^{x^2} \frac{1}{\sqrt{1+t^4}} dt\right)' = \frac{1}{\sqrt{1+(x^2)^4}} (x^2)' = \frac{2x}{\sqrt{1+x^8}}$$

定理 2 （牛顿（Newton）-莱布尼兹（Leibniz）公式）

设函数 $f(x)$ 在区间 $[a,b]$ 上连续，$F(x)$ 是 $f(x)$ 在区间 $[a,b]$ 上的一个原函数，则有
$$\int_a^b f(x) dx = F(b) - F(a) \stackrel{记}{=} F(x) \Big|_a^b$$

证明：已知 $F(x)$ 是 $f(x)$ 在区间 $[a,b]$ 上的一个原函数，根据定理 1 可知，积分上限函数 $\varphi(x) = \int_a^x f(t) dt$ 也是 $f(x)$ 的一个原函数，因此有
$$\int_a^x f(t) dt - F(x) = C \quad (C 为常数)$$

令 $x = a$，代入上式得
$$\int_a^a f(t) dt - F(a) = C$$

所以 $C = -F(a)$，于是有
$$\int_a^x f(t) dt = F(x) - F(a)$$

再令 $x = b$，代入上式得
$$\int_a^b f(t) dt = F(b) - F(a)$$

根据定积分值与积分变量的记号无关，即有

$$\int_a^b f(x)\mathrm{d}x = F(b) - F(a) = F(x)\Big|_a^b$$

上式称为**牛顿-莱布尼兹公式**，也称**微积分的基本公式**，它进一步揭示了定积分与被积函数的原函数之间的联系，使定积分计算变得简便而有效。

定理 1 和定理 2 揭示了微分与积分以及定积分与不定积分之间的内在联系，因此统称为**微积分基本定理**。

【例 2-20】 求下列定积分。

(1) $\int_{-2}^{-1} \dfrac{1}{x}\mathrm{d}x$ \hspace{2cm} (2) $\int_0^1 \mathrm{e}^{2x}\mathrm{d}x$

(3) $\int_0^{\frac{\pi}{3}} \sin x\,\mathrm{d}x$ \hspace{2cm} (4) $\int_0^1 \dfrac{1}{1+x^2}\mathrm{d}x$

解： 由牛顿-莱布尼兹公式可得

(1) $\int_{-2}^{-1} \dfrac{1}{x}\mathrm{d}x = \ln|x|\Big|_{-2}^{-1} = \ln 1 - \ln 2 = -\ln 2$

(2) $\int_0^1 \mathrm{e}^{2x}\mathrm{d}x = \dfrac{1}{2}\int_0^1 \mathrm{e}^{2x}\mathrm{d}(2x) = \dfrac{1}{2}\mathrm{e}^{2x}\Big|_0^1 = \dfrac{1}{2}(\mathrm{e}^2 - \mathrm{e}^0) = \dfrac{1}{2}(\mathrm{e}^2 - 1)$

(3) $\int_0^{\frac{\pi}{3}} \sin x\,\mathrm{d}x = -\cos x\Big|_0^{\frac{\pi}{3}} = -\left(\cos\dfrac{\pi}{3} - \cos 0\right) = -\left(\dfrac{1}{2} - 1\right) = \dfrac{1}{2}$

(4) $\int_0^1 \dfrac{1}{1+x^2}\mathrm{d}x = \arctan x\Big|_0^1 = \arctan 1 - \arctan 0 = \dfrac{\pi}{4}$

【例 2-21】 求 $\int_{-1}^2 |x|\,\mathrm{d}x$。

解： 因为 $f(x) = |x| = \begin{cases} x & 0 < x \leqslant 2 \\ -x & -1 < x \leqslant 0 \end{cases}$，所以

$$\int_{-1}^2 |x|\,\mathrm{d}x = \int_{-1}^0 (-x)\mathrm{d}x + \int_0^2 x\,\mathrm{d}x$$

$$= -\dfrac{x^2}{2}\Big|_{-1}^0 + \dfrac{x^2}{2}\Big|_0^2 = -\dfrac{1}{2}(0-1) + \dfrac{1}{2}(4-0)$$

$$= \dfrac{5}{2}$$

练习 2.5

1. 求下列函数的导数。

(1) 设 $\phi(x) = \int_0^x \sin t\,\mathrm{d}t$，求 $\phi'(\dfrac{\pi}{3})$。

(2) 设 $\phi(x) = \int_5^x \sqrt{1+t^2}\,\mathrm{d}t$，求 $\phi'(2)$。

(3) 设 $\phi(x) = \int_0^{x^2} \sqrt{1+t^2} \mathrm{d}t$，求 $\phi'(x)$。

2. 计算下列定积分。

(1) $\int_1^2 \left(\dfrac{1}{x^2} - \dfrac{1}{x} + 5^x \right) \mathrm{d}x$

(2) $\int_0^{\frac{\pi}{2}} \dfrac{\cos 2x}{\cos x + \sin x} \mathrm{d}x$

(3) $\int_0^{\pi} \sin^2 \dfrac{x}{2} \mathrm{d}x$

(4) $\int_0^1 (x-1)^2 \mathrm{d}x$

(5) $\int_1^4 \sqrt{x}\left(1-\sqrt{x}\right) \mathrm{d}x$

(6) $\int_1^{\mathrm{e}} \dfrac{\ln x}{x} \mathrm{d}x$

(7) $\int_1^{\sqrt{3}} \dfrac{1}{1+x^2} \mathrm{d}x$

(8) $\int_0^{\frac{\pi}{2}} \dfrac{\sin x}{(1+\cos x)^2} \mathrm{d}x$

(9) $\int_{-1}^1 \dfrac{2x-1}{x-2} \mathrm{d}x$

(10) $\int_0^1 \dfrac{x}{1+x^2} \mathrm{d}x$

(11) $\int_0^{\frac{\pi}{6}} \sec^2 2x \mathrm{d}x$

(12) $\int_0^{\frac{\pi}{2}} \cos x \mathrm{d}x$

(13) $\int_0^{\pi} |\cos x| \mathrm{d}x$

(14) $\int_2^3 \dfrac{1}{x^2+3x-2} \mathrm{d}x$

(15) $\int_0^1 \dfrac{1+x}{\sqrt{1-x^2}} \mathrm{d}x$

(16) $\int_0^{\pi} \sqrt{\sin x - \sin^3 x} \mathrm{d}x$

2.6 定积分的计算方法

前文介绍了不定积分的换元方法和分部积分法，本节将介绍定积分的两种相应的计算方法。

1. 定积分的换元法

定理 1 设函数 $f(x)$ 在区间 $[a,b]$ 上连续，$x = \varphi(t)$ 在区间 $[\alpha,\beta]$ 上具有连续的导数，且 $a \leqslant \varphi(t) \leqslant b$ $(\alpha \leqslant t \leqslant \beta)$，$\varphi(\alpha) = a$，$\varphi(\beta) = b$，则

$$\int_a^b f(x)\mathrm{d}x = \int_{\alpha}^{\beta} f[\varphi(t)]\varphi'(t)\mathrm{d}t$$

证：由于上式两边的被积函数都是连续函数，因此它们的原函数都存在，设 $F(x)$ 是 $f(x)$ 在区间 $[a,b]$ 上的一个原函数，由复合函数求导法则，有

$$\dfrac{\mathrm{d}}{\mathrm{d}t} F(\varphi(t)) = F'(\varphi(t))\varphi'(t) = f(\varphi(t))\varphi'(t)$$

可见 $F(\varphi(t))$ 是 $f(\varphi(t))\varphi'(t)$ 的一个原函数，根据牛顿-莱布尼兹公式得

$$\int_{\alpha}^{\beta} f[\varphi(t)]\varphi'(t)\mathrm{d}t = F(\varphi(\beta)) - F(\varphi(\alpha)) = F(b) - F(a) = \int_a^b f(x)\mathrm{d}x$$

定积分的换元积分法

【例 2-22】 求 $\int_2^5 \dfrac{x}{\sqrt{x-1}}dx$。

解：设 $t=\sqrt{x-1}$，则 $x=t^2+1, dx=2tdt$

x	2	5
t	1	2

根据定理 1 可得

$$\int_2^5 \dfrac{x}{\sqrt{x-1}}dx = \int_1^2 \dfrac{t^2+1}{t}\cdot 2tdt = 2\int_1^2(t^2+1)dt = 2\left(\dfrac{t^3}{3}+t\right)\Big|_1^2 = \dfrac{20}{3}$$

【例 2-23】 求 $\int_0^{\frac{\pi}{2}}\sin x\cos^4 xdx$。

x	0	4
t	0	2

解：$\int_0^{\frac{\pi}{2}}\sin x\cos^4 xdx = -\int_0^{\frac{\pi}{2}}\cos^4 xd(\cos x) = -\dfrac{1}{5}\cos^5 x\Big|_0^{\frac{\pi}{2}} = \dfrac{1}{5}$

【例 2-24】 求 $\int_0^4 \dfrac{1}{1+\sqrt{x}}dx$。

解：设 $\sqrt{x}=t$，则 $x=t^2, dx=2tdt$

根据定理 1 可得

$$\int_0^4 \dfrac{1}{1+\sqrt{x}}dx = \int_0^2 \dfrac{1}{1+t}\cdot 2tdt = 2\int_1^2\left(1-\dfrac{1}{t+1}\right)dt = 2(t-\ln(1+t))\Big|_0^2$$
$$= 4-2\ln 3$$

【例 2-25】 求 $\int_0^{\ln 2}\sqrt{e^x-1}dx$。

解：设 $\sqrt{e^x-1}=t$，$e^x=t^2+1$，则 $x=\ln(t^2+1)$，$dx=\dfrac{2t}{t^2+1}dt$，

x	0	ln2
t	0	1

$$\int_0^{\ln 2}\sqrt{e^x-1}dx = \int_0^1 t\dfrac{2t}{1+t^2}dt = 2\int_0^1\dfrac{t^2}{1+t^2}dt$$
$$= 2\int_0^1\left(1-\dfrac{1}{1+t^2}\right)dt = 2(t-\arctan t)\Big|_0^1$$
$$= 2(1-\arctan 1) = 2-\dfrac{\pi}{2}$$

2. 分部积分法

定理 2 设函数 $u=u(x)$，$v=v(x)$ 在区间 $[a,b]$ 上有连续的导数 $u'(x)$ 和 $v'(x)$，则有

$$\int_a^b u(x)dv(x) = u(x)v(x)\Big|_a^b - \int_a^b v(x)du(x)$$

或简写成

$$\int_a^b udv = uv\Big|_a^b - \int_a^b vdu$$

【例 2-26】 求 $\int_0^{\frac{\pi}{2}}x\cos xdx$。

解：$\int_0^{\frac{\pi}{2}}x\cos xdx = \int_0^{\frac{\pi}{2}}xd(\sin x) = x\sin x\Big|_0^{\frac{\pi}{2}} - \int_0^{\frac{\pi}{2}}\sin xdx = \dfrac{\pi}{2}-\cos x\Big|_0^{\frac{\pi}{2}} = \dfrac{\pi}{2}-1$

【例 2-27】 求 $\int_0^1 x\mathrm{e}^x \mathrm{d}x$。

解： $\int_0^1 x\mathrm{e}^x \mathrm{d}x = x\mathrm{e}^x \Big|_0^1 - \int_0^1 \mathrm{e}^x \mathrm{d}x = (x-1)\mathrm{e}^x \Big|_0^1 = 1$

【例 2-28】 求 $\int_0^1 \arcsin x \mathrm{d}x$。

解： $\int_0^1 \arcsin x \mathrm{d}x = x\arcsin x \Big|_0^1 - \int_0^1 x \mathrm{d}(\arcsin x)$

$= \dfrac{\pi}{2} - \int_0^1 \dfrac{x}{\sqrt{1-x^2}} \mathrm{d}x$

$= \dfrac{\pi}{2} + \dfrac{1}{2}\int_0^1 \dfrac{1}{\sqrt{1-x^2}} \mathrm{d}(1-x^2)$

$= \dfrac{\pi}{2} + \sqrt{1-x^2} \Big|_0^1 = \dfrac{\pi}{2} - 1$

练习 2.6

1. 计算下列定积分。

(1) $\int_{-1}^3 (x-1)^3 \mathrm{d}x$

(2) $\int_0^1 x\sqrt{x^2+1} \mathrm{d}x$

(3) $\int_0^{\frac{\pi}{2}} \cos^3 x \sin x \mathrm{d}x$

(4) $\int_1^{\mathrm{e}} \dfrac{1}{x\sqrt{1+\ln x}} \mathrm{d}x$

(5) $\int_1^{\mathrm{e}^2} \dfrac{1+\ln x}{x} \mathrm{d}x$

(6) $\int_1^2 \dfrac{x^2}{1+x^2} \mathrm{d}x$

(7) $\int_0^2 \dfrac{x}{1+x^2} \mathrm{d}x$

(8) $\int_4^9 \sqrt{x}(1+2\sqrt{x}) \mathrm{d}x$

(9) $\int_0^1 \dfrac{1}{\mathrm{e}^x + \mathrm{e}^{-x}} \mathrm{d}x$

(10) $\int_0^1 x\mathrm{e}^{-\frac{x^2}{2}} \mathrm{d}x$

(11) $\int_0^1 \dfrac{1}{1+\mathrm{e}^{2x}} \mathrm{d}x$

(12) $\int_{-2}^{-1} \dfrac{1}{(7+3x)^3} \mathrm{d}x$

2. 利用函数的奇偶性计算。

(1) $\int_{-\pi}^{\pi} x\sin x \mathrm{d}x$

(2) $\int_{-1}^1 \dfrac{x^2 \arcsin x}{\sqrt{1+x^2}} \mathrm{d}x$

(3) $\int_{-\frac{1}{2}}^{\frac{1}{2}} x\sqrt{1-x^2} \mathrm{d}x$

3. 计算下列定积分。

(1) $\int_0^1 \dfrac{1}{1+\sqrt{x}} \mathrm{d}x$

(2) $\int_1^2 \dfrac{\sqrt{x^2-1}}{x} \mathrm{d}x$

(3) $\int_0^3 \dfrac{x}{1+\sqrt{1+x}} dx$ (4) $\int_0^1 \sqrt{1-x^2} dx$

4. 计算下列定积分。

(1) $\int_0^1 x e^{-x} dx$ (2) $\int_0^{\frac{\pi}{2}} x \sin x dx$

(3) $\int_1^e \ln x dx$ (4) $\int_0^{\sqrt{\ln 2}} x^3 e^{x^2} dx$

(5) $\int_1^{e-1} \ln(x+1) dx$ (6) $\int_0^{\frac{\pi}{2}} e^x \sin x dx$

(7) $\int_0^1 \arcsin \sqrt{x} dx$

2.7 定积分的应用

定积分不仅能解决求曲边梯形的面积和变速直线运动的路程方面的问题，而且在几何、物理等其他方面也有着广泛的应用。

1. 定积分的几何应用

由前文的介绍可知，计算曲边梯形面积可分四个步骤：

① 分割；

② 近似代替；

③ 求和；

④ 取极限。

定积分的应用

以上四个步骤中，第二步确定 $\Delta A_i \approx f(\xi_i) \Delta x_i$ 是关键。

为了实用且简便起见，省略下标 i，用 $[x, x+dx]$ 表示区间 $[a,b]$ 内任一子区间，则以 dx 为底宽、$f(x)$ 为高的小矩形面积 $f(x)dx$ 就是子区间 $[x, x+dx]$ 上的小曲边梯形面积 ΔA 的近似值。如图 2-7 中的阴影部分所示，有 $\Delta A \approx f(x)dx$，其中 $f(x)dx$ 称为所示面积 A 的微元，记为 dA，即 $dA = f(x)dx$，所以 $A = \int_a^b f(x)dx$。

上述简化了的定积分方法称为定积分的微元法。

(1) 直角坐标系中的平面图形的面积

① 由连续曲线 $y = f(x)$ 与直线 $x = a, x = b$ 及 x 轴所围成的平面图形的面积为

$$A = \int_a^b |f(x)| dx$$

② 由两条连续曲线 $y = f(x), y = g(x)$ 以及两条直线 $x = a$ 与 $x = b$ $(a<b)$ 所围成的平面图形的面积为

$$A = \int_a^b |f(x) - g(x)| dx$$

如图 2-8 所示，若 $f(x) \geqslant g(x)$，上式变为 $A = \int_a^b (f(x) - g(x)) \mathrm{d}x$；若 $f(x) \leqslant g(x)$，则上式变为 $A = \int_a^b (g(x) - f(x)) \mathrm{d}x$。

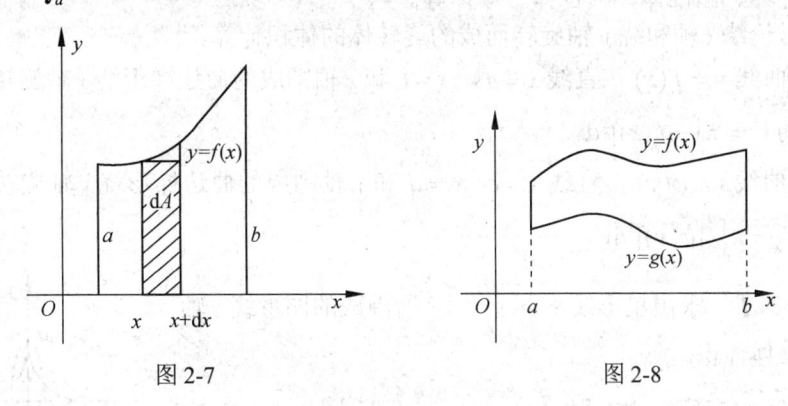

图 2-7

图 2-8

【例 2-29】 求曲线 $y = \sin x$ 在区间 $[0, 2\pi]$ 内与 x 轴所围成图形的面积。

解：在 $[0, 2\pi]$ 内绘 $y = \sin x$ 图形，如图 2-9 所示。

在区间 $[0, \pi]$ 上，$y = \sin x \geqslant 0$，在区间 $[\pi, 2\pi]$ 上，$y = \sin x \leqslant 0$，由公式 $A = \int_a^b |f(x)| \mathrm{d}x$ 得所求面积为

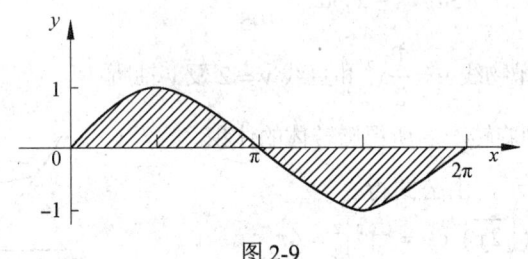

图 2-9

$$A = \int_0^{2\pi} |\sin x| \mathrm{d}x = \int_0^\pi |\sin x| \mathrm{d}x + \int_\pi^{2\pi} |\sin x| \mathrm{d}x$$

$$= \int_0^\pi \sin x \mathrm{d}x - \int_\pi^{2\pi} \sin x \mathrm{d}x = -(\cos x)\Big|_0^\pi - (-\cos x)\Big|_\pi^{2\pi}$$

$$= -(-1-1) - (-1-1) = 4$$

【例 2-30】 求由抛物线 $y^2 = 4x$ 与直线 $y = x - 3$ 所围成的平面图形的面积。

解：如图 2-10 所示，为了确定图形所在范围，先求出这两条曲线的交点坐标。

解方程组 $\begin{cases} y^2 = 4x \\ y = x - 3 \end{cases}$ 得交点坐标为 $(1, -2)$ 和 $(9, 6)$，选择

图 2-10

y 为积分变量，则所求图形的面积为

$$A = \int_{-2}^6 \left[(y+3) - \frac{y^2}{4} \right] \mathrm{d}y = \left(\frac{1}{2}y^2 + 3y - \frac{1}{12}y^3 \right)\Bigg|_{-2}^6 = \frac{64}{3}$$

（2）旋转体的体积

平面图形绕该平面内的一条直线旋转一周所成的立体图形，称为**旋转体**。常见的旋转体有圆柱体、圆锥体、圆台体、球体等。

下面讨论绕 x 轴和绕 y 轴旋转而成的旋转体的体积计算。

① 由曲线 $y=f(x)$，直线 $x=a$，$x=b$ 和 x 轴围成的曲边梯形绕 x 轴旋转而成的旋转体体积为 $V_x=\pi\int_a^b[f(x)]^2\mathrm{d}x$。

② 由曲线 $x=\varphi(y)$，直线 $y=c$，$y=d$ 和 y 轴围成的曲边梯形绕 y 轴旋转而成的旋转体积为 $V_y=\pi\int_c^d[\varphi(y)]^2\mathrm{d}y$。

【例 2-31】 求由星形线 $x^{\frac{2}{3}}+y^{\frac{2}{3}}=a^{\frac{2}{3}}$ 所围成的图形绕 x 轴旋转所得立体体积。

解：如图 2-11 所示，由方程 $x^{\frac{2}{3}}+y^{\frac{2}{3}}=a^{\frac{2}{3}}$ 可得 $y^2=(a^{\frac{2}{3}}-x^{\frac{2}{3}})^3$，于是所求体积为

$$V=\pi\int_{-a}^a y^2\mathrm{d}x=2\pi\int_0^a(a^{\frac{2}{3}}-x^{\frac{2}{3}})^3\mathrm{d}x$$

$$=2\pi\int_0^a(a^2-3a^{\frac{4}{3}}x^{\frac{2}{3}}+3a^{\frac{2}{3}}x^{\frac{4}{3}}-x^2)\mathrm{d}x=\frac{32}{105}\pi a^3$$

图 2-11

【例 2-32】 求由抛物线 $y=\frac{1}{2}x^2$ 和直线 $y=2$ 及 y 轴所围成曲边三角形绕 y 轴旋转一周所得旋转体的体积。

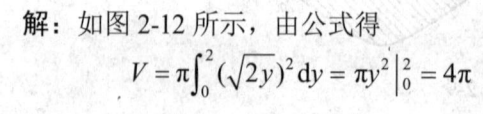

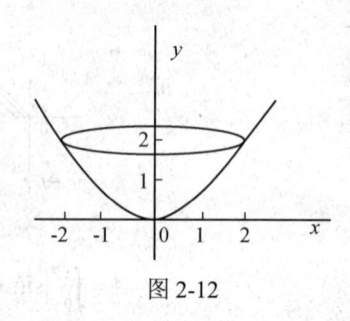

解：如图 2-12 所示，由公式得

$$V=\pi\int_0^2(\sqrt{2y})^2\mathrm{d}y=\pi y^2\Big|_0^2=4\pi$$

图 2-12

2. 定积分的物理应用

【例 2-33】 一物体沿着斜坡按 $x=t^3$ 做曲线运动，斜坡的阻力与速度 $\frac{\mathrm{d}x}{\mathrm{d}t}$ 成正比，比例系数为 k，计算物体由 $x=0$ 移至 $x=1000$ 时克服斜坡阻力所做的功。

解：物体的运动速度为 $v=\frac{\mathrm{d}x}{\mathrm{d}t}=3t^2$，介质阻力为 $F=3kt^2$，取 x 为积分变量。在区间 $[0,1000]$ 内任取一个小区间 $[x,x+\mathrm{d}x]$（$\mathrm{d}x>0$），物体在其上所做的功可以用点 x 处的力 $F(x)$ 使物体发生位移为 $\mathrm{d}x$ 时所做的功 $F(x)\mathrm{d}x$ 近似代替。于是有

$$\mathrm{d}W=F(x)\mathrm{d}x=3kt^2\mathrm{d}t^3=9kt^4\mathrm{d}t$$

当 $x=0$ 时，$t=0$；$x=1000$ 时，$t=10$。所以

$$W=\int_0^{1000}F(x)\mathrm{d}x=\int_0^{10}9kt^4\mathrm{d}t=\frac{9}{5}kt^5\Big|_0^{10}=1.8\times10^5$$

【例 2-34】 计算纯电路中正弦交流电 $i=I_\mathrm{m}\sin\omega t$ 在一个周期内功率的平均值。

解：设电阻为 R，那么此电路中 R 两端的电压为
$$u = Ri = RI_m \sin \omega t$$
而功率
$$P = ui = Ri^2 = RI_m^2 \sin^2 \omega t$$
因为交流电 $i = I_m \sin \omega t$ 的周期为 $T = \dfrac{2\pi}{\omega}$，所以在一个周期 $\left[0, \dfrac{2\pi}{\omega}\right]$ 上，P 的平均值为
$$\overline{P} = \dfrac{1}{\dfrac{2\pi}{\omega}} \int_0^{\frac{2\pi}{\omega}} RI_m^2 \sin^2 \omega t \, dt = \dfrac{\omega R}{2\pi} \int_0^{\frac{2\pi}{\omega}} I_m^2 \left(\dfrac{1-\cos 2\omega t}{2}\right) dt$$
$$= \dfrac{\omega RI_m^2}{4\pi} \int_0^{\frac{2\pi}{\omega}} (1-\cos 2\omega t) dt = \dfrac{\omega RI_m^2}{4\pi} \left[t - \dfrac{1}{2\omega}\sin 2\omega t\right]\bigg|_0^{\frac{2\pi}{\omega}}$$
$$= \dfrac{\omega RI_m^2}{4\pi} \cdot \dfrac{2\pi}{\omega} = \dfrac{1}{2} I_m^2 R = \left(\dfrac{1}{\sqrt{2}} I_m\right)^2 R \approx (0.707 I_m)^2 R$$

这就是说，纯电阻电路中正弦交流电的平均功率等于电流和电压的峰值乘积的一半，通常交流电器上标明的功率是平均功率，电压值是电压的有效值。

【例 2-35】 一矩形板垂直水面浸在水中，其宽 4m，高 10m，上沿与水面平行，并距水面 2m，求矩形板的一侧所受的水压力。

解：如图 2-13 所示，取任意 $x \in [2,12]$，矩形板上平行 y 轴的一条面积微元 $dA = 4dx \, (m^2)$，在水深 x 处，此面积微元所承受的水压力为 $dP = \rho x \cdot 4dx$，其中 $\rho = 10^3 (kg/m^3)$ 为水密度，于是矩形板一侧所受的水压力为
$$P = \int_2^{12} dP = \int_2^{12} \rho x \cdot 4 dx$$
$$= \int_2^{12} 10^3 \times 4x \, dx$$
$$= 4 \times 10^3 \int_2^{12} x \, dx = 2.8 \times 10^5 \quad (kg)$$

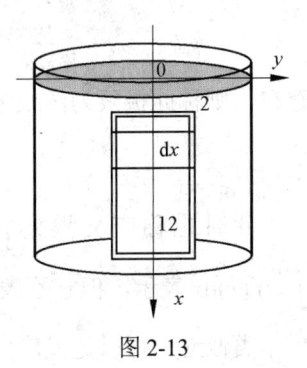

图 2-13

练习 2.7

1. 求下列各曲线所围成图形的面积。

   (1) $y = \dfrac{1}{x}$，$y = x$，$x = 3$

   (2) $y^2 = -x + 4$，$y^2 = x$

   (3) $y = 2x - x^2$，$y + x = 0$

   (4) $y = e^x$，$y = e^{-x}$，$x = 1$

   (5) $y = \dfrac{1}{2}x^2$，$x^2 + y^2 = 8$

   (6) $y = x^3$，$y = 2x$

2. 求下列已知曲线所围成的图形按指定的轴旋转所产生的旋转体的体积。

   (1) $y = x^2$，$x = y^2$，绕 y 轴旋转。

(2) $x^2+(y-1)^2=16$，绕 x 轴旋转。

(3) $y=x^2$ 与 $y^2=8x$ 所围图形分别绕 x 轴、y 轴旋转。

(4) $2x-y+4=0$，$x=0$，$y=0$，绕 x 轴旋转。

3. 一圆锥形容器放置如题 3 图所示，上底半径为 1m，高 3m，锥中盛水深 2m，如将水全部抽出，问需做功多少？

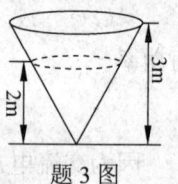

题 3 图

4. 已知弹簧受力，长度 s 的变化与所受的外力 F 成正比，将弹簧从静止（没有外力时）位置 0 拉伸到 a 处时，即 $F=ks$（k 为比例常数），求力所做的功。

5. 设圆弧铁丝导线的半径 R，质量均匀分布，在圆心处有一质量为 m 的质点，求该铁线与质点之间的万有引力。

6. 设电流强度可表示为时间 t 的函数 $i=t+t^2$，求从 $t=0$ 到 $t=a$ 流过的电荷为多少？

2.8 广义积分

在定积分的概念中，积分区间 $[a,b]$ 是一个有限区间，但在科学技术中有时会遇到区间是无限区间，为此需要将定积分的定义推广，得到以下无穷区间上的广义积分。

定义 设函数 $f(x)$ 在区间 $[a,+\infty)$ 上连续，取 $b>a$，如果极限

$$\lim_{b\to+\infty}\int_a^b f(x)\mathrm{d}x$$

存在，则称此极限为函数 $f(x)$ 在区间 $[a,+\infty)$ 上的广义积分，记作 $\int_a^{+\infty}f(x)\mathrm{d}x$，即

$$\int_a^{+\infty}f(x)\mathrm{d}x=\lim_{b\to+\infty}\int_a^b f(x)\mathrm{d}x$$

此时也称广义积分 $\int_a^{+\infty}f(x)\mathrm{d}x$ 收敛，否则称广义积分发散。发散时仍用记号 $\int_a^{+\infty}f(x)\mathrm{d}x$ 表示，但它不表示任何数。

类似地，可以定义广义积分

$$\int_{-\infty}^b f(x)\mathrm{d}x=\lim_{a\to-\infty}\int_a^b f(x)\mathrm{d}x$$

函数 $f(x)$ 在无穷区间 $(-\infty,+\infty)$ 上的广义积分定义为

$$\int_{-\infty}^{+\infty}f(x)\mathrm{d}x=\int_{-\infty}^a f(x)\mathrm{d}x+\int_a^{+\infty}f(x)\mathrm{d}x$$

上式中，如果右端两个广义积分都收敛，则左端广义积分收敛，否则称左端广义积分发散。若 $F(x)$ 是 $f(x)$ 的一个原函数，并记

$$F(+\infty)=\lim_{x\to+\infty}F(x)，\quad F(-\infty)=\lim_{x\to-\infty}F(x)$$

则

$$\int_a^{+\infty}f(x)\mathrm{d}x=F(+\infty)-F(a)=F(x)\Big|_a^{+\infty}$$

$$\int_{-\infty}^b f(x)\mathrm{d}x=F(x)\Big|_{-\infty}^b=F(b)-F(-\infty)$$

$$\int_{-\infty}^{+\infty} f(x)\mathrm{d}x = F(x)\Big|_{-\infty}^{+\infty} = F(+\infty) - F(-\infty)$$

【例 2-36】 求广义积分。

(1) $\int_{0}^{+\infty} \mathrm{e}^{-x}\mathrm{d}x$ 　　　　　　　　　　　　(2) $\int_{-\infty}^{0} \frac{1}{1+x^2}\mathrm{d}x$

(3) $\int_{-\infty}^{+\infty} x\mathrm{e}^{-x^2}\mathrm{d}x$

解：(1) $\int_{0}^{+\infty} \mathrm{e}^{-x}\mathrm{d}x = -\int_{0}^{+\infty} \mathrm{e}^{-x}\mathrm{d}(-x) = (-\mathrm{e}^{-x})\Big|_{0}^{+\infty} = -\lim_{x\to+\infty}\mathrm{e}^{-x} + \mathrm{e}^{0} = 0 + 1 = 1$

(2) $\int_{-\infty}^{0} \frac{1}{1+x^2}\mathrm{d}x = \arctan x\Big|_{-\infty}^{0} = \arctan 0 - \arctan(-\infty) = 0 - \left(-\frac{\pi}{2}\right) = \frac{\pi}{2}$

(3) $\int_{-\infty}^{+\infty} x\mathrm{e}^{-x^2}\mathrm{d}x = \int_{-\infty}^{0} x\mathrm{e}^{-x^2}\mathrm{d}x + \int_{0}^{+\infty} x\mathrm{e}^{-x^2}\mathrm{d}x$

$= \frac{1}{2}\int_{-\infty}^{0}\mathrm{e}^{-x^2}\mathrm{d}(x^2) + \frac{1}{2}\int_{0}^{+\infty}\mathrm{e}^{-x^2}\mathrm{d}(x^2) = \frac{1}{2}\left(-\mathrm{e}^{-x^2}\Big|_{-\infty}^{0} - \mathrm{e}^{-x^2}\Big|_{0}^{+\infty}\right)$

$= \frac{1}{2}(-\mathrm{e}^{0} + \mathrm{e}^{-\infty^2} - \mathrm{e}^{-\infty^2} + \mathrm{e}^{0}) = 0$

【例 2-37】 判断无穷积分 $\int_{0}^{+\infty} x\sin x\mathrm{d}x$ 的敛散性。

解：$\int_{0}^{+\infty} x\sin x\mathrm{d}x = \lim_{b\to+\infty}\int_{0}^{b} x\sin x\mathrm{d}x = \lim_{b\to+\infty}\left((-x\cos x)\Big|_{0}^{b} + \int_{0}^{b}\cos x\mathrm{d}x\right)$

因为 $\lim_{b\to+\infty} x\cos x$ 不存在，所以 $\int_{0}^{+\infty} x\sin x\mathrm{d}x$ 发散。

【例 2-38】 讨论广义积分 $\int_{a}^{+\infty} \frac{1}{x^p}\mathrm{d}x$ 的敛散性。

解：当 $p \neq 1$ 时，

$$\int_{a}^{+\infty} \frac{1}{x^p}\mathrm{d}x = \frac{1}{1-p} x^{1-p}\Big|_{a}^{+\infty}$$

若 $p > 1$，则 $1-p < 0$，有 $\int_{a}^{+\infty} \frac{1}{x^p}\mathrm{d}x = \lim_{x\to+\infty}\left(\frac{x^{1-p}}{1-p} - \frac{a^{1-p}}{1-p}\right) = -\frac{a^{1-p}}{1-p}$，所以 $\int_{a}^{+\infty} \frac{1}{x^p}\mathrm{d}x$ 收敛；

若 $p < 1$，则 $1-p > 0$，有 $\lim_{x\to+\infty}\frac{x^{1-p}}{1-p} = +\infty$，所以 $\int_{a}^{+\infty} \frac{1}{x^p}\mathrm{d}x$ 发散；

当 $p = 1$ 时，$\int_{a}^{+\infty} \frac{1}{x^p}\mathrm{d}x = \lim_{x\to+\infty}(\ln x - \ln a) = +\infty$，所以 $\int_{a}^{+\infty} \frac{1}{x^p}\mathrm{d}x$ 发散；

因此，当 $p > 1$ 时 $\int_{a}^{+\infty} \frac{1}{x^p}\mathrm{d}x$ 收敛；当 $p \leq 1$ 时 $\int_{a}^{+\infty} \frac{1}{x^p}\mathrm{d}x$ 发散。

【例 2-39】 计算第二宇宙速度。

解：使宇宙飞船脱离地球引力所需要的速度叫第二宇宙速度。我们先计算发射宇宙飞船时，克服地球引力所做的功。

设地球质量为 M，飞船的质量为 m，地球半径 $R = 6371$ km。

根据万有引力定律，飞船与地心的距离为 r 时，地球对飞船的引力为

$$F = G\frac{Mm}{r^2} \quad (G\text{为引力常数})$$

把飞船从地球表面发射到距地心距离为 A 处，需要做的功是

$$W_A = \int_R^A G\frac{Mm}{r^2}\mathrm{d}r = GMm\left(\frac{1}{R} - \frac{1}{A}\right)$$

使飞船脱离地球的引力场，相当于把飞船发射到无穷远处，令 $A \to +\infty$，做功的总量为

$$W = \lim_{A \to +\infty} GMm\left(\frac{1}{R} - \frac{1}{A}\right) = \frac{GMm}{R}$$

由于物体在地球表面时，地球对物体的引力 F 就是重力，所以

$$mg = \frac{GMm}{R^2} \quad \text{或} \quad mgR = \frac{GMm}{R}$$

因而做功为

$$W = mgR$$

下面计算第二宇宙速度。

根据能量守恒定律，发射宇宙飞船所做的功等于飞船飞行时所具有的动能 $\frac{1}{2}mv^2$，即

$$mgR = \frac{1}{2}mv^2$$

由此求得

$$v = \sqrt{2gR} \approx 11.2\text{km}/\text{s}$$

这就是第二宇宙速度。

练习 2.8

1. 求下列广义积分。

(1) $\int_0^{+\infty} \frac{1}{x^2+2x+2}\mathrm{d}x$ 　　　　　　(2) $\int_0^{+\infty} \frac{x}{(1+x)^3}\mathrm{d}x$

(3) $\int_0^{+\infty} \mathrm{e}^{-\sqrt{x}}\mathrm{d}x$ 　　　　　　　　(4) $\int_0^{+\infty} x\sin x\mathrm{d}x$

(5) $\int_0^{+\infty} \mathrm{e}^{-x}\mathrm{d}x$ 　　　　　　　　(6) $\int_0^{+\infty} x\mathrm{e}^{-x^2}\mathrm{d}x$

(7) $\int_e^{+\infty} \frac{1}{x(\ln x)^2}\mathrm{d}x$ 　　　　　　(8) $\int_0^{+\infty} \frac{\mathrm{d}x}{\sqrt{1+x^2}}$

(9) $\int_{-\infty}^{+\infty} \mathrm{e}^x \sin x\mathrm{d}x$ 　　　　　　(10) $\int_{-\infty}^{+\infty} x\mathrm{e}^{-x^2}\mathrm{d}x$

本章小结

1. 本章主要知识点及内容归纳如下：

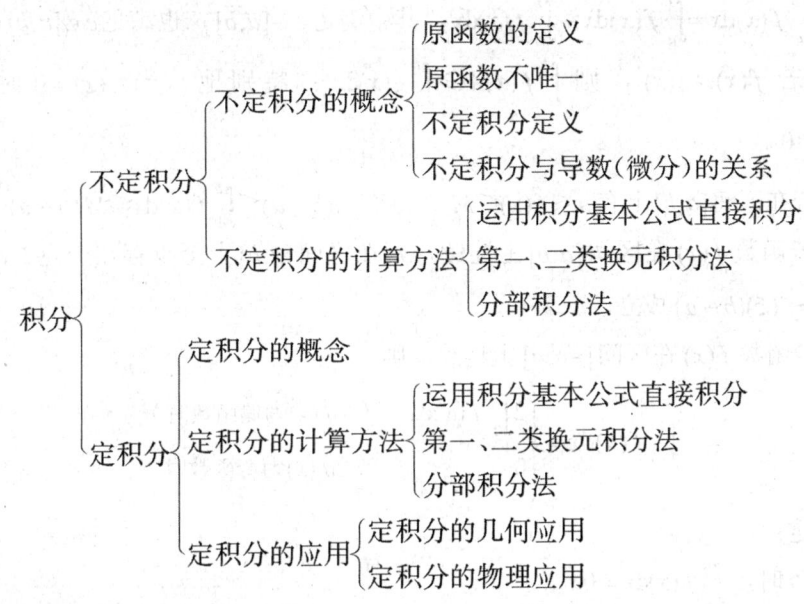

$$\text{积分}\begin{cases}\text{不定积分}\begin{cases}\text{不定积分的概念}\begin{cases}\text{原函数的定义}\\\text{原函数不唯一}\\\text{不定积分定义}\\\text{不定积分与导数（微分）的关系}\end{cases}\\\text{不定积分的计算方法}\begin{cases}\text{运用积分基本公式直接积分}\\\text{第一、二类换元积分法}\\\text{分部积分法}\end{cases}\end{cases}\\\text{定积分}\begin{cases}\text{定积分的概念}\\\text{定积分的计算方法}\begin{cases}\text{运用积分基本公式直接积分}\\\text{第一、二类换元积分法}\\\text{分部积分法}\end{cases}\\\text{定积分的应用}\begin{cases}\text{定积分的几何应用}\\\text{定积分的物理应用}\end{cases}\end{cases}\end{cases}$$

2. 积分运算与微分运算之间的关系。

（1）$\left(\int f(x)\mathrm{d}x\right)' = f(x)$ 或 $\mathrm{d}\left(\int f(x)\mathrm{d}x\right) = f(x)\mathrm{d}x$；

（2）$\int F'(x)\mathrm{d}x = F(x) + C$ 或 $\int \mathrm{d}F(x) = F(x) + C$。

3. 不定积分的性质。

（1）$\int kf(x)\mathrm{d}x = k\int f(x)\mathrm{d}x$，$k$ 为非零常数；

（2）$\int [f(x) \pm g(x)]\mathrm{d}x = \int f(x)\mathrm{d}x \pm \int g(x)\mathrm{d}x$。

4. 不定积分的基本公式。

5. 直接积分法：利用不定积分的性质和基本积分公式求函数的不定积分的方法。

6. 换元积分法。

（1）第一类换元积分法（凑微分法）。

设 $\int f(u)\mathrm{d}u = F(u) + C$，且 $u = \varphi(x)$ 可导，则有 $\int f(\varphi(x))\varphi'(x)\mathrm{d}x = F(\varphi(x)) + C$

（2）第二类换元积分法。

$$\int f(x)\mathrm{d}x \xlongequal{\diamondsuit x=\psi(t)} \int f[\psi(t)]\psi'(t)\mathrm{d}t = F(t) + C \xlongequal{\text{回代}t=\psi^{-1}(x)} F[\psi^{-1}(x)] + C$$

7. 分部积分法。

$$\int u\mathrm{d}v = uv - \int v\mathrm{d}u$$

8. 定积分的性质。

(1) $\int_a^b [f(x) \pm g(x)]\mathrm{d}x = \int_a^b f(x)\mathrm{d}x \pm \int_a^b g(x)\mathrm{d}x$。

(2) $\int_a^b kf(x)\mathrm{d}x = k\int_a^b f(x)\mathrm{d}x$，$k$ 为常数。

(3) $\int_a^b f(x)\mathrm{d}x = \int_a^c f(x)\mathrm{d}x + \int_c^b f(x)\mathrm{d}x$，其中满足 $c \in [a,b]$，也满足 $c \notin [a,b]$。

（4）若 $f(x) \geqslant g(x)$，则 $\int_a^b f(x)\mathrm{d}x \geqslant \int_a^b g(x)\mathrm{d}x$；特别地，当 $g(x) = 0$ 时，则有 $\int_a^b f(x)\mathrm{d}x \geqslant 0$。

（5）若在区间 $[a,b]$ 上有 $m \leqslant f(x) \leqslant M$，则有 $m(b-a) \leqslant \int_a^b f(x)\mathrm{d}x \leqslant M(b-a)$。

（6）若函数 $f(x)$ 在区间 $[a,b]$ 上连续，则在区间 $[a,b]$ 上至少存在一点 ξ，使等式 $\int_a^b f(x)\mathrm{d}x = f(\xi)(b-a)$ 成立。

（7）若函数 $f(x)$ 在区间 $[-a,a]$ 上连续，则

$$\int_{-a}^a f(x)\mathrm{d}x = \begin{cases} 2\int_0^a f(x)\mathrm{d}x & \text{（当} f(x) \text{为偶函数时）} \\ 0 & \text{（当} f(x) \text{为奇函数时）} \end{cases}$$

9. 规定：

当 $a = b$ 时，$\int_a^a f(x)\mathrm{d}x = 0$；

当 $a > b$ 时，$\int_a^b f(x)\mathrm{d}x = -\int_b^a f(x)\mathrm{d}x$；

当且仅当 $f(x) = 1$ 时，$\int_a^b \mathrm{d}x = b - a$。

10. 原函数存在定理：若函数 $f(x)$ 在区间 $[a,b]$ 上连续，且 $\varphi(x) = \int_a^x f(t)\mathrm{d}t$ 在区间 $[a,b]$ 上可微，则 $\left(\int_a^x f(t)\mathrm{d}t\right)' = f(x)$　$x \in [a,b]$。

11. 牛顿-莱布尼兹公式：设函数 $f(x)$ 在区间 $[a,b]$ 上连续，$F(x)$ 是 $f(x)$ 在 $[a,b]$ 上的一个原函数，则有 $\int_a^b f(x)\mathrm{d}x = F(b) - F(a) \stackrel{记}{=} F(x)\Big|_a^b$。

12. 定积分的换元计算方法：设函数 $f(x)$ 在区间 $[a,b]$ 上连续，$x = \varphi(t)$ 在 $[\alpha, \beta]$ 上具有连续的导数，且 $a \leqslant \varphi(t) \leqslant b$ $(\alpha \leqslant t \leqslant \beta)$，$\varphi(\alpha) = a$，$\varphi(\beta) = b$，则

$$\int_a^b f(x)\mathrm{d}x = \int_\alpha^\beta f[\varphi(t)]\varphi'(t)\mathrm{d}t$$

13. 定积分的分部积分计算方法：设函数 $u = u(x)$，$v = v(x)$ 在区间 $[a,b]$ 上有连续的导数 $u'(x)$，$v'(x)$，则有

$$\int_a^b u(x)\mathrm{d}v(x) = u(x)v(x)\Big|_a^b - \int_a^b v(x)\mathrm{d}u(x)$$

14. 定积分的几何应用。

（1）直角坐标系中平面图形的面积。

① 由连续曲线 $y=f(x)$ 与直线 $x=a$，$x=b$ 及 x 轴所围成的平面图形的面积为
$$A=\int_a^b |f(x)|\,\mathrm{d}x$$

② 由两条连续曲线 $y=f(x)$，$y=g(x)$ 以及两条直线 $x=a$ 与 $x=b$ $(a<b)$ 所围成的平面图形的面积为
$$A=\int_a^b |f(x)-g(x)|\,\mathrm{d}x$$

（2）旋转体的体积。

① 由曲线 $y=f(x)$，直线 $x=a$，$x=b$ 和 x 轴围成的曲边梯形绕 x 轴旋转而成的旋转体体积为 $V=\pi\int_a^b [f(x)]^2\,\mathrm{d}x$。

② 由曲线 $x=\varphi(y)$，直线 $y=c$，$y=d$ 和 y 轴围成的曲边梯形绕 y 轴旋转而成的旋转体积为 $V=\pi\int_c^d [\varphi(y)]^2\,\mathrm{d}y$。

15. 定积分的物理应用。

16. ※广义积分
$$\int_a^{+\infty} f(x)\,\mathrm{d}x = \lim_{b\to+\infty}\int_a^b f(x)\,\mathrm{d}x$$
$$\int_{-\infty}^b f(x)\,\mathrm{d}x = \lim_{a\to-\infty}\int_a^b f(x)\,\mathrm{d}x$$
$$\int_{-\infty}^{+\infty} f(x)\,\mathrm{d}x = \int_{-\infty}^a f(x)\,\mathrm{d}x + \int_a^{+\infty} f(x)\,\mathrm{d}x$$

综合习题 2

A 组

1. 设 $f(x)=\mathrm{e}^{-x}$；求 $\int \dfrac{f'(\ln x)}{x}\,\mathrm{d}x$。

2. 设 $\int f(x)\,\mathrm{d}x = F(x)+C$，求 $\int \mathrm{e}^{-x} f(\mathrm{e}^{-x})\,\mathrm{d}x$。

3. 设 $f(x)+\sin x = \int f'(x)\sin x\,\mathrm{d}x$，求 $f(x)$。

4. 计算下列积分。

（1）$\int \cot(2x+1)\,\mathrm{d}x$ （2）$\int \sin^2 3x\,\mathrm{d}x$

（3）$\int \dfrac{1-x}{\sqrt{1-x^2}}\,\mathrm{d}x$ （4）$\int x^5 \mathrm{e}^{-x^2}\,\mathrm{d}x$

（5）$\int \mathrm{e}^{\sin x}\sin 2x\,\mathrm{d}x$ （6）$\int \dfrac{x^3}{\sqrt{1-x^2}}\,\mathrm{d}x$

5. 计算下列积分。

（1）$\int_{-\frac{\pi}{2}}^{\frac{\pi}{2}} \sqrt{\sin^2 x}\,\mathrm{d}x$ （2）$\int_1^{\mathrm{e}} \cos(\ln x)\,\mathrm{d}x$

(3) $\int_1^4 \dfrac{\sqrt{x}}{1+x\sqrt{x}}dx$ (4) $\int_{-a}^{a} \dfrac{a-x}{\sqrt{a^2-x^2}}dx$

(5) $\int_{-1}^{3} x|x|dx$ (6) $\int_0^a \cos^2 x \sin x dx$

6. 求两条抛物线 $y=x^2$ 和 $x=y^2$ 所围成的平面图形的面积。

7. 求椭圆 $\dfrac{x^2}{a^2}+\dfrac{y^2}{b^2}=1$ 围成的图形的面积。

8. 设汽缸是一个圆柱形容器，底面积为 S，盛有一定数量的气体。在等温条件下，由于气体膨胀，把活塞从 a 点推移到 b 点。求活塞移动过程中，气体压力所做的功。

9. 设坐标轴的原点上有一质量为 m 的小球，在区间 $[a, a+l](a>0)$ 上有一质量为 M 的均匀铁棒，试求小球与铁棒之间的万有引力。

B 组

一、选择题

1. $f(x)$ 在某区间内具备了条件（　　）就可保证它的原函数一定存在。

A. 有极限存在 B. 连续 C. 有界 D. 有有限个间断点

2. 下列积分能用初等函数表示的是（　　）。

A. $\int e^{-x^2}dx$ B. $\int \dfrac{dx}{\sqrt{1+x^3}}$ C. $\int \dfrac{1}{\ln x}dx$ D. $\int \dfrac{\ln x}{x}dx$

3. $\int f(x)dx = F(x)+C$，且 $x=at+b$，则 $\int f(t)dt = $（　　）。

A. $F(x)+C$ B. $F(x)+C$

C. $\dfrac{1}{a}F(at+b)+C$ D. $F(at+b)+C$

4. $\int \dfrac{\ln x}{x^2}dx = $（　　）。

A. $\dfrac{1}{x}\ln x + \dfrac{1}{x} + C$ B. $\dfrac{1}{x}\ln x + \dfrac{1}{x} + C$

C. $\dfrac{1}{x}\ln x - \dfrac{1}{x} + C$ D. $-\dfrac{1}{x}\ln x - \dfrac{1}{x} + C$

5. $\int \dfrac{dx}{(4x+1)^{10}} = $（　　）。

A. $\dfrac{1}{9}\times\dfrac{1}{(4x+1)^9}+C$ B. $\dfrac{1}{36}\times\dfrac{1}{(4x+1)^9}+C$

C. $-\dfrac{1}{36}\times\dfrac{1}{(4x+1)^9}+C$ D. $-\dfrac{1}{36}\times\dfrac{1}{(4x+1)^{11}}+C$

6. $\lim\limits_{n\to\infty}\left(\dfrac{n}{n^2+1}+\dfrac{n}{n^2+2^2}+\cdots+\dfrac{n}{n^2+n^2}\right) = $（　　）。

A. 0 B. $\dfrac{1}{2}$ C. $\dfrac{\pi}{4}$ D. $\dfrac{\pi}{2}$

7. $\dfrac{d}{dx}\int_0^x \ln(t^2+1)dt =$ (　　)。

A. $\ln(x^2+1)$　　B. $\ln(t^2+1)$　　C. $2x\ln(x^2+1)$　　D. $2t\ln(t^2+1)$

8. $\lim\limits_{x\to 0}\dfrac{\int_0^x \sin t^2 dt}{x^3} =$ (　　)。

A. 0　　B. 1　　C. $\dfrac{1}{3}$　　D. ∞

9. 定积分 $\int_0^1 e^{\sqrt{x}}dx$ 的值是 (　　)。

A. e　　B. $\dfrac{1}{2}$　　C. $e^{\frac{1}{2}}$　　D. 2

10. 已知 $f(0)=1$，$f(2)=3$，$f'(2)=5$，则 $\int_0^2 xf''(x)dx =$ (　　)。

A. 12　　B. 8　　C. 7　　D. 6

二、计算下列积分

1. $\int \dfrac{1}{x^2}\cos\dfrac{1}{x}dx$

2. $\int \dfrac{dx}{x^2+2x+5}$

3. $\int \dfrac{\sqrt{\ln(x+\sqrt{1+x^2})+5}}{\sqrt{1+x^2}}dx$

4. $\int \dfrac{x^2}{(1+x^2)^2}dx$

5. $\int \dfrac{dx}{1+\sqrt{1-x^2}}$

6. $\int \dfrac{x+1}{x^2\sqrt{x^2-1}}dx$

7. $\int \dfrac{dx}{e^x(1+e^{2x})}$

8. $\int x^2 \arccos x\,dx$

9. $\int_1^4 \dfrac{dx}{x(1+\sqrt{x})}$

10. $\int_0^a \dfrac{dx}{x+\sqrt{a^2-x^2}}$

11. $\int_0^3 \arcsin\sqrt{\dfrac{x}{1+x}}dx$

12. $\int_{-2}^5 |x^2-2x-3|dx$

第 3 章　向量代数与空间解析几何

本章提要：解析几何的基本思想是用代数的方法来研究几何问题，为了把代数运算引到几何中来，最根本的做法就是设法把空间的几何结构有系统地代数化、数量化。因此，在这一章中，首先建立空间直角坐标系，引进自由向量，并以坐标和向量为基础，用代数的方法讨论空间的平面和直线；在此基础上，介绍一些常用的空间曲线与曲面。利用向量，有时可使得某些几何问题更简捷地得到解决，在其他一些学科，例如力学、物理学和工程技术中也是解决问题的有力工具。

3.1　空间直角坐标系

在平面解析几何中，通过坐标系建立了平面上的点与二元有序数组（平面上点的坐标）之间的一一对应关系，把平面上的图形与方程对应起来，从而可以用代数的方法来研究平面几何问题。在本章我们将用类似的方法，借助空间直角坐标系建立空间中点与三元数组（空间中点的坐标）之间的一一对应关系，利用代数的方法来研究空间几何问题。

1. 空间直角坐标系

在空间以点 O 为公共原点作三条两两互相垂直且具有相同的长度单位的数轴 Ox、Oy 和 Oz，这就建立了一个<u>空间直角坐标系</u>，记为 $O-xyz$。数轴 Ox、Oy 和 Oz（简称 x 轴、y 轴和 z 轴）称为<u>坐标轴</u>，各轴的正向符合右手法则，即当右手的四个手指从 x 轴正向以不超过 π 的角转向 y 轴正向握拳时，大拇指的指向就是 z 轴的正方向。该坐标系的公共原点 O 称为<u>坐标原点</u>；每两条坐标轴所在的平面，即平面 Oxy、平面 Oyz 和平面 Ozx，称为<u>坐标平面</u>，简记为 xy 面、yz 面和 zx 面，如图 3-1 所示。

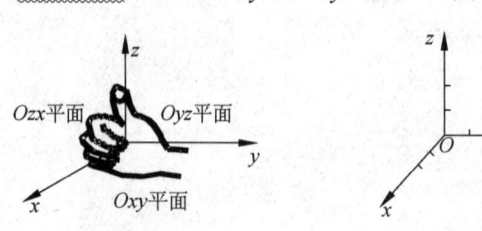

图 3-1

第3章 向量代数与空间解析几何

建立了空间直角坐标系,空间的点就可用三个有序数来表示。

设点 P 为空间的一点,过点 P 分别作垂直于 x 轴、y 轴和 z 轴的三个平面,它们与三个坐标轴分别相交于 A、B 和 C 三个点(见图 3-2)。若点 A、B 和 C 在三个轴上的坐标分别为 x、y 和 z,则三个有序数 x、y 和 z 称为点 P 的<u>坐标</u>,记为 $P(x,y,z)$。其中,数 x 称为点 P 的<u>横坐标</u>,数 y 称为点 P 的<u>纵坐标</u>,数 z 称为点 P 的<u>竖坐标</u>。反过来,若任意给定三个有序数 x、y 和 z,在 x 轴、y 轴和 z 轴上分别取坐标为 x、y 和 z 的三个点 A、B 和 C,再过点 A、B 和 C 分别作垂直于 x 轴、y 轴和 z 轴的平面,则这三个平面的交点 P 就是由三个有序数 x、y 和 z 所唯一确定的点,其坐标为 (x,y,z)。因此,空间的点 P 就和三个有序数 (x,y,z) 之间建立了一一对应的关系。

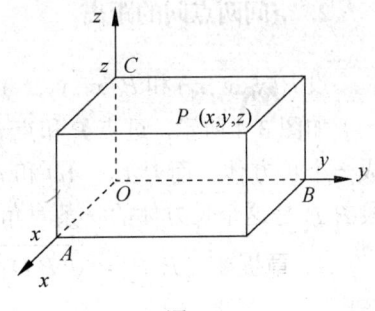

图 3-2

显然,原点 O 的坐标为 $(0,0,0)$;x 轴、y 轴和 z 轴上点的坐标分别为 $(x,0,0)$、$(0,y,0)$ 和 $(0,0,z)$;坐标平面 Oxy、Oyz 和 Ozx 上点的坐标分别为 $(x,y,0)$、$(0,y,z)$ 和 $(x,0,z)$;点 $P(x,y,z)$ 关于 xy 面的对称点的坐标是 $(x,y,-z)$,关于 yz 面的对称点的坐标是 $(-x,y,z)$,关于 zx 面的对称点的坐标是 $(x,-y,z)$;点 $P(x,y,z)$ 关于 x 轴、y 轴和 z 轴的对称点分别是 $(x,-y,-z)$、$(-x,y,-z)$ 和 $(-x,-y,z)$,关于原点 O 的对称点的坐标是 $(-x,-y,-z)$。

注意:图 3-2 中的点 A,虽然它在 x 轴上的坐标是 x,但是它的空间直角坐标却是 $(x,0,0)$,而不是 x。

在空间直角坐标系中,$x=x_0$、$y=y_0$、$z=z_0$ 是平行于坐标平面的三簇平面。

$x=x_0$ 表示过点 $(x_0,0,0)$ 且平行于 yz 坐标平面的平面;

$y=y_0$ 表示过点 $(0,y_0,0)$ 且平行于 zx 坐标平面的平面;

$z=z_0$ 表示过点 $(0,0,z_0)$ 且平行于 xy 坐标平面的平面。

如图 3-3 所示,三个坐标平面把整个空间分成八个部分,每个部分称为<u>卦限</u>。

Ⅰ、Ⅱ、Ⅲ、Ⅳ卦限在坐标平面 Oxy 之上,其顺序与坐标平面 Oxy 上各象限的顺序相同;而Ⅴ、Ⅵ、Ⅶ、Ⅷ卦限在坐标平面 Oxy 之下,依次排在Ⅰ、Ⅱ、Ⅲ、Ⅳ卦限的下面。

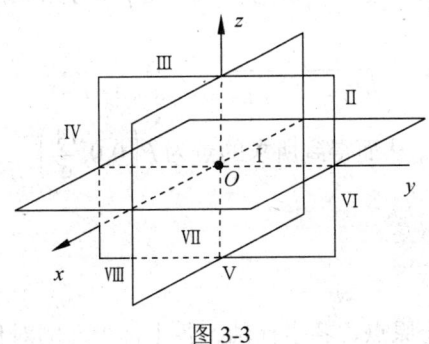

图 3-3

2. 空间两点间的距离

设 $P_1(x_1, y_1, z_1)$ 和 $P_2(x_2, y_2, z_2)$ 是空间中的两点，求它们之间的距离 $|P_1P_2|$。

如图 3-4 所示，过点 P_1 和点 P_2 各作三个平面分别垂直于三个坐标轴，这六个平面构成一个长方体。而 P_1A、AD 和 DP_2 的长显然分别是 $|x_2-x_1|$、$|y_2-y_1|$ 和 $|z_2-z_1|$，线段 P_1P_2 是这个长方体的一条对角线。根据勾股定理有

$$|P_1P_2| = \sqrt{|P_1D|^2 + |DP_2|^2} = \sqrt{|P_1A|^2 + |AD|^2 + |DP_2|^2}$$

所以

$$|P_1P_2| = \sqrt{(x_2-x_1)^2 + (y_2-y_1)^2 + (z_2-z_1)^2} \tag{3-1}$$

式（3-1）称为<u>空间两点距离公式</u>，它是平面上两点间距离公式的推广。

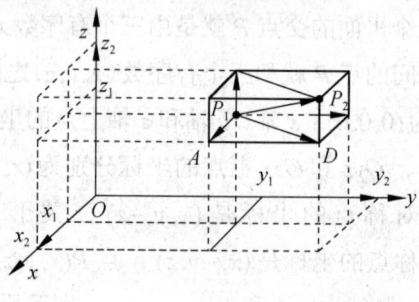

图 3-4

由这个公式可得空间一点 $P(x, y, z)$ 和原点 $O(0, 0, 0)$ 之间的距离为

$$|OP| = \sqrt{x^2 + y^2 + z^2}$$

【例 3-1】 求点 $A(1, -1, 0)$ 与点 $B(3, 1, -2)$ 之间的距离。

解：由两点间距离公式得

$$|AB| = \sqrt{(3-1)^2 + (1-(-1))^2 + (-2-0)^2} = 2\sqrt{3}$$

【例 3-2】 已知两点 $A(-4, 1, 7)$ 与 $B(3, 5, -2)$，在 z 轴上求一点 P，使 $|AP| = |BP|$。

解：因为点 P 在 z 轴上，所以它的坐标可写成 $(0, 0, z)$，由两点间距离公式得

$$|AP| = \sqrt{(0+4)^2 + (0-1)^2 + (z-7)^2} = \sqrt{66 - 14z + z^2}$$

$$|BP| = \sqrt{(0-3)^2 + (0-5)^2 + (z+2)^2} = \sqrt{38 + 4z + z^2}$$

由题设 $|AP| = |BP|$ 得

$$\sqrt{66 - 14z + z^2} = \sqrt{38 + 4z + z^2}$$

两边平方并化简得 $z = \dfrac{14}{9}$，从而得到所求的点为 $P\left(0, 0, \dfrac{14}{9}\right)$。

练习 3.1

1. 求点 $P(3, -1, 2)$ 关于原点、各坐标轴、各坐标平面的对称点的坐标。

2. 求点 $P(4,-3,5)$ 到坐标原点、各坐标轴、各坐标平面的距离。
3. 在 x 轴上求一点 P，使它到点 $A(1,3,-4)$ 的距离为 5。
4. 证明以 $A(4,1,9)$、$B(10,-1,6)$、$C(2,4,3)$ 为顶点的三角形是等腰直角三角形。

3.2 向量及其线性运算

1. 向量概念

在物理学中常见的物理量有两种：一种量完全可以用数值来决定，例如温度、时间、质量和密度等，这种量称为数量；另一种量不仅具有大小而且还有方向，例如位移、速度、加速度和力等，这种既有大小又有方向的量称为向量。

在数学上，通常用一条有向线段（有方向的线段）来表示向量，有向线段的始点与终点分别叫作向量的始点和终点，始点是 A 终点是 B 的向量记作 $\overrightarrow{AB}$；有向线段的长度表示向量的大小，称为向量 $\overrightarrow{AB}$ 的长度或模，记作 $|\overrightarrow{AB}|$；从点 A 到点 B 的方向表示向量 $\overrightarrow{AB}$ 的方向，如图 3-5 所示。

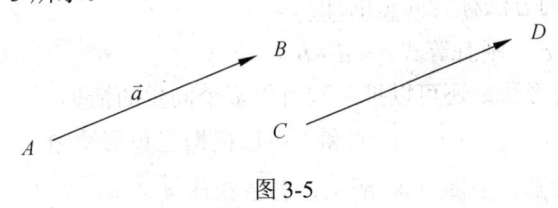

图 3-5

为方便起见，常用黑体的字母 a、b、x 等来表示向量，手写时可用带箭头的小写字母 $\vec{a}$、$\vec{b}$、$\vec{x}$ 等来表示向量，本书采用手写的表示方式。

若两个向量 $\vec{a}$ 与 $\vec{b}$ 的模相等且方向相同，则称这两个向量相等，记作 $\vec{a}=\vec{b}$。如图 3-5 所示，$\overrightarrow{AB}$ 与 $\overrightarrow{CD}$ 的长度相等且方向相同，因此它们是相等的向量，即 $\overrightarrow{AB}=\overrightarrow{CD}$。由此可见，一个向量在空间平行移动后，仍为相同的向量，也就是说，两个向量是否相等与它们的起点无关，只由它们的模和方向决定，这样的向量称为自由向量。

大小相等而方向相反的两个向量称为相反向量（简称反向量）。显然，若对调向量 $\overrightarrow{AB}$ 始点和终点的位置，则得到与 $\overrightarrow{AB}$ 大小相等而方向相反的另一向量 $\overrightarrow{BA}$，向量 $\overrightarrow{BA}$ 就是向量 $\overrightarrow{AB}$ 的反向量，记作 $-\overrightarrow{AB}$。

模为零的向量称为零向量，记作 $\vec{0}$。零向量的方向是任意的。

模为 1 的向量称为单位向量。常用 $\vec{a}^0$ 表示与非零向量 $\vec{a}$ 具有同一方向的单位向量。

2. 向量的加减法

（1）向量的加法

我们知道，在物理学中，求作用于同一点的两个不共线的力的合力是用"平行四边形法则"。例如如图 3-6 所示的合力的计算，两个力 $\overrightarrow{AB}$ 和 $\overrightarrow{AD}$ 的合力是以 $\overrightarrow{AB}$ 和 $\overrightarrow{AD}$ 为邻边的平行四边形的对角线 $\overrightarrow{AC}$。

又如位移：一质点从 A 点出发到达 B 点的位移为 $\overrightarrow{AB}$，再从 B 点到 C 点做位移 $\overrightarrow{BC}$，那么其两次位移 $\overrightarrow{AB}$ 和 $\overrightarrow{BC}$ 的结果就相当于位移 $\overrightarrow{AC}$，即两个位移的合位移可用"三角形法则"求出，如图 3-7 所示。

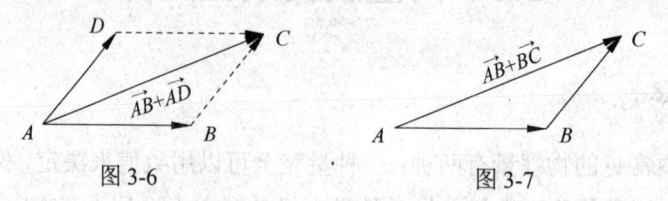

图 3-6

图 3-7

由图 3-6 可见，$\overrightarrow{BC} = \overrightarrow{AD}$，因此，求合位移用的"三角形法则"与求合力用的"平行四边形法则"虽然形式不同，但实质却是一致的。

从上面位移与力的合成法则中，我们抽象出如下的向量加法的定义。

定义 1 设给定两向量 $\vec{a}$ 与 $\vec{b}$，若作 $\overrightarrow{AB} = \vec{a}$，$\overrightarrow{BC} = \vec{b}$，得有向折线 ABC，则称以折线的始点 A 为始点、折线的终点 C 为终点的向量 $\overrightarrow{AC}$ 为向量 $\vec{a}$ 与 $\vec{b}$ 的和，记作 $\vec{a} + \vec{b}$。求向量的和的方法称为向量的加法。

若记向量 $\overrightarrow{AC} = \vec{c}$，则有等式 $\vec{c} = \vec{a} + \vec{b}$。

向量加法的三角形法则还可以推广到有限多个向量的情形。例如，求 n 个向量 $\vec{a_1}$，$\vec{a_2}$，$\cdots$，$\vec{a_n}$ 的和，可以根据三角形法则推出下面的多边形法则。如图 3-8 所示，若依次作 $\overrightarrow{A_0 A_1} = \vec{a_1}$，$\overrightarrow{A_1 A_2} = \vec{a_2}$，$\overrightarrow{A_2 A_3} = \vec{a_3}$，$\cdots$，$\overrightarrow{A_{n-1} A_n} = \vec{a_n}$，得有向折线 $A_0 A_1 A_2 \cdots A_n$，则称以折线的始点 A_0 为起点、折线的始点 A_n 为终点的向量 $\overrightarrow{A_0 A_n}$ 为个 n 个向量 $\vec{a_1}$，$\vec{a_2}$，$\cdots$，$\vec{a_n}$ 的和，记作 $\vec{a_1} + \vec{a_2} + \cdots + \vec{a_n}$。

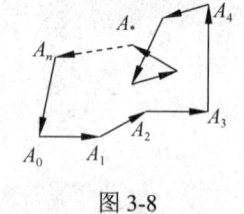

图 3-8

若记向量 $\overrightarrow{A_0 A_n} = \vec{a}$，则有等式：
$$\vec{a_1} + \vec{a_2} + \cdots + \vec{a_n} = \vec{a}$$

注意：当 $n \geq 3$ 时，多边形 $A_0 A_1 A_2 \cdots A_n$ 不一定在一个平面上。特别地，当向量 $\vec{a_n}$ 的终点 A_n 与向量 $\vec{a_1}$ 的始点 A_0 重合在一起时，$\overrightarrow{A_0 A_n} = \vec{0}$，这时 n 个向量 $\vec{a_1}$，$\vec{a_2}$，$\cdots$，$\vec{a_n}$ 的和为零向量。

由图 3-9 及图 3-10 可见，向量加法像实数加法一样符合下列运算规律：

（1）$\vec{a} + \vec{b} = \vec{b} + \vec{a}$（交换律）

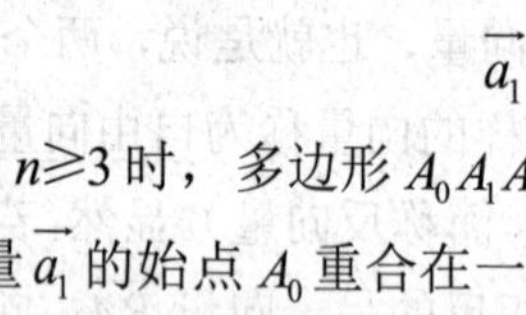

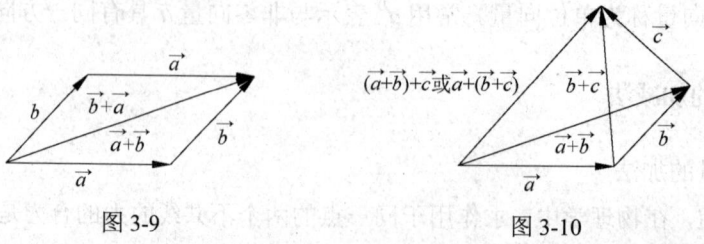

图 3-9

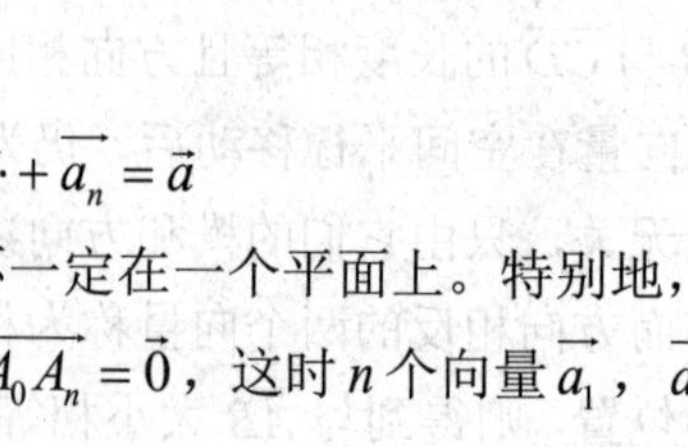

图 3-10

(2) $(\vec{a}+\vec{b})+\vec{c}=\vec{a}+(\vec{b}+\vec{c})$ （结合律）

(3) $\vec{a}+\vec{0}=\vec{a}$

(4) $\vec{a}+(-\vec{a})=\vec{0}$

(2) 向量的减法

定义 2 设给定两向量 $\vec{a}$ 与 $\vec{b}$，若存在向量 $\vec{c}$，使 $\vec{b}+\vec{c}=\vec{a}$，则称向量 $\vec{c}$ 为向量 $\vec{a}$ 与 $\vec{b}$ 的差，记作 $\vec{a}-\vec{b}$。即若 $\vec{b}+\vec{c}=\vec{a}$，则 $\vec{a}-\vec{b}=\vec{c}$。求向量的差的运算称为**向量的减法**。

设给定两个向量 $\vec{a}$ 与 $\vec{b}$，若从点 O 作两向量 $\overrightarrow{OA}=\vec{a}$，$\overrightarrow{OB}=\vec{b}$，则由定义 2 可知，以向量 $\vec{b}$ 的终点 B 为始点、向量 $\vec{a}$ 的终点 A 为终点的向量 $\overrightarrow{BA}$ 就是向量 $\vec{a}$ 与 $\vec{b}$ 的差，如图 3-11 所示。

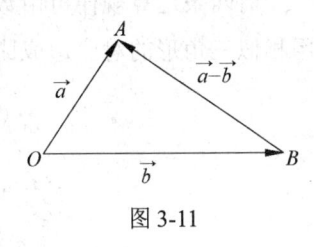

图 3-11

不难验证，向量的减法也像实数减法一样有如下等式：
$$\vec{a}-\vec{b}=\vec{a}+(-\vec{b}),\quad \vec{a}-(-\vec{b})=\vec{a}+\vec{b}$$
其中，$-\vec{b}$ 是 $\vec{b}$ 的反向量。

3. 数与向量的乘法

在物理学中有：力＝质量×加速度，其中力是向量，质量是数量。如果用 $\vec{f}$、$\vec{a}$ 及 m 分别表示力、加速度和质量，那么有 $\vec{f}=m\vec{a}$，这是一种数量与向量的结合关系。

在向量的加法中，n 个向量的和仍然是向量。特别地，n 个非零向量 $\vec{a}$ 相加，显然它们的和向量的模是 $|\vec{a}|$ 的 n 倍，方向与 $\vec{a}$ 相同，n 个 $\vec{a}$ 的和常记为 $n\vec{a}$。

定义 3 设给定实数 λ 与向量 $\vec{a}$，λ 与 $\vec{a}$ 的乘积称为**向量的数乘**，记为 $\lambda\vec{a}$。它是一个向量，它的模为
$$|\lambda\vec{a}|=|\lambda|\cdot|\vec{a}|$$
它的方向：当 $\lambda>0$ 时与 $\vec{a}$ 相同；当 $\lambda<0$ 时与 $\vec{a}$ 相反；当 $\lambda=0$ 或 $\vec{a}=\vec{0}$ 时，$\lambda\vec{a}$ 为一零向量。

利用向量的数乘，非零向量 $\vec{a}$ 可以表示为
$$\vec{a}=|\vec{a}|\overrightarrow{a^0}$$
并由此得到
$$\overrightarrow{a^0}=\frac{\vec{a}}{|\vec{a}|}$$
即，非零向量除以它的模（即乘以模的倒数）的结果是一个与它同向的单位向量。

设 $\vec{a}$ 与 $\vec{b}$ 是给定的两个向量，而 λ 与 μ 是两个任意常数，则向量的数乘运算具有下列运算规律：

(1) $1\cdot\vec{a}=\vec{a}$；

(2) $(-1)\cdot\vec{a}=-\vec{a}$；

(3) $\lambda(\mu\vec{a}) = (\lambda\mu)\vec{a}$；

(4) $(\lambda+\mu)\vec{a} = \lambda\vec{a} + \mu\vec{a}$；

(5) $\lambda(\vec{a}+\vec{b}) = \lambda\vec{a} + \lambda\vec{b}$。

前四条运算规律可由数乘向量定义直接得出，最后一条运算规律可由图 3-12 并利用相似三角形的对应边成比例性质证明得出。

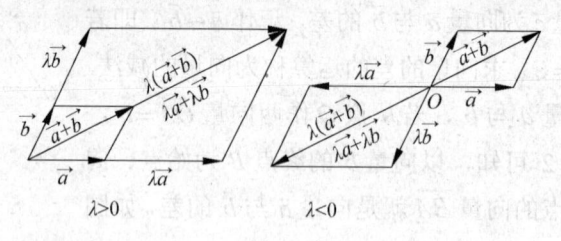

图 3-12

向量的加、减法及向量的数乘运算统称为向量的线性运算。

根据向量数乘的定义，设两个非零向量 $\vec{a}$ 和 $\vec{b}$，若 $\vec{a} = \lambda\vec{b}$，则必有 $\vec{a}$ 与 $\vec{b}$ 平行；反之，若 $\vec{a}$ 与 $\vec{b}$ 平行，则存在非零常数 $\lambda = \pm\dfrac{|\vec{a}|}{|\vec{b}|}$（$\vec{a}$ 与 $\vec{b}$ 同向时取正，反向时取负）使 $\vec{a} = \lambda\vec{b}$。

这就是说，非零向量 $\vec{a}$ 与 $\vec{b}$ 平行的充要条件是存在实数 λ 使得 $\vec{a} = \lambda\vec{b}$。

4. 向量的坐标表示

建立空间直角坐标系 $O-xyz$，设 $\vec{a}$ 为空间一向量，平移 $\vec{a}$ 使其始点置于原点 O，若其终点 A 的坐标是 (x, y, z)，则向量 $\vec{a} = \overrightarrow{OA}$ 唯一对应于有序数组 (x, y, z)；反之，对于给定的任意一个有序数组 (x, y, z)，在空间就唯一确定一点 $A(x, y, z)$，从而确定一个向量 $\vec{a} = \overrightarrow{OA}$。即，向量 $\vec{a}$ 与有序数组 (x, y, z) 之间建立了一一对应关系。我们称这个数组 (x, y, z) 为向量 $\vec{a}$ 的坐标，记为 $\vec{a} = \{x, y, z\}$。其中，x，y 和 z 称为向量 $\vec{a}$ 的三个坐标或分量。若两个向量相等，则它们的坐标对应相等，反之亦然。

沿 x 轴、y 轴和 z 轴正向的三个单位向量称为空间直角坐标系的基本单位向量，分别记作 $\vec{i}$，$\vec{j}$ 和 $\vec{k}$。如图 3-13 所示，过向量 $\vec{a}$ 的终点 A 作垂直于 x 轴、y 轴和 z 轴的三个平面，与坐标轴分别交于点 $A_1(x,0,0)$，$A_2(0,y,0)$ 和 $A_3(0,0,z)$，向量 $\overrightarrow{OA_1}$、$\overrightarrow{OA_2}$ 和 $\overrightarrow{OA_3}$ 称为向量 $\vec{a}$ 在坐标轴上的分向量。由多边形法则可知

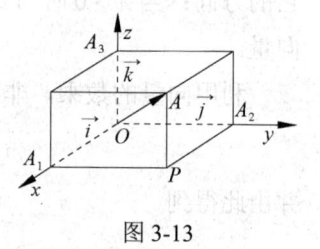

$$\vec{a} = \overrightarrow{OA} = \overrightarrow{OA_1} + \overrightarrow{A_1P} + \overrightarrow{PA} = \overrightarrow{OA_1} + \overrightarrow{OA_2} + \overrightarrow{OA_3}$$

图 3-13

由于 $\vec{i}$，$\vec{j}$ 和 $\vec{k}$ 分别是沿 x 轴、y 轴和 z 轴正向的三个基本单位向量，因此由数乘向量定义可得

$$\overrightarrow{OA_1} = x\vec{i},\ \overrightarrow{OA_2} = y\vec{j},\ \overrightarrow{OA_3} = z\vec{k}$$

代入上式得

$$\vec{a} = \overrightarrow{OA} = x\vec{i} + y\vec{j} + z\vec{k} \tag{3-2}$$

式（3-2）称为向量 $\vec{a}$ 的坐标表达式。

显然，单位向量 $\vec{i}$，$\vec{j}$ 和 $\vec{k}$ 的坐标 $\vec{i} = \{1,0,0\}$，$\vec{j} = \{0,1,0\}$，$\vec{k} = \{0,0,1\}$。

零向量的坐标是 $\{0,0,0\}$。

5. 向量的方向余弦与方向角

定义 4 设 $\vec{a}$ 和 $\vec{b}$ 是两个非零向量，在空间任意取定一点 O，作 $\overrightarrow{OA} = \vec{a}$，$\overrightarrow{OB} = \vec{b}$，则 $\angle AOB$ ($0 \leqslant \angle AOB \leqslant \pi$) 为向量 $\vec{a}$ 与 $\vec{b}$ 的夹角，记为 $\angle(\vec{a},\vec{b})$（或 $\angle(\vec{b},\vec{a})$）。

当 $\vec{a}$ 和 $\vec{b}$ 同向时，$\angle(\vec{a},\vec{b}) = 0$；当 $\vec{a}$ 和 $\vec{b}$ 反向时，$\angle(\vec{a},\vec{b}) = \pi$；当 $\vec{a}$ 和 $\vec{b}$ 不共线时，$0 < \angle(\vec{a},\vec{b}) < \pi$。

向量 $\vec{a}$ 与三个基本单位向量 $\vec{i}$，$\vec{j}$，$\vec{k}$ 的夹角 α，β，γ 称为 $\vec{a}$ 的方向角（见图 3-14），即 $\alpha = \angle(\vec{a},\vec{i})$，$\beta = \angle(\vec{a},\vec{j})$，$\gamma = \angle(\vec{a},\vec{k})$。

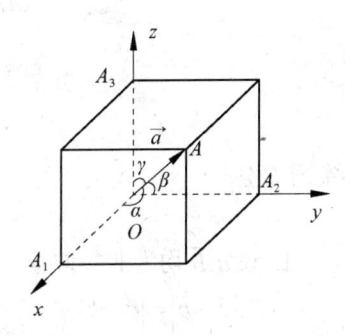

图 3-14

方向角的余弦 $\cos\alpha$，$\cos\beta$，$\cos\gamma$ 称为向量 $\vec{a}$ 的方向余弦。

设 $\vec{a} = \{x,y,z\}$ 是非零向量，由图 3-14 可以看出：
$x = |\vec{a}|\cos\alpha$，$y = |\vec{a}|\cos\beta$，$z = |\vec{a}|\cos\gamma$，从而有

$$\cos\alpha = \frac{x}{|\vec{a}|} = \frac{x}{\sqrt{x^2+y^2+z^2}}$$

$$\cos\beta = \frac{y}{|\vec{a}|} = \frac{y}{\sqrt{x^2+y^2+z^2}}$$

$$\cos\gamma = \frac{z}{|\vec{a}|} = \frac{z}{\sqrt{x^2+y^2+z^2}}$$

且

$$\cos^2\alpha + \cos^2\beta + \cos^2\gamma = 1$$

即任一非零向量的方向余弦的平方和等于 1。

再由 $\vec{a}^0 = \dfrac{\vec{a}}{|\vec{a}|}$ 可得

$$\vec{a}^0 = \left\{\frac{x}{|\vec{a}|}, \frac{y}{|\vec{a}|}, \frac{z}{|\vec{a}|}\right\} = \{\cos\alpha, \cos\beta, \cos\gamma\}$$

【例 3-3】 已知两点 $M_1(x_1,y_1,z_1)$，$M_2(x_2,y_2,z_2)$，求 $\overrightarrow{M_1M_2}$。

解：如图 3-15 所示，有

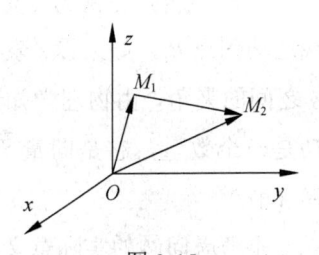

图 3-15

$$\overrightarrow{OM_1} = \{x_1, y_1, z_1\}$$
$$\overrightarrow{OM_2} = \{x_2, y_2, z_2\}$$
$$\overrightarrow{M_1M_2} = \overrightarrow{OM_2} - \overrightarrow{OM_1} = \{x_2, y_2, z_2\} - \{x_1, y_1, z_1\} = \{x_2-x_1, y_2-y_1, z_2-z_1\}$$

【例 3-4】 设 $A(0,-1,2)$，$B(-1,1,0)$，求 $\overrightarrow{AB}$ 的模及方向余弦。

解：因为
$$\overrightarrow{AB} = \{-1-0, 1-(-1), 0-2\} = \{-1, 2, -2\}$$

所以
$$|\overrightarrow{AB}| = \sqrt{(-1)^2 + 2^2 + (-2)^2} = \sqrt{9} = 3$$
$$\cos\alpha = \frac{-1}{3}, \quad \cos\beta = \frac{2}{3}, \quad \cos\gamma = \frac{-2}{3}$$

练习 3.2

1. 设 $\vec{a}, \vec{b}$ 均为非零向量，下列等式在什么条件下成立？
   (1) $|\vec{a}+\vec{b}| = |\vec{a}-\vec{b}|$ 　　　　　　　(2) $|\vec{a}+\vec{b}| = |\vec{a}|+|\vec{b}|$
   (3) $|\vec{a}+\vec{b}| = ||\vec{a}|-|\vec{b}||$ 　　　　　　　(4) $\dfrac{\vec{a}}{|\vec{a}|} = \dfrac{\vec{b}}{|\vec{b}|}$

2. 设 $\vec{a} = \{1,-2,3\}$, $\vec{b} = \{4,-3,-1\}$, $\vec{c} = \{3,-2,5\}$, 求 $\vec{a}+2\vec{b}$, $2\vec{a}-3\vec{b}+\vec{c}$。
3. 求 $\vec{a} = 2\vec{i}-\vec{j}-2\vec{k}$ 的模、方向余弦及单位向量 $\vec{a}^0$。
4. 设 $\overrightarrow{AB} = 8\vec{i}+9\vec{j}-12\vec{k}$，其中 A 的坐标为 $(2,-1,7)$，求 B 点的坐标。
5. 已知向量 $\vec{a} = m\vec{i}+5\vec{j}-\vec{k}$ 与向量 $\vec{b} = 3\vec{i}+\vec{j}+n\vec{k}$ 平行，求 m 与 n。
6. 已知 $A(2,3,5)$，$B(3,0,4)$，求向量 $\overrightarrow{AB}$ 的模和方向余弦。

3.3 向量的数量积与向量积

1. 向量的数量积

当一个质点在常力（大小与方向均不变）的作用下，由点 A 沿直线运动到点 B，如果设 $\vec{s}$ 表示位移向量 $\overrightarrow{AB}$，$\vec{f}$ 表示力，θ 表示 $\vec{f}$ 与 $\vec{s}$ 之间的夹角，由物理学知识可知，力 $\vec{f}$ 所做的功为 $W = \vec{f} \cdot \vec{s} \cdot \cos\theta$。功是一个数量，它是向量 $\vec{f}$ 和 $\vec{s}$ 的模及其夹角余弦 $\cos\theta$ 的乘积（见图 3-16）。

向量内积的
坐标表示

不考虑问题的实际意义，可以抽象出两个向量的数量积的定义。

第 3 章 向量代数与空间解析几何

定义 1 两个向量 $\vec{a}$ 和 $\vec{b}$ 的模与它们夹角余弦的乘积叫作向量 $\vec{a}$ 和 $\vec{b}$ 的**数量积**（也称**内积**或**点积**），记作 $\vec{a} \cdot \vec{b}$，即 $\vec{a} \cdot \vec{b} = |\vec{a}||\vec{b}|\cos\angle(\vec{a},\vec{b})$。

定义 2 设两个向量 $\vec{a}$ 和 $\vec{b}$，且 $\vec{a}$ 为非零向量，称 $|\vec{b}|\cos\angle(\vec{a},\vec{b})$ 为向量 $\vec{b}$ 在向量 $\vec{a}$ 上的投影（或射影），记作 $\mathrm{Prj}_{\vec{a}}\vec{b}$。即 $\mathrm{Prj}_{\vec{a}}\vec{b} = |\vec{b}|\cos\angle(\vec{a},\vec{b})$，如图 3-17 所示。

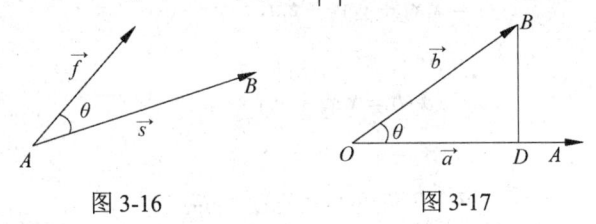

图 3-16   图 3-17

由定义 1 和定义 2 易知向量的数量积具有下列性质：

(1) 当 $\vec{a}$ 和 $\vec{b}$ 中有一个为零向量时，$\vec{a} \cdot \vec{b} = 0$。

(2) $\vec{a} \cdot \vec{a} = |\vec{a}|^2$（$\vec{a} \cdot \vec{a}$ 可记为 $\vec{a}^2$，称为 $\vec{a}$ 的**数量平方**）。

(3) 两向量 $\vec{a}$ 和 $\vec{b}$ 互相垂直的充分必要条件是 $\vec{a} \cdot \vec{b} = 0$，即 $\vec{a} \perp \vec{b} \Leftrightarrow \vec{a} \cdot \vec{b} = 0$。这是因为零向量与任何向量都垂直，当 $\vec{a}$ 和 $\vec{b}$ 中有一个为零向量时，结论显然成立；当 $\vec{a}$ 和 $\vec{b}$ 均为非零向量（即 $|\vec{a}| \neq 0, |\vec{b}| \neq 0$）时，$\vec{a} \cdot \vec{b} = |\vec{a}| \cdot |\vec{b}|\cos\angle(\vec{a},\vec{b}) = 0$ 等价于 $\cos\angle(\vec{a},\vec{b}) = 0$，即 $\angle(\vec{a},\vec{b}) = \dfrac{\pi}{2}$。

(4) $\vec{a} \cdot \vec{b} = |\vec{a}| \cdot \mathrm{Prj}_{\vec{a}}\vec{b} = |\vec{b}| \cdot \mathrm{Prj}_{\vec{b}}\vec{a}$。

(5) $\mathrm{Prj}_{\vec{a}}\vec{b} = \dfrac{\vec{a} \cdot \vec{b}}{|\vec{a}|} = \vec{a}^0 \cdot \vec{b}$；$\mathrm{Prj}_{\vec{b}}\vec{a} = \dfrac{\vec{a} \cdot \vec{b}}{|\vec{b}|} = \vec{a} \cdot \vec{b}^0$。

此外，向量的数量积还有下列重要运算规律：

(1) $\vec{a} \cdot \vec{b} = \vec{b} \cdot \vec{a}$（交换律）

(2) $(\lambda\vec{a}) \cdot \vec{b} = \vec{a} \cdot (\lambda\vec{b}) = \lambda(\vec{a} \cdot \vec{b})$（结合律）

(3) $(\vec{a} + \vec{b}) \cdot \vec{c} = \vec{a} \cdot \vec{c} + \vec{b} \cdot \vec{c}$（分配律）

证明过程略。

由上述有关向量数量积的性质和运算规律，对于基本单位向量 $\vec{i}, \vec{j}, \vec{k}$ 有下列性质：

$$\vec{i} \cdot \vec{i} = \vec{j} \cdot \vec{j} = \vec{k} \cdot \vec{k} = 1$$

$$\vec{i} \cdot \vec{j} = \vec{j} \cdot \vec{i} = \vec{j} \cdot \vec{k} = \vec{k} \cdot \vec{j} = \vec{k} \cdot \vec{i} = \vec{i} \cdot \vec{k} = 0$$

向量数量积的坐标表达式：

设 $\vec{a} = \{x_1, y_1, z_1\}$，$\vec{b} = \{x_2, y_2, z_2\}$，则

$$\vec{a} = x_1\vec{i} + y_1\vec{j} + z_1\vec{k}$$

$$\vec{b} = x_2\vec{i} + y_2\vec{j} + z_2\vec{k}$$

于是

$$\vec{a}\cdot\vec{b}=(x_1\vec{i}+y_1\vec{j}+z_1\vec{k})(x_2\vec{i}+y_2\vec{j}+z_2\vec{k})$$
$$=x_1x_2\vec{i}\cdot\vec{i}+x_1y_2\vec{i}\cdot\vec{j}+x_1z_2\vec{i}\cdot\vec{k}$$
$$+y_1x_2\vec{j}\cdot\vec{i}+y_1y_2\vec{j}\cdot\vec{j}+y_1z_2\vec{j}\cdot\vec{k}$$
$$+z_1x_2\vec{k}\cdot\vec{i}+z_1y_2\vec{k}\cdot\vec{j}+z_1z_2\vec{k}\cdot\vec{k}$$
$$=x_1x_2+y_1y_2+z_1z_2$$

即
$$\vec{a}\cdot\vec{b}=x_1x_2+y_1y_2+z_1z_2$$

由此可得
$$\vec{a}\perp\vec{b}\Leftrightarrow x_1x_2+y_1y_2+z_1z_2=0$$

若 $\vec{a}=\{x_1,y_1,z_1\}$，$\vec{b}=\{x_2,y_2,z_2\}$ 均为非零向量，则有两向量夹角的余弦公式为

$$\cos\angle(\vec{a},\vec{b})=\frac{\vec{a}\cdot\vec{b}}{|\vec{a}|\cdot|\vec{b}|}=\frac{x_1x_2+y_1y_2+z_1z_2}{\sqrt{x_1^2+y_1^2+z_1^2}\cdot\sqrt{x_2^2+y_2^2+z_2^2}}$$

【例 3-5】 已知 $\vec{a}=\{1,0,1\}$，$\vec{b}=\{0,1,1\}$，求 $\vec{a}\cdot\vec{b}$，$\mathrm{Prj}_{\vec{a}}\vec{b}$，$\mathrm{Prj}_{\vec{b}}\vec{a}$，$\angle(\vec{a},\vec{b})$。

解：
$$\vec{a}\cdot\vec{b}=1\times0+0\times1+1\times1=1$$
$$|\vec{a}|=\sqrt{1^2+0^2+1^2}=\sqrt{2}$$
$$|\vec{b}|=\sqrt{0^2+1^2+1^2}=\sqrt{2}$$
$$\mathrm{Prj}_{\vec{a}}\vec{b}=\frac{\vec{a}\cdot\vec{b}}{|\vec{a}|}=\frac{1}{\sqrt{2}}=\frac{\sqrt{2}}{2}$$
$$\mathrm{Prj}_{\vec{b}}\vec{a}=\frac{\vec{a}\cdot\vec{b}}{|\vec{b}|}=\frac{1}{\sqrt{2}}=\frac{\sqrt{2}}{2}$$

因为
$$\cos\angle(\vec{a},\vec{b})=\frac{\vec{a}\cdot\vec{b}}{|\vec{a}|\cdot|\vec{b}|}=\frac{1}{\sqrt{2}\times\sqrt{2}}=\frac{1}{2}$$

所以
$$\angle(\vec{a},\vec{b})=\frac{\pi}{3}$$

【例 3-6】 已知三点 $A(1,1,1)$，$B(2,2,1)$ 和 $C(2,1,2)$，求向量 $\overrightarrow{AB}$ 与 $\overrightarrow{AC}$ 的夹角 θ。

解：
$$\overrightarrow{AB}=\{2-1,2-1,1-1\}=\{1,1,0\}$$
$$\overrightarrow{AC}=\{2-1,1-1,2-1\}=\{1,0,1\}$$

因此
$$\cos\theta=\frac{1\times1+1\times0+0\times1}{\sqrt{1^2+1^2+0^2}\times\sqrt{1^2+0^2+1^2}}=\frac{1}{2}$$

即

$$\theta = \frac{\pi}{3}$$

【例 3-7】 在 xy 平面上求与已知向量 $\vec{a} = \{-4,3,7\}$ 垂直的单位向量。

解： 设所求单位向量为 $\{x,y,z\}$，因为它在 xy 平面上，所以 $z=0$；又因为它是与向量 $\vec{a}$ 垂直的单位向量，所以有

$$\begin{cases} x^2 + y^2 = 1 \\ -4x + 3y = 0 \end{cases}$$

解此方程组得

$$\begin{cases} x_1 = \dfrac{3}{5} \\ y_1 = \dfrac{4}{5} \end{cases} \quad \text{和} \quad \begin{cases} x_2 = -\dfrac{3}{5} \\ y_2 = -\dfrac{4}{5} \end{cases}$$

于是，所求向量为 $\left\{\dfrac{3}{5}, \dfrac{4}{5}, 0\right\}$ 与 $\left\{-\dfrac{3}{5}, -\dfrac{4}{5}, 0\right\}$。

【例 3-8】 如图 3-18 所示，设液体流过平面 S 上面积为 A 的一个区域，液体在区域上各点处的流速均为（常向量）$\vec{v}$，设 $\vec{n}$ 为垂直于平面 S 的单位向量，计算单位时间内经过这区域流向 $\vec{n}$ 所指一方的液体的质量 m。（液体密度为 ρ）

解： 单位时间内流过这个区域的液体组成一个底面积为 A、斜高为 $|\vec{v}|$ 的斜柱体，这柱体的斜高与底面的垂线的夹角就是 $\vec{v}$ 与 $\vec{n}$ 的夹角 θ，所以这柱体的高为 $|\vec{v}|\cos\theta$，体积为 $A|\vec{v}|\cos\theta = A\vec{v}\cdot\vec{n}$。从而，单位时间内这个区域流向 $\vec{n}$ 所指一方的液体的质量为 $m = \rho\cdot A\cdot\vec{v}\cdot\vec{n}$。

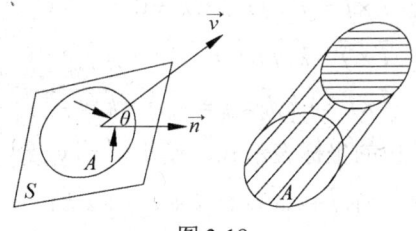

图 3-18

2. 向量积

定义 3 两个向量 $\vec{a}$ 与 $\vec{b}$ 的**向量积**（也称**外积**或**叉积**）是一个向量，记作 $\vec{a}\times\vec{b}$，它的模为 $|\vec{a}\times\vec{b}| = |\vec{a}||\vec{b}|\sin\angle(\vec{a},\vec{b})$，它的方向垂直于 $\vec{a}$ 与 $\vec{b}$ 所决定的平面（即 $\vec{a}\times\vec{b}\perp\vec{a}$，$\vec{a}\times\vec{b}\perp\vec{b}$），且按 $\vec{a}$，$\vec{b}$，$\vec{a}\times\vec{b}$ 的顺序构成右手系，如图 3-19 所示。

向量叉积的坐标表示

由定义易知向量积具有如下的性质：

（1）当 $\vec{a}$ 与 $\vec{b}$ 中有一个为零向量时，有 $\vec{a}\times\vec{b} = \vec{0}$。

（2）向量积 $\vec{a}\times\vec{b}$ 的模 $|\vec{a}\times\vec{b}|$ 等于以 $\vec{a}$ 和 $\vec{b}$ 为邻边的平行四边形的面积，这就是向量

积的几何意义，如图 3-19 所示。

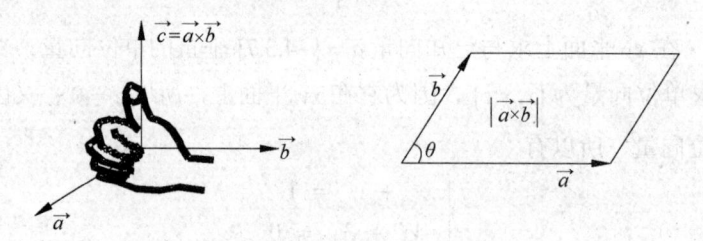

图 3-19

（3）两向量 $\vec{a}$ 和 $\vec{b}$ 互相平行的充要条件是 $\vec{a} \times \vec{b} = \vec{0}$。

因为零向量与任何向量都平行，当 $\vec{a}$，$\vec{b}$ 中有一个为零向量时，结论显然成立。当 $\vec{a}$ 与 $\vec{b}$ 均为非零向量时，即当 $|\vec{a}| \neq 0$，$|\vec{b}| \neq 0$ 时，$|\vec{a} \times \vec{b}| = |\vec{a}| \cdot |\vec{b}| \sin \angle(\vec{a}, \vec{b})$ 等价于 $\angle(\vec{a}, \vec{b}) = 0$ 或 $\angle(\vec{a}, \vec{b}) = \pi$，等价于 $\vec{a} // \vec{b}$。特别地，对于任一向量 $\vec{a}$，有 $\vec{a} \times \vec{a} = \vec{0}$。

此外，向量积还有如下重要的运算规律：
（1）$\vec{a} \times \vec{b} = -\vec{b} \times \vec{a}$ （反交换律）
（2）$(\lambda \vec{a}) \times \vec{b} = \vec{a} \times (\lambda \vec{b}) = \lambda(\vec{a} \times \vec{b})$ （结合律）
（3）$(\vec{a} + \vec{b}) \times \vec{c} = \vec{a} \times \vec{c} + \vec{b} \times \vec{c}$
$\vec{c} \times (\vec{a} + \vec{b}) = \vec{c} \times \vec{a} + \vec{c} \times \vec{b}$ （分配律）

因为证明烦琐，过程略。

上述有关向量积的性质及运算规律，对于基本单位向量 $\vec{i}$，$\vec{j}$，$\vec{k}$，有

$$\vec{i} \times \vec{i} = \vec{j} \times \vec{j} = \vec{k} \times \vec{k} = \vec{0}$$
$$\vec{i} \times \vec{j} = \vec{k}, \vec{j} \times \vec{k} = \vec{i}, \vec{k} \times \vec{i} = \vec{j}$$
$$\vec{j} \times \vec{i} = -\vec{k}, \vec{k} \times \vec{j} = -\vec{i}, \vec{i} \times \vec{k} = -\vec{j}$$

进一步还可以推出向量积的坐标表示式，设 $\vec{a} = \{x_1, y_1, z_1\}$，$\vec{b} = \{x_2, y_2, z_2\}$，则

$$\vec{a} \times \vec{b} = (x_1 \vec{i} + y_1 \vec{j} + z_1 \vec{k}) \times (x_2 \vec{i} + y_2 \vec{j} + z_2 \vec{k})$$
$$= x_1 x_2 (\vec{i} \times \vec{i}) + x_1 y_2 (\vec{i} \times \vec{j}) + x_1 z_2 (\vec{i} \times \vec{k})$$
$$+ y_1 x_2 (\vec{j} \times \vec{i}) + y_1 y_2 (\vec{j} \times \vec{j}) + y_1 z_2 (\vec{j} \times \vec{k})$$
$$+ z_1 x_2 (\vec{k} \times \vec{i}) + z_1 y_2 (\vec{k} \times \vec{j}) + z_1 z_2 (\vec{k} \times \vec{k})$$
$$= (y_1 z_2 - y_2 z_1) \vec{i} + (z_1 x_2 - z_2 x_1) \vec{j} + (x_1 y_2 - x_2 y_1) \vec{k}$$
$$= \begin{vmatrix} y_1 & z_1 \\ y_2 & z_2 \end{vmatrix} \vec{i} + \begin{vmatrix} z_1 & x_1 \\ z_2 & x_2 \end{vmatrix} \vec{j} + \begin{vmatrix} x_1 & y_1 \\ x_2 & y_2 \end{vmatrix} \vec{k}$$

即

$$\vec{a} \times \vec{b} = \left\{ \begin{vmatrix} y_1 & z_1 \\ y_2 & z_2 \end{vmatrix}, \begin{vmatrix} z_1 & x_1 \\ z_2 & x_2 \end{vmatrix}, \begin{vmatrix} x_1 & y_1 \\ x_2 & y_2 \end{vmatrix} \right\}$$

或

$$\vec{a} \times \vec{b} = \begin{vmatrix} \vec{i} & \vec{j} & \vec{k} \\ x_1 & y_1 & z_1 \\ x_2 & y_2 & z_2 \end{vmatrix}$$

这里用了二阶行列式与三阶行列式的记号，有关行列式的知识见附录 C。

【例 3-9】 已知 $\vec{a} = \{1,2,3\}$，$\vec{b} = \{2,1,-1\}$，求 $\vec{a} \times \vec{b}$ 及同时垂直于 $\vec{a}$ 和 $\vec{b}$ 的单位向量 $\vec{c^0}$。

解：

$$\vec{a} \times \vec{b} = \left\{ \begin{vmatrix} 2 & 3 \\ 1 & -1 \end{vmatrix}, \begin{vmatrix} 3 & 1 \\ -1 & 2 \end{vmatrix}, \begin{vmatrix} 1 & 2 \\ 2 & 1 \end{vmatrix} \right\} = \{-5, 7, -3\}$$

因为 $\vec{c^0} \perp \vec{a}, \vec{c^0} \perp \vec{b}$，所以 $\vec{c^0} // \vec{a} \times \vec{b}$，于是

$$\vec{c^0} = \pm \frac{\vec{a} \times \vec{b}}{|\vec{a} \times \vec{b}|}$$

$$= \pm \frac{1}{\sqrt{(-5)^2 + 7^2 + (-3)^2}} \{-5, 7, -3\}$$

$$= \pm \left\{ \frac{-5}{\sqrt{83}}, \frac{7}{\sqrt{83}}, \frac{-3}{\sqrt{83}} \right\}$$

【例 3-10】 已知三角形三个顶点分别为 $A(1,2,3)$、$B(3,1,2)$、$C(2,1,3)$，求 $\triangle ABC$ 的面积。

解：由向量积的几何意义，可知 $\triangle ABC$ 的面积为

$$S_{\triangle ABC} = \frac{1}{2} |\overrightarrow{AB} \times \overrightarrow{AC}|$$

又

$$\overrightarrow{AB} = \{2, -1, -1\}$$
$$\overrightarrow{AC} = \{1, -1, 0\}$$
$$\overrightarrow{AB} \times \overrightarrow{AC} = \left\{ \begin{vmatrix} -1 & -1 \\ -1 & 0 \end{vmatrix}, \begin{vmatrix} -1 & 2 \\ 0 & 1 \end{vmatrix}, \begin{vmatrix} 2 & -1 \\ 1 & -1 \end{vmatrix} \right\} = \{-1, -1, -1\}$$

于是

$$S_{\triangle ABC} = \frac{1}{2} \sqrt{(-1)^2 + (-1)^2 + (-1)^2} = \frac{\sqrt{3}}{2}$$

如果三个向量 $\vec{a}, \vec{b}, \vec{c}$ 平行于同一个平面，则称三个向量 $\vec{a}, \vec{b}, \vec{c}$ 共面。由向量积的定义，要判断三个非零向量 $\vec{a}, \vec{b}, \vec{c}$ 是否共面，只要判断其中两个向量的向量积与第三个向量是否垂直，如果垂直，则三个向量共面，否则三个向量不共面，即只要判断 $(\vec{a} \times \vec{b}) \cdot \vec{c}$ 是否为零。乘积 $(\vec{a} \times \vec{b}) \cdot \vec{c}$ 称为三个向量 $\vec{a}, \vec{b}, \vec{c}$ 的混合积。

对于三个向量的混合积有如下重要性质：

(1) $(\vec{a} \times \vec{b}) \cdot \vec{c} = (\vec{b} \times \vec{c}) \cdot \vec{a} = (\vec{c} \times \vec{a}) \cdot \vec{b} = -(\vec{b} \times \vec{a}) \cdot \vec{c} = -(\vec{c} \times \vec{b}) \cdot \vec{a} = -(\vec{a} \times \vec{c}) \cdot \vec{b}$；

(2) $\left|(\vec{a}\times\vec{b})\cdot\vec{c}\right|$ 等于以 $\vec{a},\vec{b},\vec{c}$ 为棱的平行六面体的体积。

【例3-11】 判断下列各向量组是否共面？若不共面，求以它们为棱的平行六面体的体积。

(1) $\vec{a}=\{2,-3,1\}$，$\vec{b}=\{1,-1,3\}$，$\vec{c}=\{-1,2,2\}$

(2) $\vec{a}=\{2,-1,3\}$，$\vec{b}=\{4,3,0\}$，$\vec{c}=\{6,0,6\}$

解：（1） $\vec{a}\times\vec{b}=\left\{\begin{vmatrix}-3&1\\-1&3\end{vmatrix},\begin{vmatrix}1&2\\3&1\end{vmatrix},\begin{vmatrix}2&-3\\1&-1\end{vmatrix}\right\}$

$\qquad\qquad =\{-8,-5,1\}$

$(\vec{a}\times\vec{b})\cdot\vec{c}=-8\times(-1)+(-5)\times 2+1\times 2$

$\qquad\qquad =0$

所以，$\vec{a},\vec{b},\vec{c}$ 三向量共面。

(2) $\vec{a}\times\vec{b}=\left\{\begin{vmatrix}-3&1\\-1&3\end{vmatrix},\begin{vmatrix}1&2\\3&1\end{vmatrix},\begin{vmatrix}2&-3\\1&-1\end{vmatrix}\right\}=\{-9,12,10\}$

$(\vec{a}\times\vec{b})\cdot\vec{c}=-9\times 6+12\times 0+10\times 6=6\neq 0$

所以，$\vec{a},\vec{b},\vec{c}$ 三向量不共面，且 $v=\left|(\vec{a}\times\vec{b})\cdot\vec{c}\right|=6$。

【例3-12】 设有刚体以等角速度 $\vec{\omega}$ 绕 l 轴旋转，计算刚体上一点 M 的线速度。

解： 刚体绕 l 轴旋转时，可以用在 l 轴上的一个向量 $\vec{\omega}$ 表示角速度，它的大小等于角速度的大小，它的方向由右手规则定出：即以右手握住 l 轴，当右手的四个手指的转向与刚体的旋转方向一致时，大拇指的指向就是 $\vec{\omega}$ 的方向。

如图 3-20 所示，设点 M 到旋转轴 l 的距离为 a，再在 l 轴上任取一点 O 作向量 $\vec{r}=\overrightarrow{OM}$，并以 θ 表示 $\vec{\omega}$ 与 $\vec{r}$ 的夹角，那么 $a=|\vec{r}|\sin\theta$。

设线速度为 $\vec{v}$，那么由物理学上线速度与角速度间的关系可知，$\vec{v}$ 的大小为

$$|\vec{v}|=|\vec{\omega}|a=|\vec{\omega}||\vec{v}|\sin\theta$$

$\vec{v}$ 的方向垂直于通过 M 点与 l 轴的平面，即 $\vec{v}$ 垂直于 $\vec{\omega}$ 与 $\vec{r}$；又 $\vec{v}$ 的指向是使 $\vec{\omega},\vec{r},\vec{v}$ 符合右手规则。因此有

$$\vec{v}=\vec{\omega}\times\vec{r}$$

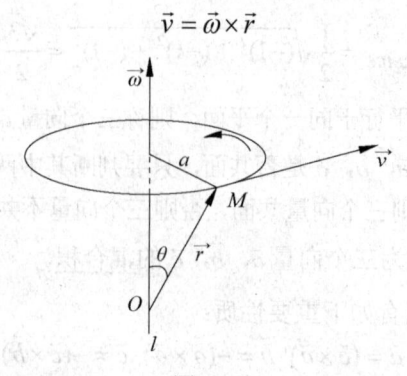

图 3-20

练习 3.3

1. 下列结论是否成立，为什么？
   (1) 如果 $\vec{a} \cdot \vec{b} = 0$，那么 $\vec{a} = \vec{0}$ 或 $\vec{b} = \vec{0}$
   (2) $(\vec{a} \cdot \vec{b})^2 = \vec{a}^2 \cdot \vec{b}^2$
   (3) $(\vec{a} \cdot \vec{b}) \cdot \vec{c} = \vec{a} \cdot (\vec{b} \cdot \vec{c})$
   (4) $\sqrt{\vec{a}^2} = \vec{a}$
   (5) 如果 $\vec{a} \neq \vec{0}$，且 $\vec{a} \cdot \vec{c} = \vec{a} \cdot \vec{b}$，那么 $\vec{c} = \vec{b}$
   (6) 如果 $\vec{a} \neq \vec{0}$，且 $\vec{a} \times \vec{c} = \vec{a} \times \vec{b}$，那么 $\vec{c} = \vec{b}$

2. 设 $\vec{a} = 3\vec{i} - \vec{j} - 2\vec{k}, \vec{b} = \vec{i} + 2\vec{j} - \vec{k}$，求：
   (1) $\vec{a} \cdot \vec{b}$
   (2) $(\vec{a} - \vec{b})^2$
   (3) $(3\vec{a} - 2\vec{b}) \times (\vec{a} + 3\vec{b})$
   (4) $\text{Prj}_{\vec{a}} \vec{b}$
   (5) $\text{Prj}_{\vec{b}} \vec{a}$
   (6) $\angle(\vec{a}, \vec{b})$

3. 已知 $|\vec{a}| = 1$，$|\vec{b}| = 2$，$|\vec{c}| = 3$，且 $\vec{a} + \vec{b} + \vec{c} = \vec{0}$。求 $\vec{a} \cdot \vec{b} + \vec{b} \cdot \vec{c} + \vec{c} \cdot \vec{a}$。

4. 求与 $\vec{a} = \{1, -3, 1\}, \vec{b} = \{2, -1, 3\}$ 都垂直的单位向量。

5. 已知 $A(1,2,3)$，$B(2,2,1)$，$C(1,1,0)$，求 $\triangle ABC$ 的面积。

6. 设 $\vec{a} = \{12, 9, -5\}$，$\vec{b} = \{4, 3, -5\}$，求使 $\vec{b} - \lambda\vec{a}$ 垂直于 $\vec{a}$ 的 λ 的值。

7. 已知 $\vec{a} = \{2, -3, 1\}$，$\vec{b} = \{1, -1, 3\}$，$\vec{c} = \{1, -2, 0\}$，求：
   (1) $(\vec{a} \cdot \vec{b})\vec{c} - (\vec{a} \cdot \vec{c}) \cdot \vec{b}$
   (2) $(\vec{a} \times \vec{b}) \cdot \vec{c}$；$\vec{a} \cdot (\vec{b} \times \vec{c})$

8. 在空间直角坐标系中，下列各向量组是否共面？若不共面，求以它们为棱的平行六面体的体积。
   (1) $\vec{a} = \{-1, 3, 2\}$，$\vec{b} = \{4, -6, 2\}$，$\vec{c} = \{-3, 12, 11\}$
   (2) $\vec{a} = \{2, -4, 3\}$，$\vec{b} = \{-1, -2, 2\}$，$\vec{c} = \{3, 0, -1\}$

3.4 平面方程

1. 平面方程

垂直于平面的任一非零向量 $\vec{n}$ 称为平面的法向量。通过空间一点 $M_0(x_0, y_0, z_0)$ 可作且只能作一个平面，使它垂直于已知的非零向量。

设平面 π 通过定点 $M_0(x_0, y_0, z_0)$ 且其法向量为 $\vec{n} = \{A, B, C\}$，求平面的方程。

设 $M(x, y, z)$ 为平面 π 上的任一点，则向量 $\overrightarrow{M_0M}$ 必垂直于法向量 $\vec{n}$（见图3-21），即有 $\overrightarrow{M_0M} \cdot \vec{n} = 0$，而

点到平面的距离

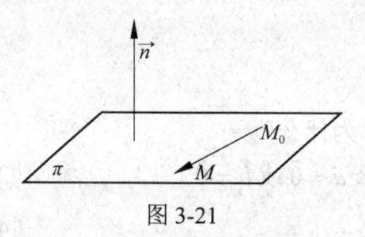

$$\overrightarrow{M_0M} = \{x-x_0, y-y_0, z-z_0\}, \quad \vec{n} = \{A,B,C\}$$

所以有

$$A(x-x_0) + B(y-y_0) + C(z-z_0) = 0 \tag{3-3}$$

方程（3-3）称为平面 π 的<u>点法式方程</u>。

如果令 $D = -(Ax_0 + By_0 + Cz_0)$，则点法式方程可改写为

$$Ax + By + Cz + D = 0 \tag{3-4}$$

因此平面的方程是关于 x，y，z 的一次方程。反之，一个关于 x，y，z 的一次方程 $Ax + By + Cz + D = 0$（A，B，C 不全为零），不妨设 $A \neq 0$，则此一次方程可改写为 $A\left(x + \dfrac{D}{A}\right) + B(y-0) + C(z-0) = 0$，这就是过点 $M_0\left(-\dfrac{D}{A}, 0, 0\right)$、法向量为 $\vec{n} = \{A,B,C\}$ 的平面方程。由此可知，任一平面的方程是三元一次方程；任一三元一次方程的图形都是一个平面。

方程（3-4）称为平面的<u>一般式方程</u>，其中 x，y，z 的系数就是该平面的一个法向量 $\vec{n}$ 的坐标，即 $\vec{n} = \{A, B, C\}$。

例如，方程 $2x + 3y - 6z - 6 = 0$ 在空间中表示一个平面，$\vec{n} = \{2, 3, -6\}$ 是该平面的一个法向量。

一些特殊的三元一次方程所表示的平面其位置具有特殊性。

当 $D = 0$ 时，方程 $Ax + By + Cz = 0$ 表示一个过原点的平面。

当 $A = 0$ 时，方程 $By + Cz + D = 0$ 缺少 x 项，其法向量 $\vec{n} = \{0, B, C\}$ 与 x 轴垂直，方程表示的平面与 x 轴平行。

同理，方程 $Ax + Cz + D = 0$ 和方程 $Ax + By + D = 0$ 分别表示平行于 y 轴与 z 轴的平面。

当 $A = B = 0$ 时，方程 $Cz + D = 0$，其法向量 $\vec{n} = \{0, 0, C\}$ 既垂直于 x 轴又垂直 y 轴，方程表示一个平行于 xy 面的平面。

同理，$Ax + D = 0$ 和 $By + D = 0$ 分别表示一个平行于 yz 面与 zx 面的平面。

【例 3-13】 已知平面上三点 $A\{1, -1, 0\}$，$B\{2, 3, -1\}$，$C\{-1, 0, 2\}$，求平面方程。

解：先求平面的法向量 $\vec{n}$，因为 $\vec{n} \perp \overrightarrow{AB}$，$\vec{n} \perp \overrightarrow{BC}$，所以可取 $\vec{n} = \overrightarrow{AB} \times \overrightarrow{AC}$，而

$$\overrightarrow{AB} = \{1, 4, -1\}$$
$$\overrightarrow{AC} = \{-2, 1, 2\}$$

$$\vec{n} = \overrightarrow{AB} \times \overrightarrow{AC} = \left\{ \begin{vmatrix} 4 & -1 \\ 1 & 2 \end{vmatrix}, \begin{vmatrix} -1 & 1 \\ 2 & -2 \end{vmatrix}, \begin{vmatrix} 1 & 4 \\ -2 & 1 \end{vmatrix} \right\} = \{9, 0, 9\}$$

又平面过点 $A\{1, -1, 0\}$，由点法式方程得

$$9(x-1) + 9(z-0) = 0$$

化简得所求平面方程为

$$x + z - 1 = 0$$

【例 3-14】 已知平面与三条坐标轴的交点分别为 $A(a,0,0)$，$B(0,b,0)$，$C(0,0,c)$，求该平面的方程（其中 $a, b, c \neq 0$）。

解： 先求平面的法向量 $\vec{n}$。

因为 $\vec{n} \perp \overrightarrow{AB}$，$\vec{n} \perp \overrightarrow{AC}$，所以可取 $\vec{n} = \overrightarrow{AB} \times \overrightarrow{AC}$，而

$$\overrightarrow{AB} = \{-a, b, 0\}$$
$$\overrightarrow{AC} = \{-a, 0, c\}$$

$$\vec{n} = \overrightarrow{AB} \times \overrightarrow{AC} = \left\{ \begin{vmatrix} b & 0 \\ 0 & c \end{vmatrix}, \begin{vmatrix} 0 & -a \\ c & -a \end{vmatrix}, \begin{vmatrix} -a & b \\ -a & 0 \end{vmatrix} \right\} = \{bc, ca, ab\}$$

又平面过点 $A(a, 0, 0)$，由点法式方程得

$$bc(x-a) + cay + abz = 0$$

即

$$bcx + cay + abz = abc$$

因为 $abc \neq 0$，上式两边除以 abc 得

$$\frac{x}{a} + \frac{y}{b} + \frac{z}{c} = 1 \tag{3-5}$$

方程（3-5）称为平面的<u>截距式方程</u>，而 a, b, c 依次称为平面在 x，y，z 轴上的<u>截距</u>。

【例 3-15】 已知平面过点 $A(0,2,0)$，$B(0,0,1)$，且与 x 轴平行，求平面方程。

解法一： 先求平面的法向量 $\vec{n}$，依题意 $\vec{n} \perp \overrightarrow{AB}$，$\vec{n} \perp \vec{i}$，所以可取 $\vec{n} = \overrightarrow{AB} \times \vec{i}$，而

$$\overrightarrow{AB} = \{0, -2, 1\}$$

$$\vec{n} = \overrightarrow{AB} \times \vec{i} = \{0, -2, 1\} \times \{1, 0, 0\}$$
$$= \left\{ \begin{vmatrix} -2 & 1 \\ 0 & 0 \end{vmatrix}, \begin{vmatrix} 1 & 0 \\ 0 & 1 \end{vmatrix}, \begin{vmatrix} 0 & -2 \\ 1 & 0 \end{vmatrix} \right\} = \{0, 1, 2\}$$

又平面过 $A(0,2,0)$，由点法式方程得

$$(y-2) + 2z = 0$$

即

$$y + 2z - 2 = 0$$

解法二： 因为平面平行于 x 轴，所以可设平面方程为

分别将点 $A(0,2,0)$，$B(0,0,1)$ 代入上面方程，得
$$\begin{cases} 2B + D = 0 \\ C + D = 0 \end{cases}$$
解得
$$B = -\frac{D}{2}, \quad C = -D$$
取 $D = -2$，得 $B = 1$，$C = 2$，于是平面的方程为
$$y + 2z - 2 = 0$$

【例 3-16】 求过两点 $A(1,-2,3)$，$B(1,0,-1)$ 且垂直于平面 $x - 3y - z + 6 = 0$ 的平面方程。

解：如图 3-22 所示，设已知平面的法向量为 $\vec{n}_1$，所求平面的法向量为 $\vec{n}$，那么 $\vec{n} \perp \vec{n}_1$，$\vec{n} \perp \overrightarrow{AB}$，于是可取 $\vec{n} = \vec{n}_1 \times \overrightarrow{AB}$，而 $\vec{n}_1 = \{1,-3,-1\}$，$\overrightarrow{AB} = \{0,2,-4\}$，所以

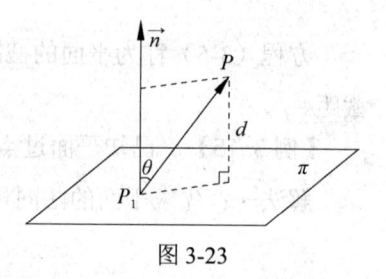

图 3-22

$$\vec{n} = \left\{ \begin{vmatrix} -3 & -1 \\ 2 & -4 \end{vmatrix}, \begin{vmatrix} -1 & 1 \\ -4 & 0 \end{vmatrix}, \begin{vmatrix} 1 & -3 \\ 0 & 2 \end{vmatrix} \right\} = \{14, 4, 2\}$$

又点 $A(1,-2,3)$ 在所求平面上，由点法式方程得
$$14(x-1) + 4(y+2) + 2(z-3) = 0$$
化简得所求平面方程为
$$7x + 2y + z - 6 = 0$$

2. 点到平面的距离

已知平面 π（$Ax + By + Cz + D = 0$）与平面外一点 $P(x_0, y_0, z_0)$。求点 P 到平面 π 的距离。

设 $P_1(x_1, y_1, z_1)$ 是平面 π 上的任一点，$\vec{n} = \{A, B, C\}$ 为平面 π 的法向量，d 是点 P 到平面 π 的距离。如图 3-23 所示，显然 d 就等于向量 $\overrightarrow{P_1P}$ 在法向量 $\vec{n}$ 上的投影 $\mathrm{Prj}_{\vec{n}} \overrightarrow{P_1P}$ 的绝对值，即

图 3-23

$$d = \left| \mathrm{Prj}_{\vec{n}} \overrightarrow{P_1P} \right| = \left| \frac{\overrightarrow{P_1P} \cdot \vec{n}}{|\vec{n}|} \right| = \frac{\left| \overrightarrow{P_1P} \cdot \vec{n} \right|}{|\vec{n}|}$$

因为
$$\overrightarrow{P_1P} = \{x_0 - x_1, y_0 - y_1, z_0 - z_1\}$$
$$\overrightarrow{P_1P} \cdot \vec{n} = A(x_0 - x_1) + B(y_0 - y_1) + C(z_0 - z_1)$$
$$= Ax_0 + By_0 + Cz_0 - (Ax_1 + By_1 + Cz_1)$$

所以
$$d = \frac{|Ax_0 + By_0 + Cz_0 - (Ax_1 + By_1 + Cz_1)|}{\sqrt{A^2 + B^2 + C^2}}$$

又 P_1 在平面 π 上，有
$$Ax_1 + By_1 + Cz_1 + D = 0$$

即
$$Ax_1 + By_1 + Cz_1 = -D$$

于是得
$$d = \frac{|Ax_0 + By_0 + Cz_0 + D|}{\sqrt{A^2 + B^2 + C^2}}$$

这就是点 $P(x_0, y_0, z_0)$ 到平面 π ($Ax + By + Cz + D = 0$) 的距离公式。

【例 3-17】 求点 $(2, -1, 3)$ 到平面 $3x + 6y - 2z - 15 = 0$ 的距离。

解：
$$d = \frac{|Ax_0 + By_0 + Cz_0 + D|}{\sqrt{A^2 + B^2 + C^2}}$$
$$= \frac{|3 \times 2 + 6(-1) - 2 \times 3 - 15|}{\sqrt{3^2 + 6^2 + (-2)^2}} = \frac{21}{7} = 3$$

3. 两平面之间的夹角

设平面 π_1 和 π_2 的方程为

π_1： $A_1 x + B_1 y + C_1 z + D_1 = 0$

π_2： $A_2 x + B_2 y + C_2 z + D_2 = 0$

其法向量分别为

$\vec{n}_1 = \{A_1, B_1, C_1\}$ 和 $\vec{n}_2 = \{A_2, B_2, C_2\}$

显然两平面 π_1 与 π_2 的夹角 θ 就是法向量 $\vec{n}_1$ 与 $\vec{n}_2$ 的

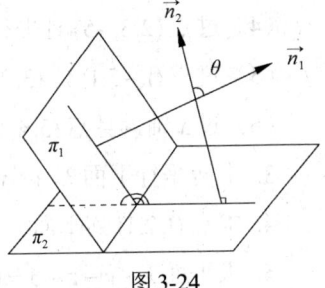

图 3-24

夹角或其补角，如图 3-24 所示。为简便起见，通常规定 $0 \leqslant \theta \leqslant \dfrac{\pi}{2}$。

所以

$$\cos \theta = \frac{|\vec{n}_1 \cdot \vec{n}_2|}{|\vec{n}_1| \cdot |\vec{n}_2|} = \frac{|A_1 A_2 + B_1 B_2 + C_1 C_2|}{\sqrt{A_1^2 + B_1^2 + C_1^2} \cdot \sqrt{A_2^2 + B_2^2 + C_2^2}} \qquad (3\text{-}6)$$

这就是<u>两平面的夹角的余弦公式</u>。

由此可得

（1） $\pi_1 \perp \pi_2$ 的充要条件是 $A_1 A_2 + B_1 B_2 + C_1 C_2 = 0$。

(2) $\pi_1 // \pi_2$ 的充要条件是 $\dfrac{A_1}{A_2} = \dfrac{B_1}{B_2} = \dfrac{C_1}{C_2} \neq \dfrac{D_1}{D_2}$；特别地，当 $\dfrac{A_1}{A_2} = \dfrac{B_1}{B_2} = \dfrac{C_1}{C_2} = \dfrac{D_1}{D_2}$ 时，π_1 与 π_2 重合。

(3) 当 $A_1 : B_1 : C_1 \neq A_2 : B_2 : C_2$ 时，两平面相交，且夹角的余弦由式（3-6）决定。

【例 3-18】 设两平面 π_1 和 π_2 的方程分别为 $x - y + 5 = 0$，$x - 2y + 2z - 3 = 0$，求 π_1 与 π_2 的夹角。

解：$\vec{n}_1 = \{1, -1, 0\}$，$\vec{n}_2 = \{1, -2, 2\}$

$$\cos\theta = \dfrac{|\vec{n}_1 \cdot \vec{n}_2|}{|\vec{n}_1| \cdot |\vec{n}_2|} = \dfrac{|1 \times 1 - 1 \times (-2) + 0 \times 2|}{\sqrt{1^2 + (-2)^2 + 2^2} \cdot \sqrt{1^2 + (-1)^2}} = \dfrac{\sqrt{2}}{2}$$

所以
$$\theta = \dfrac{\pi}{4}$$

练习 3.4

1. 求通过点 $(2, 3, -1)$ 且以向量 $\{1, -2, 5\}$ 为法向量的平面方程。

2. 求满足以下条件的平面方程。

(1) 过点 $(0, 1, -1)$、$(1, -1, 2)$、$(2, -1, 3)$。

(2) 过点 $(2, 6, -1)$ 且平行于平面 $3x - 2y + z - 2 = 0$。

(3) 过点 $(-1, 2, 1)$ 且与两平面 $x - y + z - 1 = 0$ 和 $2x + y + z + 1 = 0$ 垂直。

(4) 过点 $(2, 3, -5)$ 且平行于 zOx 面。

(5) 过点 $(1, -5, 1)$，$(3, 2, -2)$ 且平行于 y 轴。

(6) 过 x 轴，且点 $(5, 4, 13)$ 到平面的距离为 8。

3. 求两平行平面 $3x + 6y - 2z - 7 = 0$ 与 $3x + 6y - 2z + 21 = 0$ 的距离。

4. 求点 $(1, 2, 1)$ 到平面 $x + 2y - 3z - 10 = 0$ 的距离。

5. 求平面 $x - y - z + 5 = 0$ 与平面 $2x - 2y - z - 1 = 0$ 之间夹角的余弦。

6. 求两平面 $2x - y + z - 7 = 0$ 与 $x + y + 2z - 11 = 0$ 之间的夹角。

3.5 空间直线方程

1. 直线方程

平行于直线 L 的任一非零向量 $\vec{v}$ 称为直线 L 的方向向量。通过空间中一点可作且只能作一条直线，使它平行于已知的非零向量。

设直线 L 通过点 $M_0(x_0, y_0, z_0)$，且其方向向量为 $\vec{v} = \{l, m, n\}$，求直线的方程。

设 $M(x,y,z)$ 是在直线 L 上的任一点，如图 3-25 所示，有
$$\overrightarrow{M_0M} = \{x-x_0, y-y_0, z-z_0\}$$
因为 $\overrightarrow{M_0M} // \vec{v}$，所以，
$$\frac{x-x_0}{l} = \frac{y-y_0}{m} = \frac{z-z_0}{n}$$

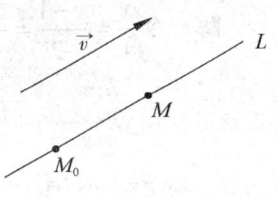

图 3-25

这就是直线 L 的方程，称为直线的<u>标准式方程</u>或<u>对称式方程</u>，或<u>点向式方程</u>。

如果令
$$\frac{x-x_0}{l} = \frac{y-y_0}{m} = \frac{z-z_0}{n} = t$$
那么有
$$\begin{cases} x = x_0 + lt \\ y = y_0 + mt \\ z = z_0 + nt \end{cases}$$

这个方程称为直线 L 的参数式方程。

任何一直线 L 都可以看成是过这条直线的两个平面的交线。

如果 $\pi_1 (A_1x + B_1y + C_1z + D_1 = 0)$ 和 $\pi_2 (A_2x + B_2y + C_2z + D_2 = 0)$ 均通过直线 L，且 $A_1 : B_1 : C_1 \neq A_2 : B_2 : C_2$，即 L 是 π_1 与 π_2 的交线。

那么方程组
$$\begin{cases} A_1x + B_1y + C_1z + D_1 = 0 \\ A_2x + B_2y + C_2z + D_2 = 0 \end{cases}$$

空间直线的方程

就称为空间直线 L 的一般方程。

【例 3-19】 求过点 $A(-3,2,2)$ 和 $B(3,1,3)$ 的直线。

解：显然直线的方向向量 $\vec{v}$ 可取为 $\overrightarrow{AB}$，于是
$$\vec{v} = \overrightarrow{AB} = \{6,-1,1\}$$
取定点为 $A(-3,2,2)$，所以直线的点向式方程为
$$\frac{x+3}{6} = \frac{y-2}{-1} = \frac{z-2}{1}$$

【例 3-20】 已知直线通过点 $A(1,1,0)$，且垂直于平面 $x-2y+3z+2=0$，求该直线方程。

解：由于直线垂直于平面，所以直线的方向向量 $\vec{v}$ 可取为平面的法向量 $\vec{n}$，
$$\vec{v} = \vec{n} = \{1,-2,3\}$$
又直线通过点 $A(1,1,0)$，所以直线的点向式方程为
$$\frac{x-1}{1} = \frac{y-1}{-2} = \frac{z}{3}$$

【例 3-21】 求直线 $L\left(\frac{x}{1} = \frac{y-1}{-2} = \frac{z-2}{3}\right)$ 与平面 $\pi (x-y+z-7=0)$ 的交点。

解： 令 $\dfrac{x}{1} = \dfrac{y-1}{-2} = \dfrac{z-2}{3} = t$，将直线方程化为参数式方程

$$\begin{cases} x = t \\ y = 1 - 2t \\ z = 2 + 3t \end{cases}$$

代入平面方程 $x - y + z - 7 = 0$ 得

$$t - (1 - 2t) + (2 + 3t) - 7 = 0$$

解得 $t = 1$，所以直线与平面的交点为 $(1, -1, 5)$。

【例 3-22】 化直线的一般方程 $\begin{cases} 2x - 3y + z - 5 = 0 \\ 3x + y - 2z - 2 = 0 \end{cases}$ 为标准式方程。

解： 因为直线在两个平面上，所以直线的方向向量 $\vec{v}$ 同时垂直于两个平面的法向量 $\vec{n}_1$ 和 $\vec{n}_2$，所以可取

$$\vec{v} = \vec{n}_1 \times \vec{n}_2 = \{2, -3, 1\} \times \{3, 1, -2\} = \{5, 7, 11\}$$

再在方程中令 $z = 0$，得

$$\begin{cases} 2x - 3y - 5 = 0 \\ 3x + y - 2 = 0 \end{cases}$$

解得 $x = 1$，$y = -1$。

即 $M_0\{1, -1, 0\}$ 是直线上的一点，由直线的标准式方程得

$$\dfrac{x-1}{5} = \dfrac{y+1}{7} = \dfrac{z}{11}$$

2. 两直线的夹角

设两直线的方程为

$$L_1: \dfrac{x - x_1}{l_1} = \dfrac{y - y_1}{m_1} = \dfrac{z - z_1}{n_1}$$

$$L_2: \dfrac{x - x_2}{l_2} = \dfrac{y - y_2}{m_2} = \dfrac{z - z_2}{n_2}$$

它们的方向向量分别为 $\vec{v}_1 = \{l_1, m_1, n_1\}$，$\vec{v}_2 = \{l_2, m_2, n_2\}$，且分别通过点 $M_1 = \{x_1, y_1, z_1\}$ 与 $M_2 = \{x_2, y_2, z_2\}$。

直线 L_1 与 L_2 的夹角 θ 就是其方向向量 $\vec{v}_1$ 与 $\vec{v}_2$ 的夹角或其补角（一般规定 $0 \leqslant \theta \leqslant \dfrac{\pi}{2}$），所以两直线的夹角的余弦为

$$\cos\theta = \dfrac{|\vec{v}_1 \cdot \vec{v}_2|}{|\vec{v}_1| \cdot |\vec{v}_2|} = \dfrac{|l_1 l_2 + m_1 m_2 + n_1 n_2|}{\sqrt{l_1^2 + m_1^2 + n_1^2} \cdot \sqrt{l_2^2 + m_2^2 + n_2^2}} \tag{3-7}$$

式（3-7）称为两直线夹角的余弦公式。

【例 3-23】 求两条直线 L_1 与 L_2 的夹角，其中

$$L_1: \frac{x-2}{2} = \frac{y+1}{-1} = \frac{z-3}{1}$$

$$L_2: \frac{x+3}{1} = \frac{y-1}{1} = \frac{z-6}{2}$$

解：因为

$$\vec{v}_1 = \{2, -1, 1\}$$

$$\vec{v}_2 = \{1, 1, 2\}$$

$$\cos\theta = \frac{|\vec{v}_1 \cdot \vec{v}_2|}{|\vec{v}_1| \cdot |\vec{v}_2|} = \frac{|2 \times 1 - 1 \times 1 + 1 \times 2|}{\sqrt{2^2 + (-1)^2 + 1^2} \cdot \sqrt{1^2 + 1^2 + 2^2}} = \frac{3}{\sqrt{6} \cdot \sqrt{6}} = \frac{1}{2}$$

所以

$$\theta = \frac{\pi}{3}$$

3. 直线与平面的夹角

若直线 L 与平面 π 相交，L' 是 L 在平面 π 上的投影直线，那么 L' 与 L 之间的夹角 θ 称为直线 L 与平面 π 的夹角，且规定 $0 \leqslant \theta \leqslant \frac{\pi}{2}$，如图 3-26 所示。

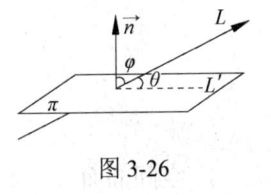

图 3-26

设直线 L 的方程为

$$L: \frac{x - x_0}{l} = \frac{y - y_0}{m} = \frac{z - z_0}{n}$$

平面 π 的方程为

$$Ax + By + Cz + D = 0$$

直线 L 的方向向量 $\vec{v} = \{l, m, n\}$，平面的法向量 $\vec{n} = \{A, B, C\}$，显然有 $\theta = \left|\frac{\pi}{2} - \angle(\vec{n}, \vec{v})\right|$，所以有

$$\sin\theta = |\cos\angle(\vec{n}, \vec{v})| = \frac{|\vec{n} \cdot \vec{v}|}{|\vec{n}| \cdot |\vec{v}|} = \frac{|Al + Bm + Cn|}{\sqrt{A^2 + B^2 + C^2} \cdot \sqrt{l^2 + m^2 + n^2}} \quad (3\text{-}8)$$

式（3-8）称为直线与平面夹角的正弦公式。

【例 3-24】 求直线 $L\left(\frac{x-1}{1} = \frac{y+2}{1} = \frac{z-3}{0}\right)$ 与平面 π（$x + y + z - 2 = 0$）的夹角的正弦值。

解：直线 L 的方向向量为 $\vec{v} = \{1, 1, 0\}$，平面 π 的法向量 $\vec{n} = \{1, 1, 1\}$，

$$\sin\theta = \frac{|1 \times 1 + 1 \times 1 + 0 \times 1|}{\sqrt{1^2 + 1^2 + 1^2} \times \sqrt{1^2 + 1^2 + 0^2}} = \frac{2}{\sqrt{3} \times \sqrt{2}} = \frac{\sqrt{6}}{3}$$

练习 3.5

1. 求满足以下条件的直线方程。
（1）过点 $(3,2,-1)$ 和 $(-2,3,5)$。
（2）过点 $(0,-3,2)$ 且平行于平面 $x+2z=1$ 和 $y-3z=2$。
（3）过点 $(2,-3,1)$ 且垂直于平面 $2x+3y-z-1=0$。

2. 求直线 $\dfrac{x}{2}=\dfrac{y-1}{3}=\dfrac{z}{-6}$ 与直线 $\begin{cases} x=2t \\ y=3+3t \\ z=-6+t \end{cases}$ 夹角的余弦。

3. 求直线 $\begin{cases} x=3+2t \\ y=1+t \\ z=5-t \end{cases}$ 与平面 $3x+6y+3z-1=0$ 的夹角。

4. 求点 $A(2,3,-1)$ 到直线 $\dfrac{x-1}{2}=\dfrac{y+5}{1}=\dfrac{z+15}{-2}$ 的距离。

3.6 空间曲面与空间曲线

1. 空间曲面

由前文的介绍可知，在空间直角坐标系下，三元一次方程是表示空间中的平面。二次或二次以上的三元方程所表示的图形一般来说就不再是平面，而是空间曲面。特别地，三元二次方程所代表的曲面称为二次曲面。

下面主要介绍一些常用的二次曲面。

（1）球面方程

求以点 $P_0(x_0,y_0,z_0)$ 为球心、半径为 r 的球面方程。

设 $P(x,y,z)$ 为球面上任一点，由球面上任一点到球心的距离为 r 及两点距离公式，得方程

$$\sqrt{(x-x_0)^2+(y-y_0)^2+(z-z_0)^2}=r$$

即

$$(x-x_0)^2+(y-y_0)^2+(z-z_0)^2=r^2 \tag{3-9}$$

反之，满足方程（3-9）的点 (x,y,z) 必在球面上。所以，方程（3-9）即为所求的球面方程，方程（3-9）称为<u>球面的标准方程</u>。特别地，球心在原点 $O(0,0,0)$，半径为 r 的球面方程为

$$x^2+y^2+z^2=r^2$$

【**例 3-25**】 方程 $x^2+y^2+z^2-2x+4y-6z-22=0$ 是否表示为实球面？若是，请求出球心及半径。

解：将方程配方得

$$(x-1)^2+(y+2)^2+(z-3)^2-36=0$$

即

$$(x-1)^2+(y+2)^2+(z-3)^2=6^2$$

所以，原方程代表一个球心在 $(1,-2,3)$、半径为 6 的实球面。

（2）柱面方程

如图 3-27 所示，设 Γ 是一条空间曲线，动直线 L 沿定曲线 Γ 平行移动所形成的曲面称为柱面。定曲线 Γ 称为准线，动直线 L 称为柱面的母线。

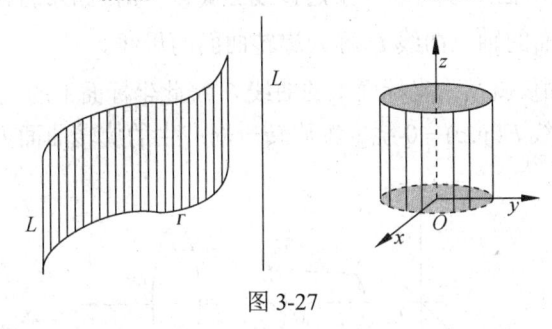

图 3-27

在此，仅对准线在坐标面上，母线垂直于该坐标面的柱面进行讨论，下面以例子说明。

【例 3-26】 方程 $x^2+y^2=r^2$ 表示什么曲面？

解：在平面直角坐标系 $O-xy$ 中，方程 $x^2+y^2=r^2$ 表示圆心在原点、半径为 r 的圆。在空间直角坐标系 $O-xyz$ 中，此方程不含 z，即不论空间点的 z 坐标怎样，只要其 x 坐标与 y 坐标能满足此方程，那么这些点就在此方程所表示的曲面 S 上。反之，凡是点的 x 坐标与 y 坐标不满足此方程，不论其 z 坐标怎样，这些点都不在曲面 S 上。换句话说，凡是通过 xOy 面上的圆 $x^2+y^2=r^2$ 上的点 $M(x,y,0)$，且平行 z 轴的直线 L 都在曲面 S 上，所以曲面 S 可看作是平行 z 轴的直线 L 沿 xOy 面上的圆 $x^2+y^2=r^2$ 平行移动所形成。它是一个柱面，称之为圆柱面。

由此可见，在空间直角坐标系中，不含 z 的方程 $x^2+y^2=r^2$ 是表示一个母线平行于 z 轴，准线是 xOy 面上的圆 $x^2+y^2=r^2$ 的圆柱面。

一般地，不含变量 z 的方程表示准线在 xOy 面上，母线平行于 z 轴的柱面；类似，不含 x 的方程表示准线在 yOz 平面上，母线平行于 x 轴的柱面；不含 y 的方程表示准线在 zOx 平面上，母线平行于 y 轴的柱面。

例如，方程

$$\frac{x^2}{a^2}+\frac{y^2}{b^2}=1,\quad \frac{x^2}{a^2}-\frac{y^2}{b^2}=1,\quad y^2=2px$$

在空间直角坐标中分别表示母线平行于 z 轴的椭圆柱面、双曲柱面、抛物柱面，如图 3-28 所示。

图 3-28

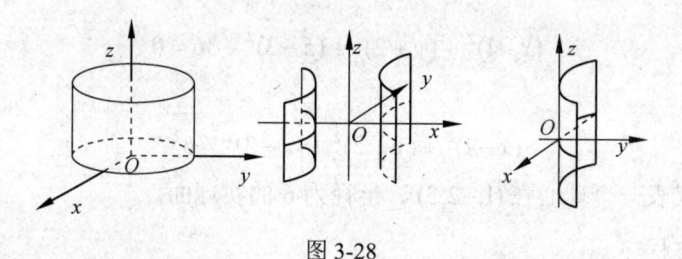

(3) 旋转曲面

平面曲线 Γ 绕其所在平面内的一条定直线 L 旋转一周所形成的曲面称为旋转曲面，定直线 L 称为旋转曲面的轴，曲线 Γ 称为旋转曲面的母线。

为简单起见，下面仅就某一坐标面上的曲线 Γ 绕此坐标面上的某一坐标轴进行讨论。

求 yOz 面上的曲线 $F(y,z)=0$ 绕 y 轴旋转一周产生的旋转曲面方程。

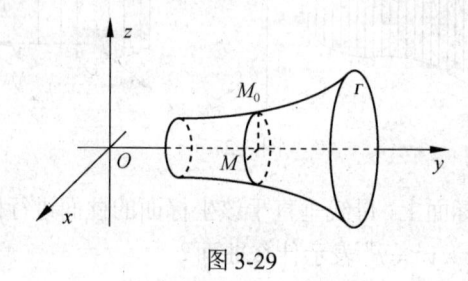

图 3-29

如图 3-29 所示，旋转曲面上任一点 $M(x,y,z)$ 是由曲线 Γ 上的点 $M_0(0,y_0,z_0)$ 绕 y 轴旋转而得，所以 $y_0=y$，又因为点 M 和点 M_0 到 y 轴的距离相等，所以

$$|z_0|=\sqrt{z^2+x^2}$$

或

$$z_0=\pm\sqrt{z^2+x^2}$$

由点 $M_0(0,y_0,z_0)$ 在曲线 Γ 上，所以有

$$F(y_0,z_0)=0$$

将 $y_0=y$，$z_0=\pm\sqrt{z^2+x^2}$ 代入 $F(y_0,z_0)=0$ 得

$$F\left(y,\pm\sqrt{z^2+x^2}\right)=0$$

这就是所求的旋转曲面方程。

同理，yOz 面上的曲线 $F(y,z)=0$ 绕 z 轴旋转所形成的旋转曲面方程为 $F\left(\pm\sqrt{x^2+y^2},z\right)=0$；$xOy$ 面上的曲线 $F(x,y)=0$ 绕 x 轴旋转所形成的旋转曲面方程为 $F\left(x,\pm\sqrt{y^2+z^2}\right)=0$，绕 y 轴旋转形成的旋转曲面方程为 $F\left(\pm\sqrt{z^2+x^2},y\right)=0$。

例，yOz 面上的曲线 $\dfrac{y^2}{b^2}-\dfrac{z^2}{c^2}=1$ 绕 y 轴旋转一周形成的旋转曲面方程为

$$\frac{y^2}{b^2} - \frac{z^2+x^2}{c^2} = 1$$

绕 z 轴旋转一周形成的旋转曲面方程为

$$\frac{x^2+y^2}{b^2} - \frac{z^2}{c^2} = 1$$

（4）常见二次曲面

① 椭球面。

由方程

$$\frac{x^2}{a^2} + \frac{y^2}{b^2} + \frac{z^2}{c^2} = 1 \quad (a>0, b>0, c>0) \tag{3-10}$$

确定的曲面称为椭球面。

在方程（3-10）中，以 $-x$ 代替 x 后方程不变，也即是说如果点 (x,y,z) 在曲面上，那么它关于 yOz 面的对称点 $(-x,y,z)$ 也在曲面上，因而椭球面关于 yOz 面对称；同理，它也关于 zOx 面及 xOy 面对称。以 $-x$，$-y$ 代替 x，y 后方程不变，因而椭球面关于 z 轴对称；同理，它关于 x 轴及 y 轴也对称。以 $-x$，$-y$，$-z$ 代替 x，y，z 后方程不变，因而椭球面关于原点对称。即椭球面关于三个坐标面、三条坐标轴、原点都对称，且

$$\frac{x^2}{a^2} \leq 1, \quad \frac{y^2}{b^2} \leq 1, \quad \frac{z^2}{c^2} \leq 1$$

得

$$|x| \leq a, \quad |y| \leq b, \quad |z| \leq c$$

由此可见，椭球面位于以平面 $x = \pm a, y = \pm b, z = \pm c$ 所围成的长方体内。

用平行于 xOy 平面的平面 $z = h (|h| \leq c)$ 去截椭球面，截得曲线为

$$\begin{cases} \dfrac{x^2}{a^2} + \dfrac{y^2}{b^2} = 1 - \dfrac{h^2}{c^2} \\ z = h \end{cases}$$

当 $|h| < c$ 时，$1 - \dfrac{h^2}{c^2} > 0$，截痕为 $z = h$ 平面上的一个椭圆，当 $|h|$ 从 0 变到 c 时，椭圆从大到小，最后缩成一点 $(0,0,c)$ 或 $(0,0,-c)$。

同理，分别用平行于另外两个坐标面的平面去截椭球面所得的截痕也有相类似的结果。

根据以上的讨论，可作出椭球面的大致图形，如图 3-30 所示。

特别地，当 a、b、c 中有两个相等时，它是一个旋转椭球面。

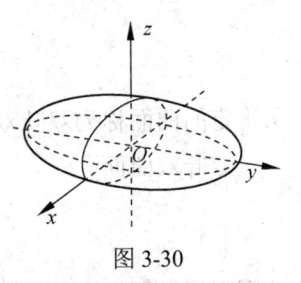

图 3-30

如当 $a = b \neq c$ 时，方程 $\dfrac{x^2}{a^2} + \dfrac{y^2}{a^2} + \dfrac{z^2}{c^2} = 1$ 是一个旋转椭球面；当 $a = b = c$ 时，方程

$\dfrac{x^2}{a^2}+\dfrac{y^2}{a^2}+\dfrac{z^2}{a^2}=1$ 就是一个球面。

② 单叶双曲面。

由方程

$$\dfrac{x^2}{a^2}+\dfrac{y^2}{b^2}-\dfrac{z^2}{c^2}=1 \quad (a>0,b>0,c>0)$$

所确定的曲面称为单叶双曲面。

单叶双曲面与椭球面一样，也关于三个坐标面、三条坐标轴、原点都对称。

用平面 $z=h$ 截得的曲线为

$$\begin{cases}\dfrac{x^2}{a^2}+\dfrac{y^2}{b^2}=1+\dfrac{z^2}{c^2}\\ z=h\end{cases}$$

它是 $z=h$ 平面上的一个椭圆。

用 $x=h$ 平面去截单叶双曲面截得的曲线为

$$\begin{cases}\dfrac{y^2}{b^2}-\dfrac{z^2}{c^2}=1-\dfrac{h^2}{a^2}\\ x=h\end{cases}$$

当 $|h|\ne a$ 时，它是 $x=h$ 平面上的双曲线；当 $|h|=a$ 时，它是两条相交的直线。

用 $y=h$ 平面去截曲面的情形与此类似。

根据以上讨论，可作出单叶双曲面的图形，如图 3-31 所示。

③ 双叶双曲面。

由方程

$$\dfrac{x^2}{a^2}+\dfrac{y^2}{b^2}-\dfrac{z^2}{c^2}=-1 \quad (a>0,b>0,c>0)$$

或

$$\dfrac{x^2}{a^2}-\dfrac{y^2}{b^2}+\dfrac{z^2}{c^2}=-1 \quad (a>0,b>0,c>0)$$

或

$$-\dfrac{x^2}{a^2}+\dfrac{y^2}{b^2}+\dfrac{z^2}{c^2}=-1 \quad (a>0,b>0,c>0)$$

图 3-31

所确定的曲面称为双叶双曲面。

双叶双曲面

$$\dfrac{x^2}{a^2}+\dfrac{y^2}{b^2}-\dfrac{z^2}{c^2}=-1$$

的图形（见图 3-32）讨论过程与前面类似，这里略。

④ 椭圆抛物面。

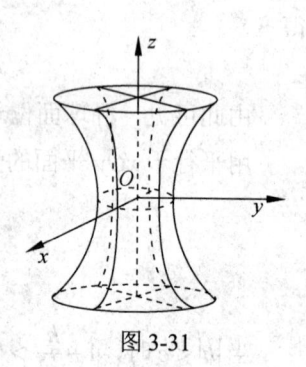

由方程

$$\frac{x^2}{a^2}+\frac{y^2}{b^2}=z \quad (a>0, b>0)$$

$$\frac{x^2}{a^2}+\frac{z^2}{c^2}=y \quad (a>0, c>0)$$

$$\frac{y^2}{b^2}+\frac{z^2}{c^2}=x \quad (b>0, c>0)$$

所确定的曲面称为<u>椭圆抛物面</u>。

椭圆抛物面

$$\frac{x^2}{a^2}+\frac{y^2}{b^2}=z$$

的图形如图 3-33 所示。

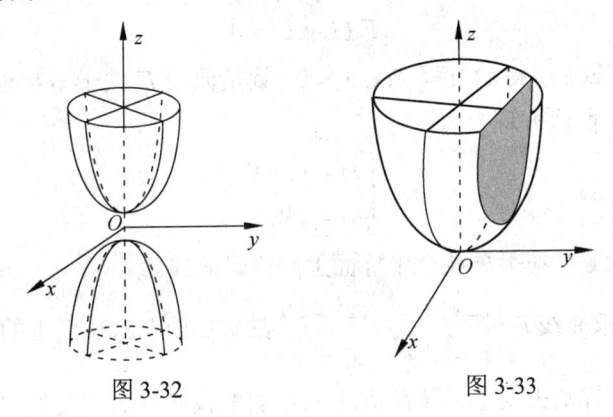

图 3-32

图 3-33

2. 空间曲线

（1）空间曲线的一般方程

直线可看作是两个平面的交线，直线的方程可由两个平面方程组成的方程组来表示。类似地，空间曲线可以看成是两个曲面的交线。设两个空间曲面 S_1, S_2 的方程分别为

$$F_1(x,y,z)=0$$
$$F_2(x,y,z)=0$$

它们都通过曲线 Γ，则空间曲线 Γ 的方程为

$$\begin{cases} F_1(x,y,z)=0 \\ F_2(x,y,z)=0 \end{cases}$$

此式称为空间曲线的一般方程。

例如，方程组 $\begin{cases} x^2+y^2+z^2=9 \\ x=2 \end{cases}$ 表示球面 $x^2+y^2+z^2=9$ 与平面 $x=2$ 的交线，是一个圆。

又如，方程组 $\begin{cases} x^2+y^2+z^2=4 \\ x^2+y^2=1 \end{cases}$ 表示圆柱面 $x^2+y^2=1$ 与球面 $x^2+y^2+z^2=4$ 的交线。

将它化为同解方程组 $\begin{cases} x^2 + y^2 = 1 \\ z = \pm\sqrt{3} \end{cases}$，此方程组表示圆柱面 $x^2 + y^2 = 1$ 与两个平面 $z = \sqrt{3}$ 和 $z = -\sqrt{3}$ 的交线，是两个圆。

由此可见，空间曲线的方程可以有不同形式的表示方法。

（2）空间曲线在坐标面上的投影

已知空间曲线 Γ，以 Γ 为准线，平行于 z 轴的直线为母线的柱面称为曲线 Γ 关于 xOy 面的投影柱面。投影柱面与 xOy 面的交线称为 Γ 在 xOy 面的投影曲线，简称投影。

类似地，可以定义空间曲线 Γ 关于 yOz 面以及 zOx 面的投影柱面和投影曲线。

如果空间曲线 Γ 的方程为

$$\begin{cases} F_1(x, y, z) = 0 \\ F_2(x, y, z) = 0 \end{cases}$$

由此方程组消去变量 z 所得的方程 $f(x, y) = 0$ 就是曲线 Γ 关于 xOy 面的投影柱面，而 Γ 在 xOy 面的投影曲线方程为

$$\begin{cases} f(x, y) = 0 \\ z = 0 \end{cases}$$

同理，可以得到曲线 Γ 在另外两个坐标面上的投影曲线。

【例 3-27】 求曲线 $\Gamma : \begin{cases} 2x^2 + y^2 + z^2 = 16 \\ x^2 + z^2 - y^2 = 0 \end{cases}$ 在 yOz 面及 zOx 面上的投影曲线方程。

解：由 Γ 的方程消去变量 x 得 Γ 关于 yOz 面的投影柱面方程为

$$3y^2 - z^2 = 16$$

消去变量 y 得 Γ 关于 zOx 面的投影柱面方程为

$$3x^2 + 2z^2 = 16$$

所以，Γ 在 yOz 面及 zOx 面上的投影曲线方程分别为

$$\begin{cases} 3y^2 - z^2 = 16 \\ x = 0 \end{cases} \quad \text{和} \quad \begin{cases} 3x^2 + 2z^2 = 16 \\ y = 0 \end{cases}$$

练习 3.6

1. 求下列球面方程所表示球的球心与半径。

   （1） $x^2 + y^2 + z^2 - 6x + 8y + 2z + 10 = 0$

   （2） $x^2 + y^2 + z^2 + 2x - 4y - 4 = 0$

2. 指出下列方程所表示的曲面的名称，并作出曲面图形。

   （1） $4y^2 + 9z^2 = 36$ （2） $x^2 - z^2 = 9$

   （3） $y^2 = 4z$ （4） $x^2 - 2x + y^2 = 0$

3. 求下列旋转曲面方程。

（1）xOy 面上的曲线 $\dfrac{x^2}{4}+\dfrac{y^2}{9}=1$ 绕 x 轴旋转。

（2）yOz 面上的曲线 $-\dfrac{y^2}{4}+z^2=1$ 绕 y 轴旋转。

4. 求空间曲线 $\Gamma:\begin{cases}2x^2+z^2+4y=4z\\ x^2+3z^2-8y=12z\end{cases}$ 对三个坐标平面上的投影柱面方程。

5. 求 $\begin{cases}x^2+y^2-z=0\\ z=x+1\end{cases}$ 在三个坐标面的投影曲线方程。

本章小结

1. 本章主要知识点

本章主要知识点及内容归纳如下：

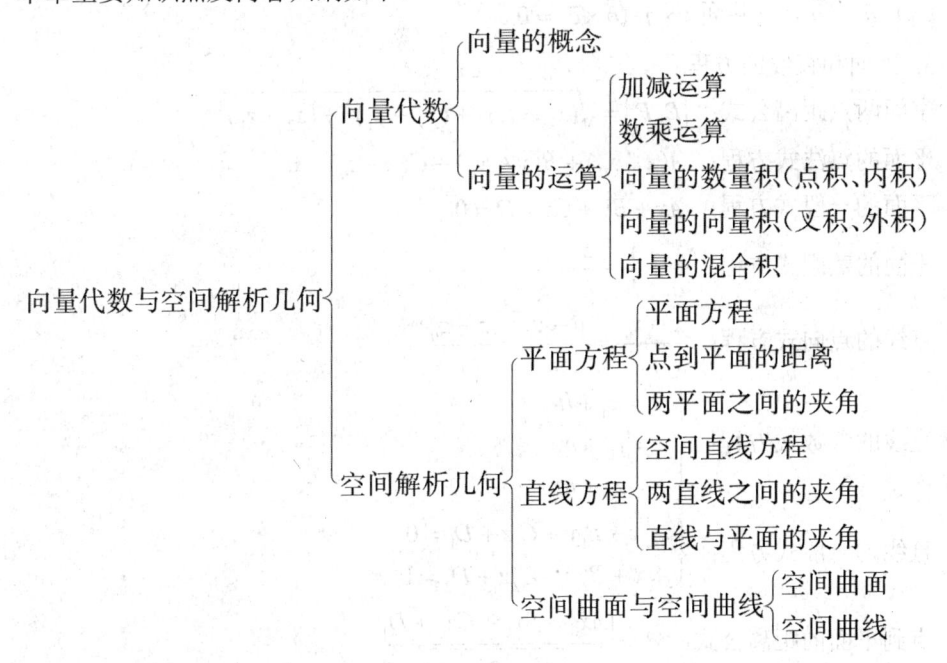

向量代数与空间解析几何
- 向量代数
  - 向量的概念
  - 向量的运算
    - 加减运算
    - 数乘运算
    - 向量的数量积（点积、内积）
    - 向量的向量积（叉积、外积）
    - 向量的混合积
- 空间解析几何
  - 平面方程
    - 平面方程
    - 点到平面的距离
    - 两平面之间的夹角
  - 直线方程
    - 空间直线方程
    - 两直线之间的夹角
    - 直线与平面的夹角
  - 空间曲面与空间曲线
    - 空间曲面
    - 空间曲线

2. 向量代数

向量运算的几何形式与代数形式见表 3-1。

表 3-1

向量表示	几何形式	代数形式
$\vec{a}$	有向线段	$\{a_1,a_2,a_3\}$
$\vec{a}\pm\vec{b}$	平行四边形（或三角形）法则	$\{a_1\pm b_1,a_2\pm b_2,a_3\pm b_3\}$
$\lambda\vec{a}$	有向线段的伸缩或改向	$\{\lambda a_1,\lambda a_2,\lambda a_3\}$

续表

向量表示	几何形式	代数形式
$\vec{a}\cdot\vec{b}$	$\|\vec{a}\|\cdot\|\vec{b}\|\cos\theta$	$a_1b_1+a_2b_2+a_3b_3$
$\vec{a}\times\vec{b}$	一个垂直于 $\vec{a}$，$\vec{b}$ 的向量，且按 $\vec{a}$，$\vec{b}$，$\vec{a}\times\vec{b}$ 构成右手系，其模为 $\|\vec{a}\|\|\vec{b}\|\sin\theta$	$\begin{vmatrix} \vec{i} & \vec{j} & \vec{k} \\ a_1 & a_2 & a_3 \\ b_1 & b_2 & b_3 \end{vmatrix}$

交换律、结合律与分配律在向量的乘法运算中有时不一定成立，因此在使用运算法则时需特别注意。

向量之间垂直、平行与共面的充要条件：

(1) $\vec{a}\perp\vec{b}\Leftrightarrow\vec{a}\cdot\vec{b}=0$；

(2) $\vec{a}//\vec{b}\Leftrightarrow\vec{a}=\lambda\vec{b}\Leftrightarrow\vec{a}\times\vec{b}=\vec{0}$；

(3) $\vec{a}$，$\vec{b}$，$\vec{c}$ 共面 $\Leftrightarrow\vec{a}\cdot(\vec{b}\times\vec{c})=0$。

3．平面和直线的方程

空间两点距离公式：$|P_1P_2|=\sqrt{(x_2-x_1)^2+(y_2-y_1)^2+(z_2-z_1)^2}$

平面的点法式方程：$A(x-x_0)+B(y-y_0)+C(z-z_0)=0$

平面的一般式方程：$Ax+By+Cz+D=0$

平面的截距式方程：$\dfrac{x}{a}+\dfrac{y}{b}+\dfrac{z}{c}=1$

直线的点向式方程：$\dfrac{x-x_0}{l}=\dfrac{y-y_0}{m}=\dfrac{z-z_0}{n}$

直线的参数式方程：$\begin{cases} x=x_0+lt \\ y=y_0+mt \\ z=z_0+nt \end{cases}$

直线的一般式方程：$\begin{cases} A_1x+B_1y+C_1z+D_1=0 \\ A_2x+B_2y+C_2z+D_2=0 \end{cases}$

点到平面的距离公式：$d=\dfrac{|Ax_0+By_0+Cz_0+D|}{\sqrt{A^2+B^2+C^2}}$

平面与平面的位置关系有以下几种。

平行：$\dfrac{A_1}{A_2}=\dfrac{B_1}{B_2}=\dfrac{C_1}{C_2}$

垂直：$A_1A_2+B_1B_2+C_1C_2=0$

夹角 θ：$\cos\theta=\dfrac{|A_1A_2+B_1B_2+C_1C_2|}{\sqrt{A_1^2+B_1^2+C_1^2}\sqrt{A_2^2+B_2^2+C_2^2}}$

直线与直线的位置关系有以下几种。

平行：$\dfrac{l_1}{l_2} = \dfrac{m_1}{m_2} = \dfrac{n_1}{n_2}$

垂直：$l_1 l_2 + m_1 m_2 + n_1 n_2 = 0$

夹角 θ：$\cos\theta = \dfrac{|l_1 l_2 + m_1 m_2 + n_1 n_2|}{\sqrt{l_1^2 + m_1^2 + n_1^2}\sqrt{l_2^2 + m_2^2 + n_2^2}}$

平面与直线的位置关系有以下几种。

平行：$Al + Bm + Cn = 0$

垂直：$\dfrac{A}{l} = \dfrac{B}{m} = \dfrac{C}{n}$

夹角 φ：$\sin\varphi = \dfrac{|Al + Bm + Cn|}{\sqrt{A^2 + B^2 + C^2}\sqrt{l^2 + m^2 + n^2}}$

其中，$\{A_i, B_i, C_i\}(i=1,2)$ 或 $\{A, B, C\}$ 为平面的法向量，$\{l_i, m_i, n_i\}(i=1,2)$ 或 $\{l, m, n\}$ 为直线的方向向量。

4. 特殊的二次曲面与空间曲线

缺少一个变量的曲面方程表示母线平行于某坐标轴的柱面；以坐标轴为旋转轴的旋转曲面方程中必含有与 $\sqrt{x^2 + y^2}$、$\sqrt{y^2 + z^2}$ 或 $\sqrt{z^2 + x^2}$ 有关的项；对二次方程 $Ax^2 + By^2 + Cz^2 = 1$ 所表示的曲面，可利用 A，B，C 的正负个数来断定它是椭球面、单叶双曲面还是双叶双曲面等。

综合习题 3

A 组

一、选择题

1. 若两个向量 $\overrightarrow{OA} = \vec{a}$，$\overrightarrow{OB} = \vec{b}$，则 $\angle AOB$ 平分线上的向量 $\overrightarrow{OM}$ 为（　　）。

A. $\dfrac{\vec{a}}{|\vec{a}|} + \dfrac{\vec{b}}{|\vec{b}|}$

B. $\lambda\left(\dfrac{\vec{a}}{|\vec{a}|} + \dfrac{\vec{b}}{|\vec{b}|}\right)$，$\lambda$ 由 $\overrightarrow{OM}$ 确定

C. $\dfrac{\vec{a} + \vec{b}}{|\vec{a} + \vec{b}|}$

D. $\dfrac{|\vec{b}|\vec{a} + |\vec{a}|\vec{b}}{|\vec{a}| + |\vec{b}|}$

2. 设 $\vec{a} = \vec{i} + \vec{j} + \vec{k}$ 及 $\vec{b} = 2\vec{i} + \vec{j} + \vec{k}$ 垂直，则 $\vec{a} \times \vec{b} = $（　　）。

A. $\vec{j} + \vec{k}$　　　　B. $\vec{j} - \vec{k}$　　　　C. $-\vec{j} - \vec{k}$　　　　D. $-\vec{j} + \vec{k}$

3. 设 $\vec{a} = \{-1, 1, 0\}$，$\vec{b} = \{1, 0, -1\}$，则 $\vec{a}$ 与 $\vec{b}$ 的夹角为（　　）。

A. $\dfrac{\pi}{2}$　　　　B. $\dfrac{\pi}{4}$　　　　C. $\dfrac{2\pi}{3}$　　　　D. $\dfrac{\pi}{6}$

4. 若向量 $\vec{p} = \vec{b} - \dfrac{\vec{a} \cdot \vec{b}}{\vec{a}^2}\vec{a}$，则向量 $\vec{p}$ 与 $\vec{a}$（　　）。

A. 夹角为零　　　　　　　　　　　　B. 夹角为 π

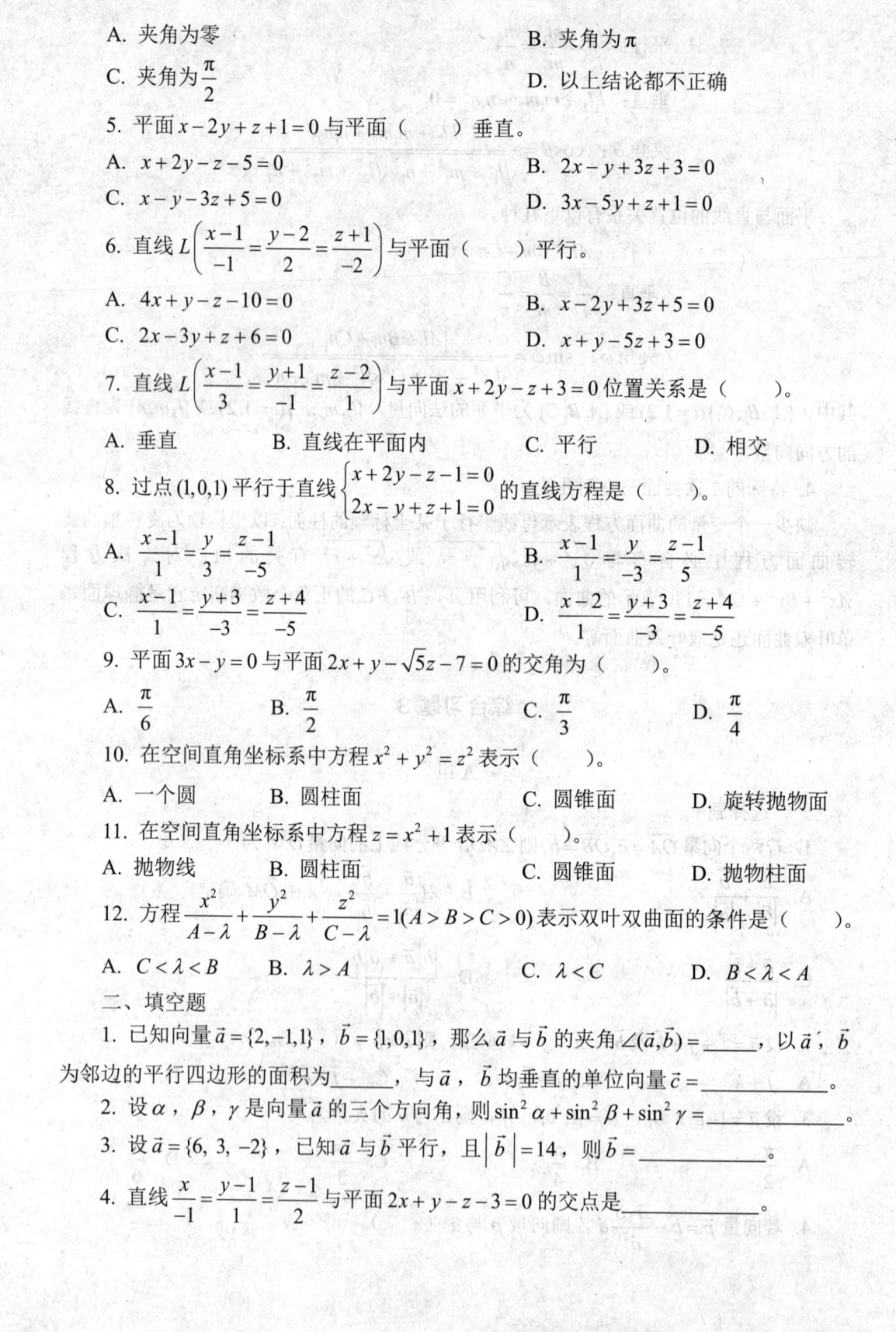

C. 夹角为 $\dfrac{\pi}{2}$　　　　　　　　　　D. 以上结论都不正确

5. 平面 $x-2y+z+1=0$ 与平面（　　）垂直。

A. $x+2y-z-5=0$　　　　　　　B. $2x-y+3z+3=0$

C. $x-y-3z+5=0$　　　　　　　D. $3x-5y+z+1=0$

6. 直线 $L\left(\dfrac{x-1}{-1}=\dfrac{y-2}{2}=\dfrac{z+1}{-2}\right)$ 与平面（　　）平行。

A. $4x+y-z-10=0$　　　　　　B. $x-2y+3z+5=0$

C. $2x-3y+z+6=0$　　　　　　D. $x+y-5z+3=0$

7. 直线 $L\left(\dfrac{x-1}{3}=\dfrac{y+1}{-1}=\dfrac{z-2}{1}\right)$ 与平面 $x+2y-z+3=0$ 位置关系是（　　）。

A. 垂直　　　B. 直线在平面内　　　C. 平行　　　D. 相交

8. 过点 $(1,0,1)$ 平行于直线 $\begin{cases} x+2y-z-1=0 \\ 2x-y+z+1=0 \end{cases}$ 的直线方程是（　　）。

A. $\dfrac{x-1}{1}=\dfrac{y}{3}=\dfrac{z-1}{-5}$　　　　　B. $\dfrac{x-1}{1}=\dfrac{y}{-3}=\dfrac{z-1}{5}$

C. $\dfrac{x-1}{1}=\dfrac{y+3}{-3}=\dfrac{z+4}{-5}$　　　D. $\dfrac{x-2}{1}=\dfrac{y+3}{-3}=\dfrac{z+4}{-5}$

9. 平面 $3x-y=0$ 与平面 $2x+y-\sqrt{5}z-7=0$ 的交角为（　　）。

A. $\dfrac{\pi}{6}$　　　B. $\dfrac{\pi}{2}$　　　C. $\dfrac{\pi}{3}$　　　D. $\dfrac{\pi}{4}$

10. 在空间直角坐标系中方程 $x^2+y^2=z^2$ 表示（　　）。

A. 一个圆　　　B. 圆柱面　　　C. 圆锥面　　　D. 旋转抛物面

11. 在空间直角坐标系中方程 $z=x^2+1$ 表示（　　）。

A. 抛物线　　　B. 圆柱面　　　C. 圆锥面　　　D. 抛物柱面

12. 方程 $\dfrac{x^2}{A-\lambda}+\dfrac{y^2}{B-\lambda}+\dfrac{z^2}{C-\lambda}=1(A>B>C>0)$ 表示双叶双曲面的条件是（　　）。

A. $C<\lambda<B$　　B. $\lambda>A$　　C. $\lambda<C$　　D. $B<\lambda<A$

二、填空题

1. 已知向量 $\vec{a}=\{2,-1,1\}$，$\vec{b}=\{1,0,1\}$，那么 $\vec{a}$ 与 $\vec{b}$ 的夹角 $\angle(\vec{a},\vec{b})=$ _____，以 $\vec{a}$，$\vec{b}$ 为邻边的平行四边形的面积为 _____，与 $\vec{a}$，$\vec{b}$ 均垂直的单位向量 $\vec{c}=$ _____。

2. 设 α，β，γ 是向量 $\vec{a}$ 的三个方向角，则 $\sin^2\alpha+\sin^2\beta+\sin^2\gamma=$ _____。

3. 设 $\vec{a}=\{6,3,-2\}$，已知 $\vec{a}$ 与 $\vec{b}$ 平行，且 $|\vec{b}|=14$，则 $\vec{b}=$ _____。

4. 直线 $\dfrac{x}{-1}=\dfrac{y-1}{1}=\dfrac{z-1}{2}$ 与平面 $2x+y-z-3=0$ 的交点是 _____。

5. 已知向量 $\vec{a}$ 与 $\vec{b}$ 的夹角为 $\dfrac{\pi}{3}$，且 $|\vec{a}|=2$，$|\vec{b}|=1$，则 $\vec{a}-\vec{b}$ 与 $\vec{a}+\vec{b}$ 的夹角的余弦为_____。

6. 设平面 π 过点 $(2,0,-1)$ 且与平面 $4x-5y+2z=0$ 平行，则平面 π 方程为_____。

7. 通过点 $(4,1,-2)$ 且与直线 $\dfrac{x-2}{-2}=\dfrac{y+4}{3}=\dfrac{z+1}{1}$ 垂直的平面方程是_____。

8. 已知直线 L 过点 $(2,-1,2)$ 且与平面 $3x+2y+2z-5=0$ 垂直，则直线 L 的方程为_____。

9. 点 $M(1,2,1)$ 到平面 π：$3x-4y+5z+4=0$ 的距离为_____。

10. 坐标面 xOz 上的曲线 $z=x^2$ 绕 z 轴旋转而得到的旋转曲面的方程为_____。

B组

一、解答题

1. 已知 $A(2,-1,2)$，$B(0,2,1)$，$C(2,3,0)$，求 $\triangle ABC$ 所在有平面方程。

2. 求直线 $\dfrac{x-1}{2}=\dfrac{y-2}{-3}=\dfrac{z+4}{-1}$ 与平面 $x-3y+2z-5=0$ 的交点和夹角。

3. 把直线 $\begin{cases} x+2y-z-7=0 \\ -2x+y+z-1=0 \end{cases}$ 的方程改写为点向式、参数式。

4. 已知平面 π 过点 $M(-1,-2,3)$ 且与直线 $L_1\left(\dfrac{x-2}{3}=\dfrac{y}{4}=\dfrac{z-5}{6}\right)$ 和直线 $L_2\left(\dfrac{x}{1}=\dfrac{y+2}{2}=\dfrac{z-3}{-8}\right)$ 都平行，求平面 π 方程。

5. 求在 y 轴上且到平面 $x+2y-2z-2=0$ 的距离等于 4 个单位的点。

6. 设动点与 $(4,0,0)$ 的距离等于这点到平面 $x=1$ 的距离的两倍，试求这动点的轨迹。

7. 已知直线 $\begin{cases} x+2y-z-7=0 \\ -2x+y+z-1=0 \end{cases}$ 与平面 $3x+ky+5z+4=0$ 垂直，求 k。

8. 指出下方程表示的图形。

① $x^2+y^2=4$　　② $x^2+y^2+z^2-2x+4y-4z=0$　　③ $x^2+\dfrac{y^2}{9}+\dfrac{z^2}{16}=1$

④ $x^2+y^2-4z^2=0$　　⑤ $x^2+z^2-y=0$　　⑥ $x^2+y^2-z^2=1$　　⑦ $x^2-y^2-z^2=1$

二、应用题

1. 设质量为 100kg 的物体从点 $M_1(3,1,8)$ 沿直线移动到点 $M_2(1,4,2)$，计算重力所做的功。（长度单位 m，重力的方向为 z 轴的反方向）

2. 如题 2 图所示，在杠杆上支点 O 的一侧与点 O 距离为 x_1 的点 P_1 处，有一与 $\overrightarrow{OP_1}$ 成

角 θ_1 的力 $\vec{F_1}$ 作用着；在 O 的另一侧与点 O 距离为 x_2 的点 P_2 处，有一与 $\overrightarrow{OP_2}$ 成角 θ_2 的力 $\vec{F_2}$ 作用着。问 θ_1，θ_2，x_1，x_2，$\vec{F_1}$，$\vec{F_2}$ 符合怎样的条件才能使杠杆保持平衡？

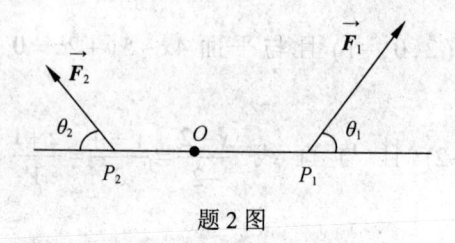

题2图

第4章 常微分方程与级数

本章提要：在许多实际问题中，往往不能直接找出所需要的函数关系，却比较容易列出含有待求函数及其导数的关系，这样的关系式就是所谓的微分方程。级数是表示函数、研究函数的性质以及进行数值计算的一种重要工具。常微分方程与级数涉及经济学、管理学、生物学、工程技术等很多学科。通过对本课程的学习，能够加强与其他专业课程的横向联系。本章主要内容包括：常微分方程及其基本概念、一阶常微分方程的解法、二阶常系数线性微分方程以及常数项级数的收敛法、幂级数和函数级数的展开等。

4.1 常微分方程的概念

我们知道，含有未知量的等式叫作方程。

例如：
$$x^3 + 2x + 1 = 0$$
$$\sqrt{x^2 + x + 1} - \sqrt{x^2 + x} = 1$$
$$\sin x + \cos x = 1$$

许多生产实践或科学技术问题中，还总结出了另一类方程——微分方程。

所谓微分方程是指这样的关系式，它联系着自变量、未知函数以及其导数或微分，或者说，含有未知函数的导数或微分，同时也可能包含有自变量与未知函数的已知关系式。

例如：
$$y' = xy \quad (x\text{为自变量}, \ y\text{为未知函数})$$
$$(t^2 + x)\mathrm{d}t + x\mathrm{d}x = 0 \quad (t, \ x\text{任意一个都可以作为自变量})$$
$$y'' + 2y' - 2y = \mathrm{e}^x \quad (x\text{为自变量}, \ y\text{为未知函数})$$

微分方程包括常微分方程和偏微分方程，本书只介绍常微分方程。以上所列的三个方程都是常微分方程。

常微分方程有着深刻而生动的实际背景，它从生产实践和科学技术中产生，而又成为科学技术分析问题和解决问题的一个有力的工具。例如，在求某些变量之间的函数关系时，往往不能直接找到这些变量间的函数关系，有时却易于建立这些变量所满足的微分方程，如果这些方程可求解，就可求得这些变量的函数关系了。

【例 4-1】 镭的裂变。

镭是一种放射性物质，它的原子时刻都向外放射出氢原子以及其他射线，从而原子量减少，变成其他物质（如铅）。这样，一定量的镭，随着时间的变化，它的质量就会减少。已发现其裂变速度（即单位时间裂变的质量）与它的存余量成正比。设已知某块镭的质量在时刻 $t_0 = 0$ 时为 M_0，试确定这块镭在时刻 t 时的质量 M。

解： t 时刻，镭的存余量 M 是 t 的函数。由于 M 将随着时间而减少，故镭的裂变速度 $\dfrac{\mathrm{d}M}{\mathrm{d}t}$ 应为负值。于是，按照裂变规律，可列出方程

$$\frac{\mathrm{d}M}{\mathrm{d}t} = -kM \tag{4-1}$$

其中，k 为一正的比例常数。

式（4-1）是一个关于未知函数 M 的常微分方程。上述问题就是要由式（4-1）求出未知函数 $M = M(t)$ 来。为此，式（4-1）变为

$$\frac{\mathrm{d}M}{M} = -k\mathrm{d}t$$

两边积分得

$$\ln M = -kt + C_0 \quad (C_0 \text{ 是一个积分常数})$$

$$M = \mathrm{e}^{-kt+C_0} = \mathrm{e}^{C_0}\mathrm{e}^{-kt} = C\mathrm{e}^{-kt} \quad (C = \mathrm{e}^{C_0}) \tag{4-2}$$

由于已知在时刻 $t = 0$ 时，$M = M_0$，代入上式有

$$M_0 = C$$

于是，在 t 时刻，镭的质量为

$$M = M_0\mathrm{e}^{-kt} \tag{4-3}$$

【例 4-2】 在直角坐标系下，已知某一机械零件形状是一条曲线，这条曲线上任意一点的切线斜率等于该点的横坐标加上 1，且该曲线过点 (0，1)，求该曲线方程。

解： 设所求曲线的方程为 $y = y(x)$，根据已知条件，有

$$y' = x + 1 \tag{4-4}$$

两边积分，得

$$y = \frac{1}{2}x^2 + x + C \quad (C \text{ 为积分常数}) \tag{4-5}$$

又已知曲线过点 (0，1)，即

$$C = 1$$

代入上式得

$$y = \frac{1}{2}x^2 + x + 1 \tag{4-6}$$

为所求之曲线。

例 4-1 或例 4-2 中的式（4-1）与式（4-4）都是常微分方程。本书未做特别说明，所出现的微分方程均为常微分方程。

下面介绍一组概念。

微分方程中出现的求未知函数导数的最高阶数叫作<u>微分方程的阶</u>。例如，式（4-1）和式（4-4）是一阶微分方程，方程 $y'' + 2y' + y + x + 1 = 0$ 则是二阶微分方程。

如果函数 $y = y(x)$ 代入微分方程使其等号左右两边恒等，则 $y = y(x)$ 叫作这个<u>微分方程的解</u>。

凡包含任意常数且其个数与方程的阶数相同的解叫作微分方程的<u>一般解</u>（或<u>通解</u>）。例如，例 4-1 和例 4-2 中的式（4-2）和式（4-5）是通解。

凡满足特定条件的解叫<u>特解</u>。例如，例 4-1 和例 4-2 中的式（4-3）和式（4-6）是特解。这些特定条件，如 $M|_{t=0} = M_0$，$y|_{x=0} = 1$ 称为初始条件。

一般解的图形表示一簇曲线，这曲线簇称为<u>积分曲线簇</u>。特解的图形是积分曲线簇中的一条曲线。

【例 4-3】 验证 $y = C_1 \sin x + C_2 \cos x$ 是二阶微分方程 $y'' + y = 0$ 的一般解（C_1、C_2 为任意常数），并求满足初始条件 $y\left(\dfrac{\pi}{4}\right) = 1$，$y'\left(\dfrac{\pi}{4}\right) = -1$ 的特解。

解：

$$y = C_1 \sin x + C_2 \cos x \tag{4-7}$$

$$y' = C_1 \cos x - C_2 \sin x \tag{4-8}$$

$$y'' = -C_1 \sin x - C_2 \cos x$$

将 y'' 及 y 代入方程，得

$$(-C_1 \sin x - C_2 \cos x) + (C_1 \sin x + C_2 \cos x) = 0$$

所以，$y = C_1 \sin x + C_2 \cos x$ 是微分方程的解，又因解中有两个任意常数，与微分方程的阶数相同，故 $y = C_1 \sin x + C_2 \cos x$ 是微分方程的一般解。

将初始条件代入式（4-7）和式（4-8），得方程组

$$\begin{cases} \dfrac{\sqrt{2}}{2}C_1 + \dfrac{\sqrt{2}}{2}C_2 = 1 \\ \dfrac{\sqrt{2}}{2}C_1 - \dfrac{\sqrt{2}}{2}C_2 = -1 \end{cases}$$

解出 C_1，C_2 得

$$C_1 = 0, \quad C_2 = \sqrt{2}$$

故所求的解为

$$y = \sqrt{2}\cos x$$

练习 4.1

1. 指出下列微分方程的阶数。
   （1）$y'' = y^2 + x^3$
   （2）$(y')^2 = 4$
   （3）$(x^2 + 2y^2)dx + (3x^2 - 4y^2)dy = 0$
   （4）$xyy' = (y'')^3$

2. 试验证下列函数分别是所给微分方程的解。
   （1）$y = x^2$，$xy' = 2y$
   （2）$y = xe^x$，$y'' - 2y' + y = 0$
   （3）$y = \dfrac{C^2 - x^2}{2x}$，$(x+y)dx + xdy = 0$

4.2　一阶微分方程

1. 可分离变量方程

形如

$$y' = f_1(x)f_2(y) \quad \left(\text{或}\ \frac{dy}{dx} = f_1(x)f_2(y)\right) \tag{4-9}$$

的微分方程，称为<u>可分离变量的微分方程</u>。这种方程的特点是其右端为只含 x 的函数与只含 y 的函数的乘积。

对式（4-9）求解很简单，将式（4-9）两边分别乘以 dx，并除以 $f_2(y)$，于是变量被分离了，得到

$$\frac{dy}{f_2(y)} = f_1(x)dx$$

等式两边积分，有

$$\int \frac{dy}{f_2(y)} = \int f_1(x)dx$$

上式所确定的函数 $y = y(x)$ 就是式（4-9）的解。

【例 4-4】 求解方程

$$y' = \frac{y}{x}$$

解： 方程可写为

$$\frac{dy}{dx} = \frac{y}{x}$$

分离变量，得

$$\frac{dy}{y} = \frac{dx}{x}$$

两边积分，得

$$\ln|y| = \ln|x| + C_1 \quad 或 \quad \ln|y| = \ln|Cx| \quad （其中，C_1 = \ln|C|）$$

解出 y，得到通解

$$y = Cx$$

容易验证 $y = Cx$ 是微分方程的通解。

【例 4-5】 解方程

$$\frac{dy}{dx} = y^2 \cos x$$

并求满足初始条件：当 $x = 0$ 时，$y = 1$ 的特解。

解：将变量分离，得到

$$\frac{dy}{y^2} = \cos x dx$$

两边积分，即得

$$-\frac{1}{y} = \sin x + C$$

因而，通解为

$$y = -\frac{1}{\sin x + C} \quad （C 是任意常数）$$

此外，方程还有解 $y = 0$。

为了确定所求的特解，将 $x = 0$，$y = 1$ 代入通解中得到

$$C = -1$$

因而，所求的特解为

$$y = \frac{1}{1 - \sin x}$$

【例 4-6】 钢铁冷却问题：把一块温度为 840℃ 的 45# 钢块，放在水温为 10℃ 的水池里淬火，已知温度冷却速度与环境温差（钢块与环境之间的温度差值）成正比。讨论此钢块温度的变化规律。

解：设钢块温度为 θ，时间为 t，在淬火过程中，钢块的温度 θ 随时间 t 发生变化，是时间 t 的函数，记为 $\theta = \theta(t)$。因为钢块温度 $\theta(t)$ 的变化速度是随着时间 t 增加而减小，所以变化速度 $\frac{d\theta}{dt} < 0$，温差为 $\theta - \theta_0$（θ_0 为环境温度，即水温）。根据已知条件，得

$$\frac{d\theta}{dt} = -k(\theta - \theta_0)$$

其中，k 是正比例常数。

现 $\theta_0 = 10℃$，因此 $\theta(t)$ 所适合的微分方程是

$$\frac{d\theta}{dt} = -k(\theta - 10)$$

将它分离变量，并积分

$$\int (-k)dt = \int \frac{d\theta}{\theta - 10}$$

于是得到 $\theta(t) = 10 + Ce^{-kt}$，其中 C 是任意常数。

注意到初始条件

$$\theta(0) = 840$$

得

$$C = 830$$

于是得到问题的解为

$$\theta(t) = 10 + 830e^{-kt}$$

2. 齐次微分方程

形如

$$\frac{dy}{dx} = f\left(\frac{y}{x}\right)$$

的微分方程称为<u>齐次微分方程</u>，简称<u>齐次方程</u>。它的解法是：设 $u = \dfrac{y}{x}$，$y' = u + xu'$，代入齐次方程后即可化为可分离变量的微分方程。

【例 4-7】 求 $\dfrac{dy}{dx} = \dfrac{y}{x} + \dfrac{1}{2} \cdot \dfrac{x}{y}$ 的一般解。

解：令 $u = \dfrac{y}{x}$，则 $y = ux$，$y' = u + xu' \left(u' = \dfrac{du}{dx}\right)$

代入方程中得

$$x\frac{du}{dx} = \frac{1}{2} \cdot \frac{1}{u}$$

分离变量，得

$$2u\,du = \frac{dx}{x}$$

两边积分，得

$$u^2 = \ln|x| + C$$

再将 $u = \dfrac{y}{x}$ 代入，便得到一般解为

$$y^2 = x^2(\ln|x| + C)$$

【例 4-8】 求 $y' = \dfrac{x+y}{x-y}$ 的一般解。

解： 方程写为

$$\frac{dy}{dx} = \frac{1+\dfrac{y}{x}}{1-\dfrac{y}{x}}$$

令 $u = \dfrac{y}{x}$，则 $y = ux$，$y' = u + xu'$，代入方程，得

$$x\frac{du}{dx} + u = \frac{1+u}{1-u}$$

化简成

$$\frac{du}{dx} = \frac{1}{x} \cdot \frac{1+u^2}{1-u}$$

再分离变量，就得

$$\frac{1-u}{1+u^2}du = \frac{dx}{x}$$

两边取积分，得

$$\arctan u - \ln\sqrt{1+u^2} = \ln x + \ln C$$

即

$$e^{\arctan u} = Cx\sqrt{1+u^2}$$

把 $u = \dfrac{y}{x}$ 代入，即得方程的一般解为

$$e^{\arctan\frac{y}{x}} = C\sqrt{x^2+y^2}$$

【例 4-9】 汽车前灯和探照灯反射镜面的形状。

在设计和制造汽车前灯或探照灯模具时，总是把反射镜面取为抛物面（将抛物线绕对称轴旋转一周所形成的曲面），将光源安置在抛物线的焦点处，光线经镜面反射就成为平行光线了。现在来说明具有此性质的曲面只有抛物面。

解： 设光源在坐标原点，如图 4-1 所示，并取 x 轴平行于光的反射方向。如果所求的曲面是由曲线 $y = f(x)$ 绕 x 轴旋转而成，则求反射镜面的问题就相当于求曲线 $y = f(x)$ 的问题。

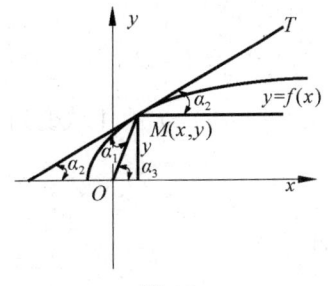

图 4-1

设曲线 $y = f(x)$ 上任一点 $M(x, y)$，作切线 MT，则由光的反射定律：入射角等于反射角，可得到图中 α_1 及 α_2 的关系式

$$\frac{\pi}{2} - \alpha_1 = \frac{\pi}{2} - \alpha_2$$

即

由图形知
$$\alpha_1 = \alpha_2$$
$$\alpha_3 = \alpha_1 + \alpha_2 = 2\alpha_2$$

故得
$$\tan\alpha_3 = \tan 2\alpha_2 = \frac{2\tan\alpha_2}{1-\tan^2\alpha_2} \quad (4\text{-}10)$$

但
$$\tan\alpha_2 = \frac{dy}{dx}, \quad \tan\alpha_3 = \frac{y}{x} \quad (4\text{-}11)$$

将式（4-11）代入（4-10），得到
$$\frac{y}{x} = \frac{2\dfrac{dy}{dx}}{1-\left(\dfrac{dy}{dx}\right)^2}$$

解出 $\dfrac{dy}{dx}$，得到齐次方程
$$\frac{dy}{dx} = -\frac{x}{y} \pm \sqrt{1+\left(\frac{x}{y}\right)^2}$$

令 $u = \dfrac{y}{x}$，则 $y = ux$，$y' = u + xu'$，代入上式，得
$$u + x\frac{du}{dx} = \frac{-1 \pm \sqrt{1+u^2}}{u}$$

或
$$x\frac{du}{dx} = \frac{-(1+u^2) \pm \sqrt{1+u^2}}{u}$$

分离变量后得
$$\frac{u\,du}{(1+u^2) \pm \sqrt{1+u^2}} = -\frac{dx}{x}$$

令 $1+u^2 = t^2$，上式变为
$$\frac{t\,dt}{t(t \pm 1)} = -\frac{dx}{x}$$

即
$$\frac{dt}{t \pm 1} = -\frac{dx}{x}$$

两边积分后得
$$\ln|t \pm 1| = \ln\left|\frac{C}{x}\right|$$

或
$$\sqrt{u^2+1} \pm 1 = \frac{C}{x}$$

化简后得
$$u^2 = \frac{C^2}{x^2} + \frac{2C}{x}$$

以 $u = \dfrac{y}{x}$ 代入得
$$y^2 = 2Cx + C^2 = 2C(x + \frac{C}{2})$$

这是一簇以原点为焦点的抛物线。

3. 一阶线性微分方程的解法

形如
$$\frac{\mathrm{d}y}{\mathrm{d}x} = p(x)y + q(x) \tag{4-12}$$

的方程称为<u>一阶线性微分方程</u>，式中 $p(x)$ 和 $q(x)$ 为已知函数。若 $q(x)$ 恒为 0，则式（4-12）变成
$$\frac{\mathrm{d}y}{\mathrm{d}x} = p(x)y$$

它称为<u>齐次线性微分方程</u>，式（4-12）也称为<u>非齐次线性微分方程</u>。

（1）齐次线性微分方程的解法
$$\frac{\mathrm{d}y}{\mathrm{d}x} = p(x)y$$

分离变量得
$$\frac{\mathrm{d}y}{y} = p(x)\mathrm{d}x$$

两边积分得
$$\ln|y| = \int p(x)\mathrm{d}x + \ln C$$

即
$$y = C\mathrm{e}^{\int p(x)\mathrm{d}x} \tag{4-13}$$

这是齐次线性微分方程的一般解。

一阶非齐次微分方程的解法

【例 4-10】 求 $y' + \dfrac{1}{x+1}y = 0$ 满足初始条件 $y|_{x=1} = 1$ 的特解。

解：方程改写为
$$\frac{\mathrm{d}y}{\mathrm{d}x} = -\frac{1}{x+1}y$$

为齐次线性方程，代入式（4-13）得一般解为
$$y = C\mathrm{e}^{-\int \frac{1}{x+1}\mathrm{d}x}$$

即
$$y = \frac{C}{x+1}$$

当 $x=1$ 时，$y=1$，代入得 $C=2$。所以，所求特解为
$$y = \frac{2}{x+1}$$

（2）非齐次线性微分方程的解法

为了解非齐次线性微分方程
$$\frac{\mathrm{d}y}{\mathrm{d}x} = p(x)y + q(x)$$

我们考虑相应的齐次线性微分方程
$$\frac{\mathrm{d}y}{y} = p(x)\mathrm{d}x \tag{4-14}$$

的通解
$$y = C\mathrm{e}^{\int p(x)\mathrm{d}x}$$

我们设想式（4-12）的解仍具有式（4-13）的形式，但其中的 C 不是常数，而是变量 x 的函数（待定系数 $C(x)$），即求形如
$$y = C(x)\mathrm{e}^{\int p(x)\mathrm{d}x} \tag{4-15}$$

的解。把它代入式（4-12）得
$$\frac{\mathrm{d}C(x)}{\mathrm{d}x}\mathrm{e}^{\int p(x)\mathrm{d}x} + C(x)p(x)\mathrm{e}^{\int p(x)\mathrm{d}x} = p(x)C(x)\mathrm{e}^{\int p(x)\mathrm{d}x} + q(x)$$

即
$$\frac{\mathrm{d}C(x)}{\mathrm{d}x} = q(x)\mathrm{e}^{-\int p(x)\mathrm{d}x}$$

两边积分，得
$$C(x) = \int q(x)\mathrm{e}^{-\int p(x)\mathrm{d}x}\mathrm{d}x + C$$

其中，C 为任意常数。以 $C(x)$ 代入式（4-15）得
$$y = \mathrm{e}^{\int p(x)\mathrm{d}x}\left(\int q(x)\mathrm{e}^{-\int p(x)\mathrm{d}x}\mathrm{d}x + C\right) \tag{4-16}$$

这就是非齐次线性微分方程式（4-12）的一般解。

于是得到求非齐次线性微分方程的解的步骤为：

① 先求齐次线性微分方程 $\frac{\mathrm{d}y}{y} = p(x)\mathrm{d}x$ 的一般解。

② 将齐次线性微分方程一般解的任意常数 C 视为 x 的待定函数 $C(x)$，代入非齐次线性微分方程中，确定 $C(x)$，这样就得到非齐次线性微分方程的一般解。

这种方法称为**变动任意常数法**。当然，也可以直接代入式（4-16）得到其一般解。

第 4 章　常微分方程与级数

【例 4-11】　求 $\dfrac{dy}{dx} - 3y = e^{2x}$ 的一般解，并求当 $x=0$ 时 $y=0$ 的特解。

解：方程写为
$$\frac{dy}{dx} = 3y + e^{2x}$$

解法一：直接代入式（4-16）得方程的一般解为
$$y = e^{\int 3dx}\left(\int e^{2x} e^{-\int 3dx} dx + C\right)$$

即
$$y = Ce^{3x} - e^{2x}$$

当 $x=0$ 时 $y=0$，代入，得 $C=1$，所求之特解为 $y = e^{3x} - e^{2x}$。

解法二：相应齐次线性微分方程为 $\dfrac{dy}{dx} = 3y$ 的一般解为 $y = Ce^{3x}$。

令
$$y = C(x)e^{3x}$$

则
$$y' = C'(x)e^{3x} + 3C(x)e^{3x}$$

代入原方程得
$$C'(x)e^{3x} + 3C(x)e^{3x} - 3C(x)e^{3x} = e^{2x}$$

即
$$C'(x) = e^{-x}$$
$$C(x) = -e^{-x} + C$$

所以，原微分方程的一般解为
$$y = e^{3x}(-e^{-x} + C) = Ce^{3x} - e^{2x}$$

当 $x=0$ 时 $y=0$，代入得 $C=1$，所求之特解为 $y = e^{3x} - e^{2x}$。

【例 4-12】　设有如图 4-2 所示的电路，其中 $E = E_0 \sin \omega t$ 为交流电源的电动势；R 为电阻，当电流为 I 时，它产生的电压降为 RI；L 为电感，它产生的电压降为 $L\dfrac{dI}{dt}$，L 为一常数。设时刻 $t=0$ 时，电路的电流为 $I_0 = 0$，求电流 I 与时间 t 的关系。

图 4-2

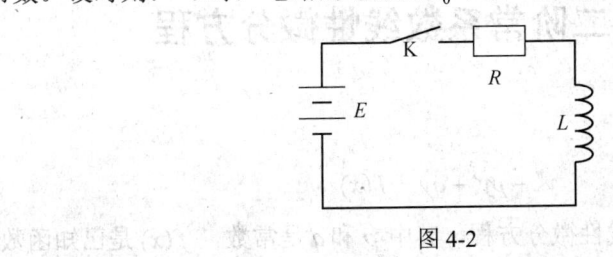

解：根据电学闭合电路的基尔霍夫第二定律（回路的总电压降等于回路中的电动势），不难得到电流 I 应满足

$$L\frac{dI}{dt}+RI=E_0\sin\omega t$$

它是一个一阶线性微分方程,直接代入式(4-16)得方程的一般解为

$$I=Ce^{-\frac{R}{L}t}+\frac{E_0}{\omega^2L^2+R^2}(R\sin\omega t-\omega L\cos\omega t)$$

按题意,把初始条件 $t=0$,$I_0=0$ 代入得出任意常数是

$$C=\frac{E_0\omega L}{\omega^2L^2+R^2}$$

于是得到电流 I 的变化规律为

$$I=\frac{E_0\omega L}{\omega^2L^2+R^2}e^{-\frac{R}{L}t}+\frac{E_0}{\sqrt{\omega^2L^2+R^2}}\sin(\omega t-\varphi)$$

其中,$\varphi=\arctan\frac{\omega L}{R}$。

练习 4.2

1. 解下列可分离变量的微分方程。
   (1) $xy'+y=y^2$　　　　　　　(2) $xy'-y\ln y=0$
   (3) $\sin y\cos xdy=\cos y\sin xdx$,$y|_{x=0}=\frac{\pi}{4}$

2. 解下列齐次线性微分方程。
   (1) $y'=e^{\frac{y}{x}}+\frac{y}{x}$　　　　　　　(2) $xy'-x\sin\frac{y}{x}-y=0$
   (3) $y'=\frac{x}{y}+\frac{y}{x}$,初始条件 $y|_{x=-1}=2$

3. 解下列一阶线性微分方程。
   (1) $y'+2y=4x$　　　　　　　(2) $y'=-2y+e^{3x}$
   (3) $xy'-y=\frac{x}{\ln x}$　　　　　　　(4) $xy'+y-e^x=0$,初始条件 $y|_{x=0}=b$

※4.3　二阶常系数线性微分方程

形如

$$y''+py'+qy=f(x) \tag{4-17}$$

的微分方程叫作二阶常系数线性微分方程,其中 p 和 q 是常数,$f(x)$ 是已知函数。

若 $f(x)\equiv 0$,则式(4-17)成为二阶常系数线性齐次方程

$$y''+py'+qy=0 \tag{4-18}$$

下面对方程（4-17）、式（4-18）的解法分别进行讨论。

1. 二阶常系数线性齐次方程

定理 1　如果 y_1 与 y_2 是方程（4-18）的两个特解，而且 $\dfrac{y_1}{y_2}$ 不等于常数，则 $y^* = c_1 y_1 + c_2 y_2$ 为方程（4-18）的通解，其中 c_1 和 c_2 为任意常数。（证明略）

一般通过求特征根的方法求出方程（4-18）的两个特解 y_1 与 y_2，特征根可由特征方程求得。特征方程是指由方程（4-18）的系数构成的二次代数方程

$$r^2 + pr + q = 0 \tag{4-19}$$

（1）如果方程（4-19）有两个相异的实根 r_1 和 r_2，则方程（4-18）的两个特解为

$$y_1 = e^{r_1 x}, \quad y_2 = e^{r_2 x}$$

于是方程（4-18）的通解是

$$y^* = c_1 e^{r_1 x} + c_2 e^{r_2 x}$$

【例 4-13】　求方程 $y'' - 3y' - 10y = 0$ 的通解。

解：特征方程 $r^2 - 3r - 10 = 0$ 的两个根是 $r_1 = -2$，$r_2 = 5$，所以，原方程的通解是 $y^* = c_1 e^{-2x} + c_2 e^{5x}$。

（2）如果方程（4-19）有两个相同的实根 $r_1 = r_2$，则方程（4-18）的两个特解为

$$y_1 = e^{r_1 x}, \quad y_2 = x e^{r_1 x}$$

于是方程（4-18）的通解是

$$y^* = c_1 e^{r_1 x} + c_2 x e^{r_1 x} = (c_1 + c_2 x) e^{r_1 x}$$

【例 4-14】　求方程 $y'' - 4y' + 4y = 0$ 的通解。

解：特征方程 $r^2 - 4r + 4 = 0$ 的两个相同的根 $r_1 = r_2 = 2$，所以，原方程的通解是 $y^* = (c_1 + c_2 x) e^{2x}$。

（3）如果方程（4-19）有两个共轭的复根 $r_1 = \alpha + i\beta$，$r_2 = \alpha - i\beta$，则方程（4-18）的两个特解为

$$y_1 = e^{\alpha x} \cos \beta x, \quad y_2 = e^{\alpha x} \sin \beta x$$

于是方程（4-18）的通解是

$$y^* = e^{\alpha x}(c_1 \cos \beta x + c_2 \sin \beta x)$$

【例 4-15】　求方程 $y'' - 4y' + 13y = 0$ 的通解。

解：特征方程 $r^2 - 4r + 13 = 0$ 的两个共轭复根是 $r_1 = 2 + 3i$，$r_2 = 2 - 3i$，所以，原方程的通解是

$$y^* = e^{2x}(c_1 \cos 3x + c_2 \sin 3x)$$

2. 二阶常系数线性非齐次方程

定理 2 如果 $\tilde{y}$ 是非齐次方程（4-17）的一个特解，而 y^* 是对应的齐次方程（4-18）的通解，则和式 $y = \tilde{y} + y^*$ 是方程（4-17）的通解。（证明略）

由这个定理可知，求非齐次次方程（4-17）的通解，归结为求它的一个特解 $\tilde{y}$ 及对应齐次方程（18）的通解 y^*，然后取和式 $y = \tilde{y} + y^*$，即求得（4-17）的通解。通解的求法前面已经介绍，现在剩下的问题是怎样求非齐次线性方程（4-17）的特解，当然通过观察或直接验算得到特解，对比较简单的情形是可以的，但复杂的情形要用观察法看出非齐次线性方程（4-17）的特解，是不容易的。下面介绍一种求非齐次线性方程（4-17）的特解的方法——参数变异法。

设齐次方程（4-18）的通解为

$$y = c_1 u_1 + c_2 u_2$$

其中，c_1 和 c_2 是任意常数，u_1 和 u_2 是（4-18）的特解，且 $\dfrac{u_1}{u_2} \neq$ 常数。

为了求出方程（4-17）的一个特解，我们用 x 的任意函数 $v_1(x)$ 与 $v_2(x)$ 分别代替 c_1 与 c_2，即设

$$\tilde{y} = v_1(x) u_1 + v_2(x) u_2$$

是方程（4-17）的解。把此解代入非齐次线性方程方程（4-17）使其恒等。我们不难验证，在满足方程组

$$\begin{cases} u_1 v_1' + u_2 v_2' = 0 \\ u_1' v_1' + u_2' v_2' = f(x) \end{cases}$$

的条件下，解出 $v_1'(x)$ 与 $v_2'(x)$ 后，取积分就可求出 $v_1(x)$ 与 $v_2(x)$，从而由

$$\tilde{y} = v_1(x) u_1 + v_2(x) u_2$$

求出非齐次线性方程（4-17）的一个特解。

【例 4-16】 求非齐次方程 $y'' - 3y' + 2y = xe^x$ 的通解。

解：不难求出对应齐次方程的通解是

$$y^* = c_1 e^x + c_2 e^{2x}$$

设原方程有特解

$$\tilde{y} = v_1(x) e^x + v_2(x) e^{2x}$$

则 $v_1(x)$ 与 $v_2(x)$ 应满足方程组

$$\begin{cases} e^x v_1' + e^{2x} v_2' = 0 \\ e^x v_1' + 2e^{2x} v_2' = xe^x \end{cases}$$

或

$$\begin{cases} v_1' + e^x v_2' = 0 \\ v_1' + 2e^x v_2' = x \end{cases}$$

解得

$$v_1' = -x, \quad v_2' = xe^{-x}$$

因此

$$v_1 = \int -x\,dx = -\frac{1}{2}x^2$$

$$v_2 = \int xe^{-x}\,dx = -(x+1)e^{-x}$$

于是求得原方程的特解为

$$\tilde{y} = -\frac{1}{2}x^2 e^x - (x+1)e^x = -\left(\frac{1}{2}x^2 + x + 1\right)e^x$$

所以，原方程的通解为

$$y = \tilde{y} + y^* = -\left(\frac{1}{2}x^2 + x + 1\right)e^x + c_1 e^x + c_2 e^{2x}$$

或者写成

$$y = -\left(\frac{1}{2}x^2 + x\right)e^x + c_1' e^x + c_2 e^{2x}$$

其中，$c_1' = c_1 - 1$。

二阶常系数线性微分方程应用是广泛的，下面举一例从一个侧面来说明。

如图 4-3 所示，在一垂直挂着的弹簧下端，系一质量为 m 的重物（质量较小），弹簧伸长一段后，就会处于平衡状态。如果用力将重物向下拉，松开手后，弹簧就会上下振动，那么在运动中重物的位置随着时间的变化规律是怎样呢？要想直接找出这个规律是困难的，但容易建立它的微分方程，再通过微分方程的解法找到其规律就不难了。

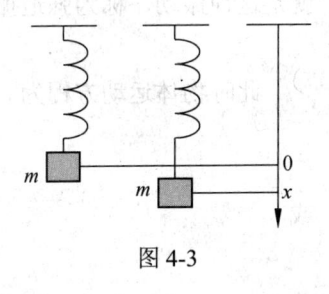

图 4-3

（1）如果不计摩擦力、介质阻力以及物体的重力，则物体在任意位置所受的力只有弹簧的恢复力 f，由力学知识可知，f 与位移 x 成正比：

$$f = -cx$$

其中，$c > 0$ 是比例系数，称为弹簧刚度，负号表示恢复力与位移 x 反向。

由牛顿第二定律，得

$$m\frac{d^2 x}{dt^2} = -cx$$

整理得

$$\frac{d^2 x}{dt^2} + \omega^2 x = 0$$

其中，$\omega^2 = \dfrac{c}{m}(\omega > 0)$。

此方程代表的振动叫无阻尼的自由振动或叫简谐振动。

(2) 实际上物体振动总会受到阻力影响,如摩擦力、介质阻力等(不计物体重力)。实验证明在运动速度不大的情况下,阻力 R 与速度成正比,而阻力的方向与物体运动方向相反,设比例系数 $\mu > 0$,则

$$R = -\mu \frac{\mathrm{d}x}{\mathrm{d}t}$$

在这种情况下,物体所受的总外力为弹簧的恢复力及阻力之和,则物体运动的微分方程为

$$m \frac{\mathrm{d}^2 x}{\mathrm{d}t^2} = -cx - \mu \frac{\mathrm{d}x}{\mathrm{d}t}$$

转化为

$$\frac{\mathrm{d}^2 x}{\mathrm{d}t^2} + 2n \frac{\mathrm{d}x}{\mathrm{d}t} + \omega^2 x = 0 \quad \left(\text{其中,} \omega^2 = \frac{c}{m}(\omega > 0), \frac{\mu}{m} = 2n > 0\right)$$

此方程代表的振动叫阻尼的自由振动。

(3) 上面两种振动都没有外力作用,是自由振动。但在很多情况下,物体振动时还受到周期性外力 $f(x)$(外力是时间 t 的周期函数)的干扰,如发动机工作时座台的振动就是这种振动,称为强迫振动。设干扰方向是垂直的,且是正弦周期函数

$$f(x) = H \sin(Pt)$$

此时物体运动方程为

$$m \frac{\mathrm{d}^2 x}{\mathrm{d}t^2} = -cx + H \sin(Pt)$$

或

$$m \frac{\mathrm{d}^2 x}{\mathrm{d}t^2} = -cx - \mu \frac{\mathrm{d}x}{\mathrm{d}t} + H \sin(Pt)$$

令 $\frac{H}{m} = h$,则有

$$\frac{\mathrm{d}^2 x}{\mathrm{d}t^2} + \omega^2 x = h \sin(Pt)$$

或

$$\frac{\mathrm{d}^2 x}{\mathrm{d}t^2} + 2n \frac{\mathrm{d}x}{\mathrm{d}t} + \omega^2 x = h \sin(Pt)$$

上面两个方程依次分别叫作无阻尼强迫振动微分方程和有阻尼强迫振动微分方程。

练习 4.3

1. 求所给微分方程的通解。
   (1) $y'' + y' - 2y = 0$ (2) $y'' - 2y' + y = 0$ (3) $y'' + y = 0$
2. 求所给微分方程的通解。
   (1) $2y'' + y' - y = 2e^x$ (2) $y'' - 4y' + 4y = e^{-2x} + 3$

（3）$y'' + y = x^2 + \cos x$

3. 有一截面为均匀的肱梁长为1，其自由端受一水平力 Q 作用，其微分方程为

$$EI\frac{\mathrm{d}^2 y}{\mathrm{d}x^2} = Qy - \frac{1}{2}\omega x^2$$

其中，E 为该梁材料的弹性模量，I 为梁的截面对于中轴的转动惯量，ω 为梁的单位长度的重量，试求其弹性曲线方程。

4.4 常数项级数的概念和性质

1. 常数项级数的概念

如果给定一个数列 $u_1, u_2, \cdots, u_n, \cdots$，则

$$u_1 + u_2 + \cdots + u_n + \cdots$$

简记为 $\sum_{n=1}^{\infty} u_n$，称为无穷级数（简称级数）。其中，第 n 项 u_n 称为级数的通项。

无穷级数的前 n 项和

$$S_n = u_1 + u_2 + \cdots + u_n \quad \text{或} \quad S_n = \sum_{k=1}^{n} u_k$$

叫作无穷级数的前 n 项部分和。所有部分和构成一个数列 $\{S_n\}$

$$S_1, S_2, \cdots, S_n, \cdots$$

称为无穷级数的部分和数列。

定义 如果无穷级数的部分和所组成的数列 $\{S_n\}$ 存在极限，设极限值为 S，即

$$\lim_{n \to \infty} S_n = S$$

此时称无穷级数收敛，S 是它的和，并记为

$$S = \sum_{n=1}^{\infty} u_n = u_1 + u_2 + \cdots + u_n + \cdots$$

如果数列 $\{S_n\}$ 不存在极限，则称无穷级数发散，它没有和。

【**例 4-17**】 讨论几何级数

$$\sum_{n=1}^{\infty} aq^{n-1} = a + aq + aq^2 + \cdots + aq^{n-1} + \cdots$$

的敛散性（此级数称为等比级数，其中 $a \neq 0$，q 称为级数的公比，它的通项为 $u_n = aq^{n-1}$）。

解：级数的前 n 项部分和为

$$S_n = a + aq + aq^2 + \cdots + aq^{n-1} = a\frac{1-q^n}{1-q}$$

当 $|q| < 1$ 时，则

$$\lim_{n\to\infty} S_n = \lim_{n\to\infty} a\frac{1-q^n}{1-q} = \frac{a}{1-q}$$

级数收敛，其和

$$S = \frac{a}{1-q}$$

当 $|q|>1$ 时，则

$$\lim_{n\to\infty} S_n = \lim_{n\to\infty} a\frac{1-q^n}{1-q}，不存在极限$$

级数发散。

当 $|q|=1$ 时，如果 $q=1$，级数前 n 项部分和 $S_n = a+a+\cdots+a = na$。

如果 $q=-1$，级数前 n 项部分和 $S_n = a-a+\cdots+(-1)^{n-1}a$，当 $n\to\infty$ 时，以上两个和都不存在极限，级数发散。

综上所述，几何级数 $\sum_{n=1}^{\infty} aq^{n-1}$，当 $|q|<1$ 时收敛，其和为 $S = \frac{a}{1-q}$；当 $|q|\geq 1$ 时发散。

【例 4-18】 讨论级数

$$\sum_{n=1}^{\infty} \frac{1}{n(n+1)} = \frac{1}{1\cdot 2} + \frac{1}{2\cdot 3} + \frac{1}{3\cdot 4} + \cdots + \frac{1}{n(n+1)} + \cdots$$

的敛散性。

解：由于 $\dfrac{1}{n(n+1)} = \dfrac{1}{n} - \dfrac{1}{n+1}$ $(n=1,2,\cdots)$

常数项级数敛散性

得到

$$S_n = \frac{1}{1\cdot 2} + \frac{1}{2\cdot 3} + \frac{1}{3\cdot 4} + \cdots + \frac{1}{n(n+1)}$$

$$= \left(1-\frac{1}{2}\right) + \left(\frac{1}{2}-\frac{1}{3}\right) + \left(\frac{1}{3}-\frac{1}{4}\right) + \cdots + \left(\frac{1}{n}-\frac{1}{n+1}\right)$$

$$= 1 - \frac{1}{n+1}$$

因此

$$\lim_{n\to\infty} S_n = \lim_{n\to\infty}\left(1-\frac{1}{n+1}\right) = 1$$

所以，级数收敛，其和为 1。

【例 4-19】 讨论级数

$$\sum_{n=1}^{\infty} \ln\frac{n+1}{n} = \ln\frac{2}{1} + \ln\frac{3}{2} + \ln\frac{4}{3} + \cdots + \ln\frac{n+1}{n} + \cdots$$

的敛散性。

解：由于

$$\ln\frac{n+1}{n} = \ln(n+1) - \ln n \qquad (n=1,2,\cdots)$$

得到

$$S_n = \ln\frac{2}{1} + \ln\frac{3}{2} + \ln\frac{4}{3} + \cdots + \ln\frac{n+1}{n}$$
$$= (\ln 2 - \ln 1) + (\ln 3 - \ln 2) + (\ln 4 - \ln 3) + \cdots + (\ln(n+1) - \ln n)$$
$$= \ln(n+1)$$

因此

$$\lim_{n\to\infty} S_n = \lim_{n\to\infty} \ln(n+1) = +\infty$$

所以，级数发散。

2. 级数的基本性质

性质 1 去掉、增添或改变级数的有限项，并不改变级数的敛散性。

这个性质是指，当级数

$$u_1 + u_2 + \cdots + u_n + \cdots$$

去掉有限项，比如说去掉前面 N 项，则新的级数

$$u_{N+1} + u_{N+2} + \cdots + u_{N+n} + \cdots$$

与原级数 $\sum_{n=1}^{\infty} u_n$ 有相同的敛散性；或增添有限项，比如在 u_1 前面增加有限项，则新的级数与原级数也有相同的敛散性。证明从略。

由此可见，级数 $\sum_{n=1}^{\infty} u_n$ 是否收敛取决于级数的尾段变化状态，与前面的有限项情况无关。

性质 2 级数 $\sum_{n=1}^{\infty} u_n$ 收敛的必要条件是 $\lim_{n\to\infty} u_n = 0$。

证明：因为 $u_n = S_n - S_{n-1}$，所以

$$\lim_{n\to\infty} u_n = \lim_{n\to\infty}(S_n - S_{n-1}) = \lim_{n\to\infty} S_n - \lim_{n\to\infty} S_{n-1} = S - S = 0$$

这个性质是指：$u_n \to 0$ 是级数收敛的必要条件，由此可得若级数的通项 u_n 不趋于 0，则级数发散。但要注意，当 $u_n \to 0$ 时，尚不能说级数收敛。如例 4-19 中

$$u_n = \ln\frac{n+1}{n} = \ln\left(1 + \frac{1}{n}\right)$$

且

$$\lim_{n\to\infty} u_n = \lim_{n\to\infty} \ln\left(1 + \frac{1}{n}\right) = 0$$

但级数 $\sum_{n=1}^{\infty} \ln\frac{n+1}{n}$ 是发散的。

性质 3 级数 $\sum_{n=1}^{\infty} u_n$ 与级数 $\sum_{n=1}^{\infty} au_n$ 有相同的敛散性（a 为常数，且 $a \neq 0$）。

证明：设级数 $\sum_{n=1}^{\infty} u_n$ 的前 n 项部分和为 S_n，即

$$S_n = u_1 + u_2 + \cdots + u_n$$

且

$$\lim_{n \to \infty} S_n = S$$

设级数 $\sum_{n=1}^{\infty} au_n$ 的前 n 项部分和为 W_n，则

$$W_n = au_1 + au_2 + \cdots + au_n$$
$$= a(u_1 + u_2 + \cdots + u_n)$$
$$= aS_n$$

因此

$$\lim_{n \to \infty} W_n = \lim_{n \to \infty} aS_n = aS$$

所以

$$\sum_{n=1}^{\infty} au_n = aS = a\sum_{n=1}^{\infty} u_n$$

由于 $W_n = aS_n$，所以，如果 S_n 没有极限，则 W_n 也没有极限。因此可得到：级数的每一项同乘以一个不为零的常数后，其敛散性不变。

性质 4 若级数 $\sum_{n=1}^{\infty} u_n$ 和级数 $\sum_{n=1}^{\infty} v_n$ 都收敛，其和分别为 A 和 B，则级数 $\sum_{n=1}^{\infty}(u_n + v_n)$ 也收敛，其和为 $A+B$。

证明：设级数 $\sum_{n=1}^{\infty} u_n$，$\sum_{n=1}^{\infty} v_n$，$\sum_{n=1}^{\infty}(u_n + v_n)$ 的 n 项部分和分别为 A_n，B_n，C_n，于是

$$C_n = (u_1 + v_1) + (u_2 + v_2) + \cdots + (u_n + v_n)$$
$$= (u_1 + u_2 + \cdots + u_n) + (v_1 + v_2 + \cdots + v_n)$$
$$= A_n + B_n$$

因为

$$\lim_{n \to \infty} A_n = A, \quad \lim_{n \to \infty} B_n = B$$

所以

$$\lim_{n \to \infty} C_n = \lim_{n \to \infty}(A_n + B_n) = A + B$$

即级数 $\sum_{n=1}^{\infty}(u_n + v_n)$ 收敛，其和为 $A+B$。

性质 5 若级数 $\sum_{n=1}^{\infty} u_n$ 收敛，其和为 A，不改变级数各项的位置，依次将若干项合并在一起作为新级数 $\sum_{n=1}^{\infty} v_n$ 的一项，则级数 $\sum_{n=1}^{\infty} v_n$ 也收敛，其和也为 A。

证明：由条件不妨设级数 $\sum_{n=1}^{\infty} v_n$ 的各项为

$$v_1 = u_1 + u_2 + \cdots + u_{n_1}$$
$$v_2 = u_{n_1+1} + u_{n_1+2} + \cdots + u_{n_2}$$
$$\cdots$$
$$v_k = u_{n_{k-1}+1} + u_{n_{k-1}+2} + \cdots + u_{n_k}$$
$$\cdots$$

设级数 $\sum_{n=1}^{\infty} v_n$ 前 k 项的部分和为 B_k，于是

$$B_k = (u_1 + u_2 + \cdots + u_{n_1}) + (u_{n_1+1} + u_{n_1+2} + \cdots + u_{n_2})$$
$$+ \cdots + (u_{n_{k-1}+1} + u_{n_{k-1}+2} + \cdots + u_{n_k}) = A_{n_k}$$

级数 $\sum_{n=1}^{\infty} u_n$ 的部分和为 A_n，因为

$$\lim_{n \to \infty} A_n = \lim_{k \to \infty} A_{n_k} = A$$

所以

$$\lim_{n \to \infty} B_n = \lim_{k \to \infty} B_k = \lim_{k \to \infty} A_{n_k} = A$$

即级数 $\sum_{n=1}^{\infty} v_n$ 收敛，其和也为 A。

练习 4.4

1. 写出级数 $\sum_{n=1}^{\infty} (-1)^{n-1} \dfrac{1}{n}$ 的前五项。

2. 求级数 $\sum_{n=1}^{\infty} (-1)^n \left(\dfrac{3}{4}\right)^n$ 的和。

3. 判断级数 $\sum_{n=1}^{\infty} \dfrac{n}{n+1}$ 的敛散性。

4. 求出级数的前 n 项的和 S_n，判别其敛散性，当级数收敛时，求其和。

（1）$\sum_{n=1}^{\infty} \dfrac{1}{\sqrt{n+1} + \sqrt{n}}$ 　　　　（2）$\dfrac{3}{4} + \dfrac{5}{36} + \cdots + \dfrac{2n+1}{n^2(n+1)^2} + \cdots$

5. 利用级数的基本性质判别级数的敛散性（要求说明理由）。

（1）$-\dfrac{8}{9} + \dfrac{8^2}{9^2} - \dfrac{8^3}{9^3} + \cdots$ 　　　　（2）$\dfrac{1}{3} + \dfrac{1}{6} + \dfrac{1}{9} + \dfrac{1}{12} + \cdots$

（3）$1^2 + \left(\dfrac{2}{3}\right)^2 + \left(\dfrac{3}{5}\right)^2 + \cdots + \left(\dfrac{n}{2n-1}\right)^2 + \cdots$

(4) $\left(\dfrac{1}{2}+\dfrac{1}{10}\right)+\left(\dfrac{1}{4}+\dfrac{1}{20}\right)+\cdots+\left(\dfrac{1}{2^n}+\dfrac{1}{10n}\right)+\cdots$

4.5 常数项级数收敛法

1. 正项级数收敛法

如果级数
$$\sum_{n=1}^{\infty}u_n = u_1+u_2+\cdots+u_n$$

的每一项 $u_n \geqslant 0, (n=1,2,\cdots)$，则称此级数为<u>正项级数</u>。下面介绍几种正项级数敛散性判别方法。

（1）比较判别法

定理1 正项级数收敛的充要条件是：它的前 n 项部分和是有界的。

正项级数 $\sum\limits_{n=1}^{\infty}u_n$ 的一个重要特点，是它的前 n 项部分和是非负的，又因为其收敛，即前 n 项部分和极限存在，根据第1章极限存在则其有界的结论，可知收敛的正项级数 $\sum\limits_{n=1}^{\infty}u_n$ 的前 n 项部分和是有界的。证明略。

定理2 （比较判别法）

若两个正项级数 $\sum\limits_{n=1}^{\infty}u_n$ 与 $\sum\limits_{n=1}^{\infty}v_n$ 在第 N 项之后（N 是某一正整数），恒有
$$u_n \leqslant v_n$$

则

① 当 $\sum\limits_{n=1}^{\infty}v_n$ 收敛时，$\sum\limits_{n=1}^{\infty}u_n$ 收敛。

② 当 $\sum\limits_{n=1}^{\infty}u_n$ 发散时，$\sum\limits_{n=1}^{\infty}v_n$ 也发散。

即通常所说"大"的收敛，"小"的也收敛；"小"的发散，"大"的也发散。

证明：不妨假定从第一项起就有 $u_n \leqslant v_n$。

设
$$S_n = \sum_{i=1}^{n}u_i, \quad q_n = \sum_{i=1}^{n}v_i$$

由已知得
$$S_n \leqslant q_n$$

（i）由定理1可知，若级数 $\sum\limits_{n=1}^{\infty}v_n$，$n$ 项部分和 q_n 有上界，由此可知 S_n 有上界，故

级数 $\sum_{n=1}^{\infty} u_n$ 收敛。

(ii) 若级数 $\sum_{n=1}^{\infty} u_n$ 发散，则级数 $\sum_{n=1}^{\infty} v_n$ 发散。否则，根据（i），若级数 $\sum_{n=1}^{\infty} v_n$ 收敛知级数 $\sum_{n=1}^{\infty} u_n$ 收敛，矛盾，于是定理得证。

【例 4-20】 判别级数 $\sum_{n=1}^{\infty} \dfrac{1}{n}$ 的敛散性。

解：这是正项级数，且 $u_n = \dfrac{1}{n} \to 0 (n \to \infty$ 时$)$。

但
$$\ln\left(1+\dfrac{1}{n}\right) < \dfrac{1}{n}$$

由于级数 $\sum_{n=1}^{\infty} \ln\left(1+\dfrac{1}{n}\right)$ 发散，由定理 2 可知级数 $\sum_{n=1}^{\infty} \dfrac{1}{n}$ 发散。级数 $\sum_{n=1}^{\infty} \dfrac{1}{n}$ 称为调和级数。

【例 4-21】 判别级数 $\sum_{n=1}^{\infty} \dfrac{1}{\sqrt{4n^2-3}}$ 的敛散性。

解：这是正项级数，因为
$$u_n = \dfrac{1}{\sqrt{4n^2-3}} \geqslant \dfrac{1}{\sqrt{4n^2}} = \dfrac{1}{2n}$$

且级数 $\sum_{n=1}^{\infty} \dfrac{1}{2n}$ 发散，所以原级数 $\sum_{n=1}^{\infty} \dfrac{1}{\sqrt{4n^2-3}}$ 发散。

下面介绍一个结论：

级数 $\sum_{n=1}^{\infty} \dfrac{1}{n^p}$ （p 为实数）称为 p -级数，

(i) 当 $p > 1$ 时，p -级数收敛；

(ii) 当 $p \leqslant 1$ 时，p -级数发散。

以后我们可以用 p -级数作为比较判别法的标准。

【例 4-22】 判别级数

(i) $\sum_{n=1}^{\infty} \dfrac{1}{2n-1}$ 　　　　　(ii) $\sum_{n=1}^{\infty} \dfrac{1}{n(n+1)}$

的敛散性。

解：

(i) 因为 $\dfrac{1}{2n-1} > \dfrac{1}{2n}$，又因为 $\sum_{n=1}^{\infty} \dfrac{1}{n}$ 发散，可知级数 $\sum_{n=1}^{\infty} \dfrac{1}{2n}$ 发散，所以级数 $\sum_{n=1}^{\infty} \dfrac{1}{2n-1}$ 发散。

(ii) 因为 $\dfrac{1}{n(n+1)} < \dfrac{1}{n \cdot n} = \dfrac{1}{n^2}$，由 p -级数知级数 $\sum_{n=1}^{\infty} \dfrac{1}{n^2}$ 收敛，可知级数 $\sum_{n=1}^{\infty} \dfrac{1}{n(n+1)}$ 收敛。

定理 3 （比较判别法的极限形式）

设有两个正项级数 $\sum_{n=1}^{\infty} u_n$ 和 $\sum_{n=1}^{\infty} v_n$，且

$$\lim_{n\to\infty} \frac{u_n}{v_n} = k \quad (v_n \neq 0)$$

则

(i) 当 $k > 0$ 时，$\sum_{n=1}^{\infty} u_n$ 与 $\sum_{n=1}^{\infty} v_n$ 同时收敛，同时发散。

(ii) 当 $k = 0$ 时，由 $\sum_{n=1}^{\infty} v_n$ 收敛，得 $\sum_{n=1}^{\infty} u_n$ 收敛。

(iii) 当 $k = +\infty$ 时，由 $\sum_{n=1}^{\infty} u_n$ 发散，得 $\sum_{n=1}^{\infty} v_n$ 发散。

证明略。

【例 4-23】 判别级数 $\sum_{n=1}^{\infty} \frac{1}{\sqrt{n(n+1)}}$ 的敛散性。

解：设 $u_n = \frac{1}{\sqrt{n(n+1)}}$，$v_n = \frac{1}{n}$，得

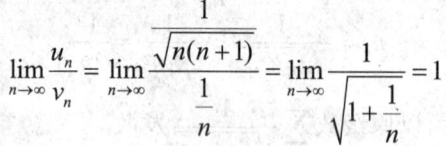

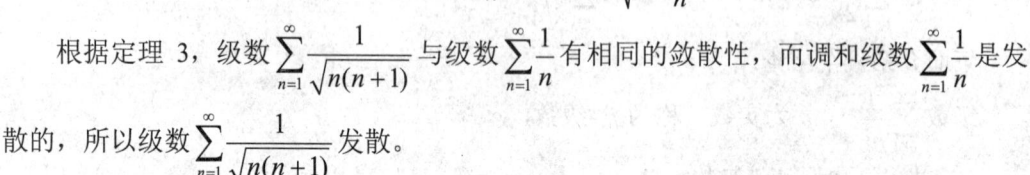

$$\lim_{n\to\infty} \frac{u_n}{v_n} = \lim_{n\to\infty} \frac{\frac{1}{\sqrt{n(n+1)}}}{\frac{1}{n}} = \lim_{n\to\infty} \frac{1}{\sqrt{1+\frac{1}{n}}} = 1$$

根据定理 3，级数 $\sum_{n=1}^{\infty} \frac{1}{\sqrt{n(n+1)}}$ 与级数 $\sum_{n=1}^{\infty} \frac{1}{n}$ 有相同的敛散性，而调和级数 $\sum_{n=1}^{\infty} \frac{1}{n}$ 是发散的，所以级数 $\sum_{n=1}^{\infty} \frac{1}{\sqrt{n(n+1)}}$ 发散。

（2）比值判别法

定理 4 （达朗贝尔判别法）

对于正项级数 $\sum_{n=1}^{\infty} u_n$，如果 $\lim_{n\to\infty} \frac{u_{n+1}}{u_n} = \rho$，则在 $\rho < 1$ 时，级数收敛；在 $\rho > 1$ 时（包括 $\rho = +\infty$ 时）级数发散；当 $\rho = 1$ 时，不能判定级数的收敛。

证明：分 $\rho < 1$ 和 $\rho > 1$ 两种情况。

(i) 设 $\rho < 1$，这时当然可以选取一正数 ε，使 $\rho + \varepsilon = r < 1$，根据极限定义，应当有正整数 N，使得当 $n \geq N$ 时，有

$$\frac{u_{n+1}}{u_n} < \rho + \varepsilon = r$$

从而

第 4 章 常微分方程与级数

$$u_{N+1} < ru_N$$
$$u_{N+2} < ru_{N+1} < r^2 u_N$$
$$u_{N+3} < ru_{N+2} < r^3 u_N$$
$$\vdots$$

看级数部分和

$$u_{N+1} + u_{N+2} + u_{N+3} + \cdots$$

它的各项分别小于级数

$$ru_N + r^2 u_N + r^3 u_N + \cdots$$

的对应项，而前文介绍的公比 $r<1$ 的等比级数是收敛的，因此由比较判别法知级数

$$u_{N+1} + u_{N+2} + u_{N+3} + \cdots \quad (4\text{-}20)$$

也收敛。级数 $\sum_{n=1}^{\infty} u_n$ 比级数式（4-20）多了前 N 项，由定理 1 知，它也是收敛的。

（ii）设 $\rho>1$，选取正数 ε，$\rho-\varepsilon>1$。根据极限定义，应当有正整数 N，使得当 $n \geqslant N$ 时，有

$$\frac{u_{n+1}}{u_n} > 1$$

从而

$$u_{N+1} > u_N, u_{N+2} > u_{N+1}, u_{N+3} > u_{N+2}, \cdots$$

因此，数列 $u_N, u_{N+1}, u_{N+3}, \cdots$ 是递增的，不可能有 $\lim_{n \to \infty} u_n = 0$。由定理 1 可知级数 $\sum_{n=1}^{\infty} u_n$ 是发散的。

【例 4-24】 判断级数 $\sum_{n=1}^{\infty} \frac{1}{(n-1)!}$ 的敛散性。

解：设 $u_n = \frac{1}{(n-1)!}$，则有

$$\lim_{n \to \infty} \frac{u_{n+1}}{u_n} = \lim_{n \to \infty} \frac{\frac{1}{n!}}{\frac{1}{(n-1)!}} = \lim_{n \to \infty} \frac{1}{n} = 0$$

于是 $\sum_{n=1}^{\infty} \frac{1}{(n-1)!}$ 收敛。

【例 4-25】 判断级数 $\sum_{n=1}^{\infty} \frac{n!}{10^n}$ 的敛散性。

解：设 $u_n = \frac{n!}{10^n}$，则

$$\frac{u_{n+1}}{u_n} = \frac{n+1}{10}$$

所以
$$\lim_{n\to\infty}\frac{u_{n+1}}{u_n}=+\infty$$

所以，级数 $\sum_{n=1}^{\infty}\frac{n!}{10^n}$ 发散。

(3) 根式判别法

定理 5 （柯西判别法）

对于正项级数 $\sum_{n=1}^{\infty}u_n$，如果 $\lim_{n\to\infty}\sqrt[n]{u_n}=\rho$，则在 $\rho<1$ 时，级数收敛；在 $\rho>1$ 时（包括 $\rho=+\infty$ 时）级数发散；当 $\rho=1$ 时，不能判定级数的收敛。

证明：分 $\rho<1$ 和 $\rho>1$ 两种情况。

(i) 设 $\rho<1$，取正数 r，使 $\rho<r<1$，根据极限定义，对于取定的 $\varepsilon_0=r-\rho$，应当有正整数 N，使得当 $n\geqslant N$ 时，有
$$\left|\sqrt[n]{u_n}-\rho\right|<\varepsilon_0=r-\rho$$

由此不等式，有
$$\sqrt[n]{u_n}<r(<1)$$

即 $u_n<r^n$。而公比 $r<1$ 的等比级数是收敛的，因此由比较判别法知级数
$$u_{N+1}+u_{N+2}+u_{N+3}+\cdots$$

也收敛。级数 $\sum_{n=1}^{\infty}u_n$ 比上级数式多了前 N 项，由定理 1 知，它也是收敛的。

(ii) 设 $\rho>1$，取正数 r，使 $1<r<\rho$，根据极限定义，对于取定的 $\varepsilon_1=\rho-r$，应当有正整数 N，使得当 $n\geqslant N$ 时，有
$$\left|\sqrt[n]{u_n}-\rho\right|<\varepsilon_1=\rho-r$$

由此不等式，有
$$\sqrt[n]{u_n}>r(>1)$$

由于 $r>1$，同样由定理 1 知，级数 $\sum_{n=1}^{\infty}u_n$ 是发散的。

【例 4-26】 判断级数 $\sum_{n=1}^{\infty}\left(\frac{n}{3n+1}\right)^n$ 的敛散性。

解：设 $u_n=\left(\frac{n}{3n+1}\right)^n$，则
$$\lim_{n\to\infty}\sqrt[n]{u_n}=\lim_{n\to\infty}\frac{n}{3n+1}=\frac{1}{3}<1$$

于是级数 $\sum_{n=1}^{\infty}\left(\frac{n}{3n+1}\right)^n$ 收敛。

第 4 章 常微分方程与级数

【例 4-27】 判断级数 $\sum_{n=1}^{\infty}\dfrac{1}{2^n}\left(1+\dfrac{1}{n}\right)^{n^2}$ 的敛散性。

解：设 $u_n=\dfrac{1}{2^n}\left(1+\dfrac{1}{n}\right)^{n^2}$，则

$$\lim_{n\to\infty}\sqrt[n]{u_n}=\lim_{n\to\infty}\dfrac{1}{2}\left(1+\dfrac{1}{n}\right)^{n}=\dfrac{\mathrm{e}}{2}>1$$

于是级数 $\sum_{n=1}^{\infty}\dfrac{1}{2^n}\left(1+\dfrac{1}{n}\right)^{n^2}$ 发散。

2. 交错级数收敛法

前文讨论的是正项级数，即 $u_n\geqslant 0(n=1,2,\cdots)$，但一般来说级数有时并不都是正项级数，这样的级数我们称之为任意项级数。下面介绍一种其级数项为正负相间的级数，即形如 $\sum_{n=1}^{\infty}(-1)^n u_n$ 或 $\sum_{n=1}^{\infty}(-1)^{n-1}u_n\,(u_n>0,n=1,2,3,\cdots)$ 的级数，称为交错级数。

定理 6（莱布尼兹判别法）

交错级数 $\sum_{n=1}^{\infty}(-1)^n u_n$ 或 $\sum_{n=1}^{\infty}(-1)^{n-1}u_n$，如果

（i） $u_{n+1}\leqslant u_n$ （当 $n\geqslant 1$）

（ii） $u_n\to 0$ （当 $n\to\infty$）

则交错级数 $\sum_{n=1}^{\infty}(-1)^n u_n$ 或 $\sum_{n=1}^{\infty}(-1)^{n-1}u_n$ 收敛。

证明：不妨证 $\sum_{n=1}^{\infty}(-1)^n u_n$ 收敛即可。取前 $2m$ 项之和

$$S_{2m}=(u_1-u_2)+(u_3-u_4)+\cdots+(u_{2m-1}-u_{2m})$$

因为 $u_{n+1}\leqslant u_n$，所以上式括号内的值皆非负，故数列 $\{S_{2m}\}$ 是递增的。

另外，

$$S_{2m}=u_1-(u_2-u_3)-(u_5-u_6)-\cdots-(u_{2m-2}-u_{2m-1})-u_{2m}$$

除 u_1 外的每一项皆为负，所以

$$S_{2m}<u_1 \qquad (m=1,2,\cdots)$$

数列 $\{S_{2m}\}$ 递增有上界，所以数列 $\{S_{2m}\}$ 存在极限。设极限为 S，即

$$\lim_{m\to\infty}S_{2m}=S$$

因为

$$S_{2m+1}=S_{2m}+u_{2m+1}$$

由条件 $u_n\to 0$（当 $n\to\infty$），有

$$\lim_{m\to\infty}S_{2m}=\lim_{m\to\infty}S_{2m+1}=S$$

所以有
$$\lim_{n\to\infty} S_n = S$$

所以交错级数 $\sum_{n=1}^{\infty}(-1)^n u_n$ 收敛。

【例 4-28】 判断交错级数 $\sum_{n=1}^{\infty}(-1)^n \frac{1}{n}$ 的敛散性。

解： 级数 $\sum_{n=1}^{\infty}(-1)^n \frac{1}{n}$ 是交错级数，且

(i) $u_n = \frac{1}{n} > \frac{1}{n+1} = u_{n+1}$ （$n=1,2,\cdots$）

(ii) $u_n = \frac{1}{n} \to 0$ （$n \to \infty$）

故级数收敛。

【例 4-29】 判断级数 $\sum_{n=1}^{\infty} \frac{(-1)^n n}{10^n}$ 的敛散性。

解： 这是交错级数，且

(i) $u_n = \frac{n}{10^n} = \frac{10 \cdot n}{10 \times 10^n} > \frac{n+1}{10^{n+1}} = u_{n+1}$ （$n=1,2,\cdots$）

(ii) $\lim_{n\to\infty} u_n = \lim_{n\to\infty} \frac{n}{10^n} = 0$

故级数收敛。

3. 绝对收敛与条件收敛

对于任意项级数，现在我们介绍绝对收敛和条件收敛的概念。

定义 1 如果任意项级数 $\sum_{n=1}^{\infty} u_n$ 的每一项的绝对值所构成的（正项）级数 $\sum_{n=1}^{\infty}|u_n|$ 收敛，则称级数 $\sum_{n=1}^{\infty} u_n$ 为绝对收敛。

例如：级数 $\sum_{n=1}^{\infty}(-1)^{n-1}\frac{1}{n^2}$ 是绝对收敛的，这是因为它的每项的绝对值所构成的级数

$$\sum_{n=1}^{\infty}\left|(-1)^{n-1}\frac{1}{n^2}\right| = \sum_{n=1}^{\infty}\frac{1}{n^2}$$

是收敛的。

定义 2 如果任意项级数 $\sum_{n=1}^{\infty} u_n$ 收敛，而它的每一项的绝对值所构成的（正项）级数 $\sum_{n=1}^{\infty}|u_n|$ 发散，则称级数 $\sum_{n=1}^{\infty} u_n$ 为条件收敛。

例如，交错级数 $\sum_{n=1}^{\infty}(-1)^n\dfrac{1}{n}$ 是条件收敛的，这是因为它的自身是收敛的，而它的每一项的绝对值构成的级数

$$\sum_{n=1}^{\infty}\left|(-1)^n\dfrac{1}{n}\right|=\sum_{n=1}^{\infty}\dfrac{1}{n}$$

是发散的。

定理 7 如果级数 $\sum_{n=1}^{\infty}|u_n|$ 收敛，则级数 $\sum_{n=1}^{\infty}u_n$ 收敛。

证明：因为 $-|u_n|\leqslant u_n\leqslant |u_n|$

即 $$0\leqslant u_n+|u_n|\leqslant 2|u_n|$$

因为 $\sum_{n=1}^{\infty}|u_n|$ 收敛，知 $\sum_{n=1}^{\infty}2|u_n|$ 收敛，由比较法可知 $\sum_{n=1}^{\infty}(u_n+|u_n|)$ 收敛。而级数

$$\sum_{n=1}^{\infty}u_n=\sum_{n=1}^{\infty}[(u_n+|u_n|)-|u_n|]$$

是两个收敛级数 $\sum_{n=1}^{\infty}(u_n+|u_n|)$ 与 $\sum_{n=1}^{\infty}|u_n|$ 之差，所以级数 $\sum_{n=1}^{\infty}u_n$ 收敛。

【例 4-30】 判别级数 $\sum_{n=1}^{\infty}\dfrac{\sin(n\alpha)}{n^2}$ 的敛散性。

解：取级数每一项取绝对值，得

$$\sum_{n=1}^{\infty}\left|\dfrac{\sin(n\alpha)}{n^2}\right|$$

因为 $$\left|\dfrac{\sin(n\alpha)}{n^2}\right|\leqslant \dfrac{1}{n^2}$$

而级数 $\sum_{n=1}^{\infty}\dfrac{1}{n^2}$ 收敛，故原级数绝对收敛。

【例 4-31】 判别级数 $\sum_{n=1}^{\infty}(-1)^n\sin\dfrac{1}{n}$ 的敛散性。

解：因为当 $n\geqslant 1$ 时，$\sin\dfrac{1}{n}>0$，所以级数为交错级数。

又

$$u_n=\sin\dfrac{1}{n}>\sin\dfrac{1}{n+1}=u_{n+1}$$

$$\sin\dfrac{1}{n}\to 0 \quad (n\to\infty)$$

所以该级数收敛。

而每项取绝对值后构成的级数为 $\sum_{n=1}^{\infty}\sin\dfrac{1}{n}$，由比较判别法有

常数项级数敛散法

$$\lim_{n\to\infty}\frac{\sin\frac{1}{n}}{\frac{1}{n}}=1$$

且 $\sum_{n=1}^{\infty}\frac{1}{n}$ 发散，从而知 $\sum_{n=1}^{\infty}\sin\frac{1}{n}$ 是发散的，所以原级数 $\sum_{n=1}^{\infty}(-1)^n\sin\frac{1}{n}$ 是条件收敛。

练习 4.5

1. 判定级数 $\sum_{n=1}^{\infty}\frac{(-1)^n}{\sqrt{n}}$ 的敛散性。

2. 判定级数 $\sum_{n=1}^{\infty}\frac{(-1)^n}{n^p}$ 的敛散性。

3. 判定下列级数的敛散性。如果是收敛的，是条件收敛还是绝对收敛？

（1）$\sum_{n=1}^{\infty}(-1)^n\frac{1}{3\cdot 2^n}$ （2）$\sum_{n=1}^{\infty}\frac{(-1)^n}{n^p}$

（3）$\sum_{n=1}^{\infty}(-1)^{n-1}\left(\sqrt{n-1}-\sqrt{n}\right)$ （4）$\sum_{n=1}^{\infty}\frac{(-1)^{n-1}}{n\cdot 2^n}$

4. 判别下列级数的敛散性。

（1）$\sum_{n=1}^{\infty}\frac{1}{\sqrt{n(n^2+1)}}$ （2）$\sum_{n=1}^{\infty}\frac{1}{1+a^n}\ (a>0)$

（3）$\sum_{n=1}^{\infty}\left(\sqrt{n^2+a}-\sqrt{n^2-a}\right)\ (a>0)$ （4）$\sum_{n=1}^{\infty}\frac{2^n\cdot n!}{n^n}$

（5）$\sum_{n=1}^{\infty}\frac{1}{n^2}\sin\frac{n\pi}{4}$ （6）$\sum_{n=1}^{\infty}\frac{(n!)^2}{2^{n^2}}$

（7）$\sum_{n=1}^{\infty}\frac{1}{(\ln n)^n}$ （8）$\sum_{n=1}^{\infty}\frac{2^n}{3^{\ln n}}$

4.6　幂级数

形如

$$\sum_{n=0}^{\infty}a_n(x-x_0)^n=a_0+a_1(x-x_0)+a_2(x-x_0)^2+\cdots+a_n(x-x_0)^n+\cdots \quad (4\text{-}21)$$

的级数，称为 $(x-x_0)$ 的幂级数，其中，$a_0,a_1,a_2,\cdots,a_n,\cdots$ 均为常数，称为幂级数的系数。

当 $x_0=0$ 时，上式变为

$$\sum_{n=0}^{\infty}a_nx^n=a_0+a_1x+a_2x^2+\cdots+a_nx^n+\cdots \quad (4\text{-}22)$$

称为 x 的幂级数，它的每一项都是 x 的幂函数。

如果做 $y = x - x_0$ 变换，则幂级数式（4-21）变为幂级数式（4-22）。下面仅仅讨论形如式（4-22）的幂级数。

1. 幂级数的收敛区间和收敛半径

将级数式（4-22）的各项取绝对值，得正项级数

$$\sum_{n=0}^{\infty} |a_n x^n| = |a_0| + |a_1 x| + |a_2 x^2| + \cdots + |a_n x^n| + \cdots$$

设 $\lim\limits_{n \to \infty} \left| \dfrac{a_{n+1}}{a_n} \right| = l$，则

$$\lim_{n \to \infty} \left| \frac{u_{n+1}}{u_n} \right| = \lim_{n \to \infty} \left| \frac{a_{n+1} x^{n+1}}{a_n x^n} \right| = l |x|$$

于是，由比值法可知：

（1）如果 $l|x| < 1 (l \neq 0)$，即 $|x| < \dfrac{1}{l} = R$，则幂级数式（4-22）绝对收敛。

（2）如果 $l|x| > 1 (l \neq 0)$，即 $|x| > \dfrac{1}{l} = R$，则幂级数式（4-22）发散。

（3）如果 $l|x| = 1 (l \neq 0)$，即 $|x| = \dfrac{1}{l} = R$，则比值法失效，需另行判定。

（4）如果 $l = 0$，则 $l|x| = 0 < 1$，这时级数式（4-22）对任何 x 都收敛。

由上面分析可知，幂级数式（4-22）收敛域是一个以原点为中心从 $-R$ 到 R 的区间，这个区间叫作幂级数式（4-22）的<u>收敛区间</u>，其中 $R = \dfrac{1}{l}$ 叫作幂级数的<u>收敛半径</u>。

如果幂级数式（4-22）除点 $x = 0$ 外，对一切 $x \neq 0$ 都发散，则规定 $R = 0$。此时幂级数式（4-22）的收敛区间为点 $x = 0$。

例如，级数

$$\sum_{n=0}^{\infty} n! x^n = 1 + 1! x + 2! x^2 + \cdots + n! x^n + \cdots$$

由于

$$\lim_{n \to \infty} \left| \frac{u_{n+1}}{u_n} \right| = \lim_{n \to \infty} \left| \frac{n! |x|^n}{(n-1)! |x|^{n-1}} \right| = \lim_{n \to \infty} n |x| > 1$$

所以此级数对任何 $x (x \neq 0)$ 都发散。

如果幂级数式（4-22）对任何 x 都收敛，则记作 $R = +\infty$。此时级数的收敛区间为 $(-\infty, +\infty)$。

例如，级数

$$\sum_{n=0}^{\infty} \frac{x^n}{n!}$$

由于

$$\lim_{n\to\infty}\left|\frac{u_{n+1}}{u_n}\right|=\lim_{n\to\infty}\left|\frac{\frac{x^{n+1}}{(n+1)!}}{\frac{x^n}{n!}}\right|=\lim_{n\to\infty}\left|\frac{x}{n+1}\right|=0<1$$

所以，此级数对任何 x 都收敛。

当 $0<R<+\infty$ 时，要对点 $x=\pm R$ 处级数的敛散情况专门讨论，以决定收敛区间是开区间还是闭区间或半开半闭区间。

求幂级数式（4-22）收敛区间的步骤是：

（i）求出收敛半径 R。

（ii）如果 $0<R<+\infty$，则判断 $x=\pm R$ 时的敛散性。

（iii）写出收敛区间。

由此有如下定理。

定理 如果幂级数

$$\sum_{n=0}^{\infty}a_n x^n=a_0+a_1 x+a_2 x^2+\cdots+a_n x^n+\cdots$$

的系数满足条件

$$\lim_{n\to\infty}\left|\frac{a_{n+1}}{a_n}\right|=l$$

则

（1）当 $0<l<+\infty$ 时，$R=\dfrac{1}{l}$；

（2）当 $l=0$ 时，$R=+\infty$；

（3）当 $l=+\infty$ 时，$R=0$。

【例 4-32】 判定级数 $\sum\limits_{n=1}^{\infty}\dfrac{(-1)^{n-1}x^n}{n}$ 的收敛区间。

解：由

$$\lim_{n\to\infty}\left|\frac{a_{n+1}}{a_n}\right|=\lim_{n\to\infty}\frac{\frac{1}{n+1}}{\frac{1}{n}}=\lim_{n\to\infty}\frac{n}{n+1}=1$$

幂级数

得到收敛半径为 $R=1$。

当 $x=-1$ 时，它成为调和级数 $\sum\limits_{n=1}^{\infty}\dfrac{(-1)^{2n-1}}{n}=-\sum\limits_{n=1}^{\infty}\dfrac{1}{n}$，发散。

当 $x=1$ 时，它成为交错级数 $\sum\limits_{n=1}^{\infty}\dfrac{(-1)^{n-1}}{n}$，收敛。

所以，所求级数的收敛区间为 $(-1,1]$。

【例 4-33】 判定级数 $\sum_{n=1}^{\infty} \dfrac{x^n}{n^n}$ 的收敛区间。

解：由

$$\lim_{n\to\infty}\left|\dfrac{a_{n+1}}{a_n}\right| = \lim_{n\to\infty}\dfrac{\dfrac{1}{(n+1)^{n+1}}}{\dfrac{1}{n^n}} = \lim_{n\to\infty}\dfrac{1}{(n+1)\left(1+\dfrac{1}{n}\right)^n} = 0\times\dfrac{1}{\mathrm{e}} = 0$$

得到收敛半径为 $R = +\infty$。

所以，所求级数的收敛区间为 $(-\infty, +\infty)$。

2. 幂级数的性质

性质 1 幂级数 $s(x) = \sum_{n=0}^{\infty} a_n x^n$ 在其收敛区间内可逐项积分，即

$$\int_0^x s(x)\mathrm{d}x = \int_0^x \left(\sum_{n=0}^{\infty} a_n x^n\right)\mathrm{d}x = \sum_{n=0}^{\infty}\int_0^x a_n x^n \mathrm{d}x = \sum_{n=0}^{\infty}\dfrac{a_n}{n+1}x^{n+1}$$

这与性质表示：幂级数逐项积分等于原级数积分。

性质 2 幂级数 $s(x) = \sum_{n=0}^{\infty} a_n x^n$ 在其收敛区间内可逐项取导数，即

$$s'(x) = \left(\sum_{n=0}^{\infty} a_n x^n\right)' = \sum_{n=0}^{\infty}(a_n x^n)' = \sum_{n=1}^{\infty} a_n n x^{n-1}$$

这个性质表示：幂级数逐项求导等于原级数求导。此性质可以推广到 n 阶导数。

【例 4-34】 求级数 $\sum_{n=1}^{\infty}\dfrac{(-1)^{n-1}}{n}x^n$ 的收敛区间及和函数。

解：由例 4-32 知其收敛区间为 $(-1, 1]$。

令

$$s(x) = \sum_{n=1}^{\infty}\dfrac{(-1)^{n-1}}{n}x^n = x - \dfrac{1}{2}x^2 + \dfrac{1}{3}x^3 - \cdots + \dfrac{(-1)^n}{n}x^n + \cdots$$

得

$$s'(x) = 1 - x + x^2 - \cdots + (-1)^{n-1}x^{n-1} + \cdots$$

即

$$s'(x) = \dfrac{1}{x+1}$$

两边积分

$$\int_0^x s'(x)\mathrm{d}x = \int_0^x \dfrac{1}{x+1}\mathrm{d}x$$

得

即
$$s(x)=\ln(x+1)$$

$$\ln(x+1)=x-\frac{1}{2}x^2+\frac{1}{3}x^3-\cdots+\frac{(-1)^n}{n}x^n+\cdots$$

【例 4-35】 求级数 $\sum_{n=0}^{\infty}(1+n)x^n$ 的收敛区间及和函数。

解：由 $\lim_{n\to\infty}\left|\frac{n+2}{n+1}\right|=\lim_{n\to\infty}\frac{n+2}{n+1}=1$，知 $R=1$，并知当 $x=\pm 1$ 时级数发散，所以级数的收敛区间为 $(-1,1)$。

设
$$s(x)=\sum_{n=0}^{\infty}(n+1)x^n=1+2x+3x^2+\cdots+(n+1)x^n+\cdots$$

两边从 0 到 x 积分（其中，$[0,x]\subset(-1,1)$），得

$$\int_0^x s(x)\mathrm{d}x=\sum_{n=0}^{\infty}\int_0^x(n+1)x^n\mathrm{d}x$$
$$=\sum_{n=0}^{\infty}x^{n+1}=x+x^2+x^3+\cdots+x^{n+1}+\cdots$$
$$=\frac{x}{1-x}$$

两边再对 x 求导，得

$$s(x)=\left(\frac{x}{1-x}\right)'=\frac{1}{(1-x)^2}$$

即
$$\sum_{n=0}^{\infty}(n+1)x^n=\frac{1}{(1-x)^2}$$

练习 4.6

1. 求下列级数的收敛区间。

（1）$x-\frac{x^2}{2}+\frac{x^3}{3}-\frac{x^4}{4}+\cdots$ 　　（2）$\sum_{n=1}^{\infty}\frac{x^{n-1}}{3^n n}$

2. 求下列级数的收敛区间和收敛半径。

（1）$\sum_{n=1}^{\infty}\frac{2^n+(-1)^n}{n}x^n$ 　　（2）$1-x+\frac{x^2}{2^2}-\frac{x^3}{3^2}+\cdots+(-1)^n\frac{x^n}{n^2}+\cdots$

3. 求下列级数的收敛区间并求其和。

（1）$\sum_{n=1}^{\infty}\frac{x^n}{n}$ 　　（2）$\sum_{n=1}^{\infty}(-1)^{2n}\frac{x^{2n-1}}{2n-1}$

(3) $\sum_{n=0}^{\infty}(n+1)x^n$ (4) $\sum_{n=1}^{\infty}\dfrac{n(n+1)}{2}x^{n-1}$ （提示：积分两次）

4.7 函数幂级数的展开

本节研究将一个已知函数 $f(x)$ 展开成幂级数的问题。

1. 泰勒级数

设 $f(x)$ 可以用幂级数表示，即 $f(x)$ 可以表示为

$$f(x)=\sum_{n=0}^{\infty}a_n(x-x_0)^n=a_0+a_1(x-x_0)+a_2(x-x_0)^2+\cdots+a_n(x-x_0)^n+\cdots$$

试求待定系数 $a_n(n=0,1,2,\cdots)$。

根据 4.6 节介绍的性质 2，得

$$f(x)=\sum_{n=0}^{\infty}a_n(x-x_0)^n$$
$$=a_0+a_1(x-x_0)+a_2(x-x_0)^2+\cdots+a_n(x-x_0)^n+\cdots$$
$$f'(x)=a_1+2a_2(x-x_0)+3a_3(x-x_0)^2+\cdots+na_n(x-x_0)^{n-1}+\cdots$$
$$f''(x)=2a_2+3\times 2a_3(x-x_0)+4\times 3a_4(x-x_0)^2+\cdots+n(n-1)a_n(x-x_0)^{n-2}+\cdots$$
$$\vdots$$
$$f^{(n)}(x)=n!a_n+(n+1)!a_{n+1}(x-x_0)+\cdots$$

将 $x=x_0$ 代入上述各式得

$$a_0=f(x_0),a_1=f'(x_0),a_2=\dfrac{1}{2!}f''(x_0),\cdots,a_n=\dfrac{1}{n!}f^{(n)}(x_0),\cdots$$

于是幂级数的形式为

$$f(x_0)+f'(x_0)(x-x_0)+\dfrac{1}{2!}f''(x_0)(x-x_0)^2+\dfrac{1}{3!}f'''(x_0)(x-x_0)^3+\cdots+\dfrac{1}{n!}f^{(n)}(x_0)(x-x_0)^n+\cdots$$

此级数称为 $f(x)$ 在 x_0 处的<u>泰勒级数</u>，简称<u>泰勒级数</u>。当 $x_0=0$ 时，此级数称为<u>麦克劳林级数</u>。系数

$$a_n=\dfrac{1}{n!}f^{(n)}(x_0) \quad (n=0,1,2,\cdots)$$

称为<u>泰勒系数</u>。

定理 如果函数 $f(x)$ 在含有点 x_0 的区间内，有一阶直至 $n+1$ 阶导数，则当 x 取区间内的任何值时，下式成立

$$f(x)=f(x_0)+f'(x_0)(x-x_0)+\dfrac{1}{2!}f''(x_0)(x-x_0)^2+\cdots+\dfrac{1}{n!}f^{(n)}(x_0)(x-x_0)^n+R_n(x)$$

其中，

$$R_n(x) = \frac{f^{(n+1)}(\xi)}{(n+1)!}(x-x_0)^{n+1} \quad （\xi 在 x_0 与 x 之间）$$

这个公式称为函数 $f(x)$ 的泰勒公式，当 $x_0 = 0$ 时，称为<u>麦克劳林公式</u>。

证明略。

【例 4-36】 求函数 $f(x) = e^x$ 的 n 阶麦克劳林公式。

解： 函数 $f(x)$ 在 $x_0 = 0$ 点的各阶导数及 ξ 处的 $n+1$ 阶导数为

$$f(x) = e^x, \quad f(0) = 1$$
$$f'(x) = e^x, \quad f'(0) = 1$$
$$f''(x) = e^x, \quad f''(0) = 1$$
$$\vdots$$
$$f^{(n)}(x) = e^x, \quad f^{(n)}(0) = 1$$
$$f^{(n+1)}(x) = e^x, \quad f^{(n+1)}(\xi) = e^\xi$$

代入麦克劳林公式，得

$$e^x = 1 + x + \frac{1}{2!}x^2 + \frac{1}{3!}x^3 + \cdots + \frac{1}{n!}x^n + \frac{1}{(n+1)!}e^\xi x^{n+1}$$

其收敛区间为 $-\infty < x < +\infty$。

一个函数 $f(x)$ 对于某区间内的一个特定值 x_0 是否可以展开成为一个幂级数，取决于它的各阶导数在 $x = x_0$ 时是否存在，以及当 $n \to \infty$ 时，余项 $R_n(x)$ 是否趋于零。

因此，将函数 $f(x)$ 展开成幂级数（不妨取 $x_0 = 0$），其步骤为：

（1）求出 $f(x)$ 在 $x = 0$ 的各阶导数 $f^{(n)}(0)$，若函数 $f(x)$ 在 $x = 0$ 的某阶导数不存在，则 $f(x)$ 不能展为幂级数。

（2）写出麦克劳林级数，并求出其收敛区间。

（3）考察在收敛区间内余项 $R_n(x)$ 的极限

$$\lim_{n \to \infty} \frac{f^{(n+1)}(\xi)}{(n+1)!} x^{n+1}$$

是否为零。如为零，则级数在此收敛区间内等于 $f(x)$；如不为零，则此级数虽收敛，但它的和也不是 $f(x)$。如例 4-36 的级数，由

$$\lim_{n \to \infty} |R_n(x)| = \lim_{n \to \infty} \frac{e^\xi}{(n+1)!} x^{n+1} < \lim_{n \to \infty} e^{|x|} \frac{|x|^{n+1}}{(n+1)!} = 0$$

因 $e^{|x|}$ 是有限数，$\frac{|x|^{n+1}}{(n+1)!}$ 是级数 $\sum_{n=0}^{\infty} \frac{x^n}{n!}$（$-\infty < x < +\infty$）的一般项，所以对任意 x 上式均成立。因此得到

$$e^x = \sum_{n=0}^{\infty} \frac{x^n}{n!} = 1 + x + \frac{1}{2!}x^2 + \frac{1}{3!}x^3 + \cdots + \frac{1}{n!}x^n + \cdots \quad （-\infty < x < +\infty）$$

为方便起见，本书不讨论级数在收敛区间内的余项，并认为极限

为零，即认为级数在此收敛区间内等于 $f(x)$。

【例 4-37】 求 $f(x) = \sin x$ 的 n 阶麦克劳林公式。

解： 因为 $f^{(n)}(x) = \sin(x + \dfrac{n\pi}{2})$，所以

$$f(0) = 0, f'(0) = 1, f''(0) = 0, f'''(0) = -1, \cdots, f^{(2k)}(0) = 0, f^{(2k+1)}(0) = (-1)^k, \cdots$$

代入麦克劳林公式，得

$$\sin x = \sum_{n=0}^{\infty} (-1)^k \frac{x^{2k+1}}{(2k+1)!} = x - \frac{x^3}{3!} + \frac{x^5}{5!} - \cdots + (-1)^k \frac{x^{2k+1}}{(2k+1)!} + \cdots$$

利用幂级数的运算法则及已知函数的幂级数展开式去求一些函数的幂级数展开式，往往更为方便。

【例 4-38】 几何级数

$$\frac{1}{1-q} = 1 + q + q^2 + \cdots + q^n + \cdots \quad (-1 < q < 1)$$

在上式中分别令 $q = -x, -x^2, x^2$，则得

$$\frac{1}{1+x} = 1 - x + x^2 - x^3 + \cdots + (-1)^n x^n + \cdots \quad (-1 < x < 1)$$

$$\frac{1}{1+x^2} = 1 - x^2 + x^4 - x^6 + \cdots + (-1)^n x^{2n} + \cdots \quad (-1 < x < 1)$$

$$\frac{1}{1-x^2} = 1 + x^2 + x^4 + x^6 + \cdots + x^{2n} + \cdots \quad (-1 < x < 1)$$

将上面三式两端分别从 0 到 x 积分，得

$$\ln(1+x) = x - \frac{1}{2}x^2 + \frac{1}{3}x^3 - \cdots + (-1)^n \frac{x^{n+1}}{n+1} + \cdots \quad (-1 < x \leq 1)$$

$$\arctan x = x - \frac{x^3}{3} + \frac{x^5}{5} - \cdots + (-1)^n \frac{x^{2n+1}}{2n+1} + \cdots \quad (-1 \leq x \leq 1)$$

$$\ln\left(\frac{1+x}{1-x}\right) = 2\left(x + \frac{x^3}{3} + \frac{x^5}{5} + \cdots + \frac{x^{2n+1}}{2n+1} + \cdots\right) \quad (-1 < x < 1)$$

2. 泰勒级数在近似计算中的应用

【例 4-39】 计算 e 的近似值。

解： 在 e^x 的幂级数展开式

$$e^x = 1 + x + \frac{1}{2!}x^2 + \frac{1}{3!}x^3 + \cdots + \frac{1}{n!}x^n + \cdots \quad (-\infty < x < +\infty)$$

中，令 $x = 1$，得

$$e = 1 + 1 + \frac{1}{2!} + \frac{1}{3!} + \cdots + \frac{1}{n!} + \cdots$$

函数幂级数的展开

取 $n+1$ 项作 e 的近似值

$$e \approx 1+1+\frac{1}{2!}+\frac{1}{3!}+\cdots+\frac{1}{n!}$$

则

$$R_n = \frac{1}{(n+1)!}+\frac{1}{(n+2)!}+\frac{1}{(n+3)n!}+\cdots$$

$$= \frac{1}{(n+1)!}\left[1+\frac{1}{(n+2)}+\frac{1}{(n+2)(n+3)}+\cdots\right]$$

$$\leq \frac{1}{(n+1)!}\left[1+\frac{1}{(n+1)}+\frac{1}{(n+1)^2}+\cdots\right]$$

$$= \frac{1}{(n+1)!}\cdot\frac{1}{1-\frac{1}{n+1}}=\frac{1}{n!n}$$

如计算 e 的近似值精确到小数点后四位,即误差 $|R_n|$ 小于 10^{-4} 时,由于

$$\frac{1}{6!\times 6}=\frac{1}{4320}>10^{-4},\quad \frac{1}{7!\times 7}=\frac{1}{35280}<3\times 10^{-5}<10^{-4}$$

所以取 $n=7$,即取级数的前 $7+1=8$ 项作近似计算即可。即

$$e \approx 1+1+\frac{1}{2!}+\frac{1}{3!}+\frac{1}{4!}+\frac{1}{5!}+\frac{1}{6!}+\frac{1}{7!} \approx 2.71826$$

【例 4-40】 计算 $\ln 2$ 的近似值,使其误差不超过 10^{-4}。

解: 在 $\ln(1+x)$ 的幂级数展开式

$$\ln(1+x)=x-\frac{1}{2}x^2+\frac{1}{3}x^3-\cdots+(-1)^n\frac{x^{n+1}}{n+1}+\cdots \quad (-1<x\leq 1)$$

中,令 $x=1$,得

$$\ln 2 = 1-\frac{1}{2}+\frac{1}{3}-\cdots+(-1)^n\frac{1}{n+1}+\cdots$$

则可计算 $\ln 2$ 的近似值,其误差 $|R_n|\leq |u_n|$。

但由 $\ln(1+x)$ 计算 $\ln 2$ 时,收敛速度比较慢。

由

$$\ln\left(\frac{1+x}{1-x}\right)=2\left(x+\frac{x^3}{3}+\frac{x^5}{5}+\cdots+\frac{x^{2n+1}}{2n+1}+\cdots\right)$$

令 $\frac{1+x}{1-x}=2$,解得 $x=\frac{1}{3}$,代入上式得

$$\ln 2 = 2\left[\frac{1}{3}+\frac{1}{3}\times\left(\frac{1}{3}\right)^2+\frac{1}{5}\times\left(\frac{1}{3}\right)^5+\cdots+\frac{1}{2n+1}\cdot\left(\frac{1}{3}\right)^{2n+1}+\cdots\right]$$

这个收敛速度快多了,取 $n=4$ 有

$$\ln 2 = 2\left[\frac{1}{3}+\frac{1}{3}\times\left(\frac{1}{3}\right)^2+\frac{1}{5}\times\left(\frac{1}{3}\right)^5+\frac{1}{7}\times\left(\frac{1}{3}\right)^7\right]\approx 0.6931 \quad (\text{其中},|R_4|<10^{-4})$$

3. 傅里叶级数及其展开

自然界中周期的现象是很多的，如单摆的摆动等。周期现象的数学描述就是周期函数，自然界最简单的周期现象，如单摆的摆动、音叉的振动等，都可以用正弦函数或余弦函数，即 $y=A\sin\omega t$ 或 $y=A\cos\omega t$ 表示。但是比较复杂的周期现象，如热传导、电流传播等，就不能仅用正弦函数或余弦函数表示，而需要多个以至无穷多个正弦函数与余弦函数的叠加来表示。这就是下面需要研究的的问题。

定义 1 级数

$$\frac{a_0}{2}+\sum_{n=1}^{\infty}(a_n\cos(nx)+b_n\sin(nx))$$

称为<u>三角级数</u>。三角级数中，我们仅讨论傅里叶级数。

定义 2 函数 $f(x)$ 展开成形如

$$\frac{a_0}{2}+\sum_{n=1}^{\infty}(a_n\cos nx+b_n\sin nx)$$

的级数称为<u>傅里叶级数</u>，其中

$$a_0=\frac{1}{\pi}\int_{-\pi}^{\pi}f(x)\mathrm{d}x$$

$$a_n=\frac{1}{\pi}\int_{-\pi}^{\pi}f(x)\cos nx\mathrm{d}x$$

$$b_n=\frac{1}{\pi}\int_{-\pi}^{\pi}f(x)\sin nx\mathrm{d}x \quad (n=1,2,\cdots)$$

称为 $f(x)$ 的<u>傅里叶系数</u>。

一般来说，我们所遇到的函数都可展开成傅里叶级数，即以上级数收敛于 $f(x)$。

【**例 4-41**】 设在 $[-\pi,\pi]$ 上

$$f(x)=x$$

求 $f(x)$ 的傅里叶级数。

解：傅里叶系数为

$$a_0=\frac{1}{\pi}\int_{-\pi}^{\pi}f(x)\mathrm{d}x=\frac{1}{\pi}\int_{-\pi}^{\pi}x\mathrm{d}x=\frac{1}{2\pi}x^2\Big|_{-\pi}^{\pi}=0$$

$$a_n=\frac{1}{\pi}\int_{-\pi}^{\pi}f(x)\cos nx\mathrm{d}x=\frac{1}{\pi}\int_{-\pi}^{\pi}x\cos(nx)\mathrm{d}x=\frac{1}{n\pi}\int_{-\pi}^{\pi}x\mathrm{d}(\sin(nx))$$

$$=\frac{1}{n\pi}x\sin(nx)\Big|_{-\pi}^{\pi}-\frac{1}{n\pi}\int_{-\pi}^{\pi}\sin(nx)\mathrm{d}x=0$$

$$b_n=\frac{1}{\pi}\int_{-\pi}^{\pi}f(x)\sin(nx)\mathrm{d}x=\frac{1}{\pi}\int_{-\pi}^{\pi}x\sin(nx)\mathrm{d}x=-\frac{1}{n\pi}\int_{-\pi}^{\pi}x\mathrm{d}(\cos(nx))$$

$$=-\frac{1}{n\pi}x\cos(nx)\Big|_{-\pi}^{\pi}+\frac{1}{n\pi}\int_{-\pi}^{\pi}\cos(nx)\mathrm{d}x$$

$$=-\frac{2\pi}{n\pi}\cos(nx)=(-1)^{n+1}\frac{2}{n}$$

所以
$$f(x) = x = \sum_{n=1}^{\infty} (-1)^{n+1} \frac{2}{n} \sin(nx) = 2\sum_{n=1}^{\infty} \frac{(-1)^{n+1}}{n} \sin(nx)$$

【例 4-42】 设在 $[-\pi, \pi]$ 上
$$f(x) = x^2$$
求 $f(x)$ 的傅里叶级数。

解：傅里叶系数为
$$a_0 = \frac{1}{\pi}\int_{-\pi}^{\pi} f(x)\mathrm{d}x = \frac{1}{\pi}\int_{-\pi}^{\pi} x^2 \mathrm{d}x = \frac{1}{3\pi}x^3\Big|_{-\pi}^{\pi} = \frac{2\pi^2}{3}$$

$$a_n = \frac{1}{\pi}\int_{-\pi}^{\pi} f(x)\cos(nx)\mathrm{d}x = \frac{1}{\pi}\int_{-\pi}^{\pi} x^2 \cos(nx)\mathrm{d}x$$
$$= \frac{1}{n\pi}x^2 \sin nx\Big|_{-\pi}^{\pi} - \frac{2}{n\pi}\int_{-\pi}^{\pi} x\sin(nx)\mathrm{d}x$$
$$= -\frac{2}{n}\cdot\frac{(-1)^{n+1}2}{n} = \frac{(-1)^n 4}{n^2}$$

$$b_n = \frac{1}{\pi}\int_{-\pi}^{\pi} f(x)\sin(nx)\mathrm{d}x = \frac{1}{\pi}\int_{-\pi}^{\pi} x^2 \sin(nx)\mathrm{d}x = 0$$

所以
$$f(x) = x^2 = \frac{\pi^2}{3} + 4\sum_{n=1}^{\infty}\frac{(-1)^n}{n^2}\cos(nx)$$

由以上两个例子也可以看出，因积分区间的对称性及函数 $f(x)$ 的奇偶性，使得展开的傅里叶级数不含正弦项或余弦项。

如果 $f(x)$ 在 $[-\pi, \pi]$ 上是偶函数，则它的傅里叶级数不含正弦项，而余弦项系数为
$$a_n = \frac{2}{\pi}\int_0^{\pi} f(x)\cos(nx)\mathrm{d}x \quad (n = 0,1,2,\cdots)$$
此时展开的傅里叶级数称为<u>余弦级数</u>。

如果 $f(x)$ 在 $[-\pi, \pi]$ 上是奇函数，则它的傅里叶级数不含余弦项（及常数项），而正弦项系数为
$$b_n = \frac{2}{\pi}\int_0^{\pi} f(x)\sin(nx)\mathrm{d}x \quad (n = 1,2,\cdots)$$
此时展开的傅里叶级数称为<u>正弦级数</u>。

在实际问题中，有时只要求函数 $f(x)$ 在 $[0,\pi]$ 上用正弦函数或余弦函数来表示，在 $[0,\pi]$ 之外没有什么要求。对这个问题可以这样解决：如果按奇函数的要求，补充定义 $f(x) = -f(-x), x\in[-\pi,0)$，然后再作 2π 周期延拓，必得奇函数，所得傅里叶级数必为正弦级数。对应地，补充定义 $f(x) = f(-x), x\in[-\pi,0)$ 后，再作 2π 周期延拓，必得偶函数，

所得傅里叶级数必为余弦级数。具体如下：

如果要求的是正弦级数，则其展开式系数为
$$a_n = 0 \quad (n = 0,1,2,\cdots),$$
$$b_n = \frac{2}{\pi}\int_0^\pi f(x)\sin(nx)\mathrm{d}x \quad (n=1,2,\cdots)$$

如果要求的是余弦级数，则其展开式系数为
$$b_n = 0 \quad (n=1,2,\cdots)$$
$$a_n = \frac{2}{\pi}\int_0^\pi f(x)\cos(nx)\mathrm{d}x \quad (n=0,1,2,\cdots)$$

【例 4-43】 将 $[0,\pi]$ 上的函数 $f(x) = x$ 展成余弦级数（即只含余弦项的三角级数）。

解：因为只含余弦项，所以
$$b_n = 0 \quad (n=1,2,\cdots)$$
$$a_n = \frac{2}{\pi}\int_0^\pi f(x)\cos(nx)\mathrm{d}x = \frac{2}{\pi}\int_0^\pi x\cos nx\,\mathrm{d}x$$
$$= \frac{2}{n\pi}\left[x\sin(nx) + \frac{1}{n}\cos(nx)\right]\Big|_0^\pi = \frac{2}{n^2\pi}[(-1)^n - 1]$$

当 $n = 2k$ 时，
$$a_{2k} = 0$$

当 $n = 2k-1$ 时，
$$a_{2k-1} = \frac{-4}{(2k-1)^2\pi}$$

所以
$$x = \frac{a_0}{2} + \sum_{n=1}^\infty a_n\cos(nx) = \frac{\pi}{2} - \frac{4}{\pi}\sum_{k=1}^\infty \frac{1}{(2k-1)^2}\cos[(2k-1)x] \quad x\in[0,\pi]$$

为了画出和函数的图形，我们把 $f(x)$ 的定义扩充成为 $[-\pi,\pi]$ 上的偶函数，即定义
$$f(x) = \begin{cases} x, & 0 \leq x \leq \pi \\ -x, & -\pi \leq x < 0 \end{cases}$$

它的傅里叶级数只含有余弦项。把其再扩充成为以 2π 为周期的函数，则其和函数图形见图 4-4。

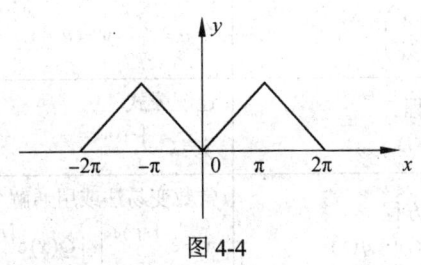

图 4-4

练习 4.7

1. 展开函数 $f(x) = \dfrac{1}{x}$ 为 $(x-3)$ 的幂级数。

2. 展开下列函数成麦克劳林级数。

（1） $f(x) = \sin \dfrac{x}{2}$　　　　　　　　　　　　（2） $f(x) = \dfrac{1}{1+x^2}$

3. 利用函数的幂级数展开式，求已给函数的近似值。

（1） $\ln 3$　　　　　　　　　　　　　　　　（2） $\dfrac{1}{e}$

4. 展开下列函数为傅里叶级数。

（1） $f(x) = e^{2x}$　　　　　　　　　　　　　（2） $f(x) = x^3$

5. 在 $[0, \pi]$ 上的将函数 $f(x) = x(\pi - x)$ 展开成以 2π 为周期的正弦级数，并画出级数和的图形。

本章小结

（一） 常微分方程

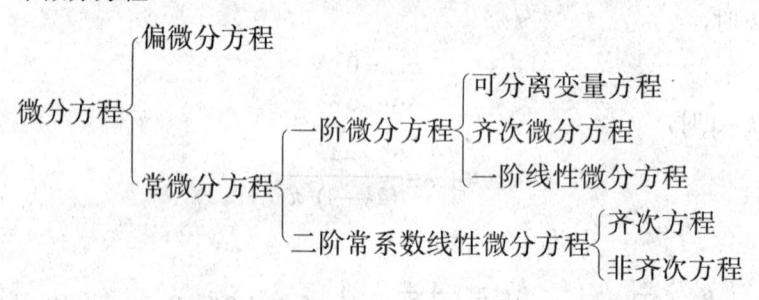

$$\text{微分方程}\begin{cases}\text{偏微分方程}\\\text{常微分方程}\begin{cases}\text{一阶微分方程}\begin{cases}\text{可分离变量方程}\\\text{齐次微分方程}\\\text{一阶线性微分方程}\end{cases}\\\text{二阶常系数线性微分方程}\begin{cases}\text{齐次方程}\\\text{非齐次方程}\end{cases}\end{cases}\end{cases}$$

1. 一阶微分方程的解法

一阶微分方程的解法见表 4-1。

表 4-1

方程类型	方程形式	方程解法
可分离变量方程	$\dfrac{dy}{dx} = f(x)g(y)$	分离变量法（分离变量，两边积分）
齐次方程	$\dfrac{dy}{dx} = f\left(\dfrac{y}{x}\right)$	令 $u = \dfrac{y}{x}$，$y' = u + xu'$　则方程可分离变量
一阶线性方程	齐次方程 $y' = p(x)y$	通解公式 $y = C e^{\int P(x) dx}$
一阶线性方程	非齐次方程 $y' = p(x)y + q(x)$	常数变易法或用通解公式 $y = e^{-\int P(x) dx}\left[\int Q(x) e^{\int P(x) dx} dx + C\right]$

2. 二阶常系数线性齐次微分方程的解法（特征方程法）

二阶常系数线性齐次微分方程的解法见表 4-2。

表 4-2

特征方程 $r^2+pr+q=0$ 的根的情况	$y''+py'+qy=0$ 的通解
有两个不相等实根 $r_1 \neq r_2$	$y = C_1 e^{r_1 x} + C_2 e^{r_2 x}$
有两个相等实根 $r_1 = r_2 = r = -\dfrac{p}{2}$	$y = (C_1 + C_2 x) e^{rx}$
有一对共轭复根 $r_1 = \alpha + i\beta$，$r_2 = \alpha - i\beta$	$y = e^{\alpha x}(C_1 \cos \beta x + C_2 \sin \beta x)$

3. 二阶常系数线性非齐次微分方程的解法（参数变异法）

$y'' + py' + qy = f(x)$ 的通解为 $y = \tilde{y}(x) + y^*(x)$，其中，$\tilde{y}(x)$ 是对应非齐次方程的特解，$y^*(x)$ 对应齐方程的通解。

设 $y^* = c_1 u_1 + c_2 u_2$（其中 c_1 和 c_2 是任意常数，u_1 和 u_2 是齐次方程的特解，且 $\dfrac{u_1}{u_2} \neq$ 常数）为齐次方程 $y'' + py' + qy = 0$ 的通解。用 x 的任意函数 $v_1(x)$ 与 $v_2(x)$ 分别代替 c_1 与 c_2，即设

$$\tilde{y} = v_1(x) u_1 + v_2(x) u_2$$

是方程 $y'' + py' + qy = f(x)$ 的特解。把此解代入非齐次线性方程 $y'' + py' + qy = f(x)$ 使其恒等。得方程组

$$\begin{cases} u_1 v_1' + u_2 v_2' = 0 \\ u_1' v_1' + u_2' v_2' = f(x) \end{cases}$$

解出 $v_1'(x)$ 与 $v_2'(x)$ 后，取积分就可解出 $v_1(x)$ 与 $v_2(x)$，从而非齐次线性方程 $y'' + py' + qy = f(x)$ 的一个特解为 $\tilde{y} = v_1(x) u_1 + v_2(x) u_2$。由此可求得二阶常系数线性非齐次微分方程 $y'' + py' + qy = f(x)$ 的通解为

$$y = \tilde{y}(x) + y^*(x) = (v_1(x) u_1 + v_2(x) u_2) + (C_1 u_1 + C_2 u_2)$$

（二）无穷级数

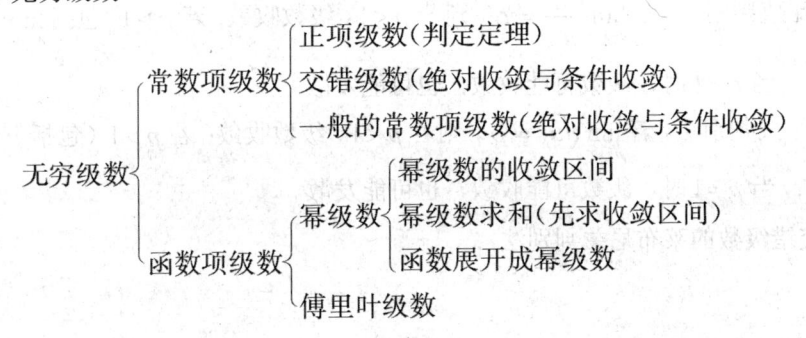

$$\text{无穷级数} \begin{cases} \text{常数项级数} \begin{cases} \text{正项级数（判定定理）} \\ \text{交错级数（绝对收敛与条件收敛）} \\ \text{一般的常数项级数（绝对收敛与条件收敛）} \end{cases} \\ \text{函数项级数} \begin{cases} \text{幂级数} \begin{cases} \text{幂级数的收敛区间} \\ \text{幂级数求和（先求收敛区间）} \\ \text{函数展开成幂级数} \end{cases} \\ \text{傅里叶级数} \end{cases} \end{cases}$$

1. 数项级数性质

（1）$\sum_{n=1}^{\infty} Cu_n = C\sum_{n=1}^{\infty} u_n$；

（2）若级数 $\sum_{n=1}^{\infty} u_n$，$\sum_{n=1}^{\infty} v_n$ 分别收敛于 s 和 σ，则级数 $\sum_{n=1}^{\infty} u_n \pm v_n$ 收敛于 $s \pm \sigma$；

（3）级数中去掉、增加或改变有限项，敛散性不变；

（4）收敛级数任意加括号所得的级数仍收敛，且其和不变。

（5）若级数 $\sum_{n=1}^{\infty} u_n$ 收敛，必有 $\lim_{n \to \infty} u_n = 0$。

2. 两个重要级数

（1）几何级数：$\sum_{n=1}^{\infty} aq^{n-1} = a + aq + aq^2 + \cdots + aq^{n-1} + \cdots \mid a \neq 0 \mid \geq 1$

若 $|q| < 1$，级数收敛，其和为 $\dfrac{a}{1-q}$；若 $|q| \geq 1$，级数发散。

（2）p 级数：$\sum_{n=1}^{\infty} \dfrac{1}{n^p} = 1 + \dfrac{1}{2^p} + \dfrac{1}{3^p} + \cdots + \dfrac{1}{n^p} + \cdots$（$p>0$）

若 $p>1$，级数收敛；若 $p \leq 1$，级数发散；当 $p=1$ 时，调和级数 $\sum_{n=1}^{\infty} \dfrac{1}{n}$ 发散。

3. 正项级数

对一切自然数 n，都有 $u_n \geq 0$，称级数 $\sum_{n=1}^{\infty} u_n$ 为正项级数。

收敛判别方法：

（1）比较判别法。设 $\sum_{n=1}^{\infty} u_n$ 和 $\sum_{n=1}^{\infty} v_n$ 都是正项级数，且 $u_n \leq v_n$（$n=1, 2, \cdots$）若级数 $\sum_{n=1}^{\infty} v_n$ 收敛，则级数 $\sum_{n=1}^{\infty} u_n$ 收敛；若级数 $\sum_{n=1}^{\infty} u_n$ 发散，则 $\sum_{n=1}^{\infty} v_n$ 发散。

（2）比较判别法的极限形式。若 $\lim_{n \to \infty} \dfrac{u_n}{v_n} = l$（$0 < l < +\infty$），则 $\sum_{n=1}^{\infty} u_n$ 和 $\sum_{n=1}^{\infty} v_n$ 同时收敛或同时发散。

（3）比值判别法。若 $\lim_{n \to \infty} \dfrac{u_{n+1}}{u_n} = \rho$，则若 $p<1$，级数收敛；若 $p>1$（包括 $\lim_{n \to \infty} \dfrac{u_{n+1}}{u_n} = \infty$），级数发散；当 $p=1$ 时，级数可能收敛，也可能发散。

（4）根式判别法。若 $\lim_{n \to \infty} \sqrt[n]{u_n} = \rho$，则若 $p<1$，级数收敛；若 $p>1$（包括 $\rho = +\infty$ 时），级数发散；当 $p=1$ 时，级数可能收敛，也可能发散。

4. 交错级数的莱布尼兹判别法

设 $\sum_{n=1}^{\infty}(-1)^{n-1}u_n$ 为交错级数，若①对一切 N 有 $u_{n+1} \leq u_n$；② $\lim_{n\to\infty}u_n=0$，则级数 $\sum_{n=1}^{\infty}(-1)^{n-1}u_n$ 收敛，且其和 $s \leq u_1$。

5. 级数的绝对收敛和条件收敛

若 $\sum_{n=1}^{\infty}|u_n|$ 收敛，则级数 $\sum_{n=1}^{\infty}u_n$ 绝对收敛；若 $\sum_{n=1}^{\infty}u_n$ 收敛，而 $\sum_{n=1}^{\infty}|u_n|$ 发散，则级数 $\sum_{n=1}^{\infty}u_n$ 条件收敛。

6. 幂级数 $\sum_{n=0}^{\infty}a_n x^n$ 的收敛半径、收敛区间

对任意一个幂级数 $\sum_{n=0}^{\infty}a_n x^n$，都存在一个 R，$0 \leq R \leq +\infty$，使对一切 $|x|<R$ 都有级数 $\sum_{n=0}^{\infty}a_n x^n$ 绝对收敛，而当 $|x|>R$ 时级数发散。称 R 为该幂级数的收敛半径，$(-R,R)$ 为收敛区间。当幂级数只在 $x=0$ 一点收敛时，$R=0$；当对一切 x 幂级数都收敛时 $R=+\infty$。

7. 收敛半径、区间的求法

对幂级数 $\sum_{n=0}^{\infty}a_n x^n$，若 $\lim_{n\to\infty}\frac{|a_{n+1}|}{|a_n|}=\rho$，则当 ρ 为非零正数时，$R=\frac{1}{\rho}$；当 $\rho=0$ 时，$R=+\infty$；当 $\rho=+\infty$ 时，$R=0$。

8. 幂级数的性质

（1）逐项积分：$\int_0^x s(t)\,dt = \int_0^x (\sum_{n=0}^{\infty}a_n t^n)\,dt = \sum_{n=0}^{\infty}\int_0^x a_n t^n\,dt = \sum_{n=0}^{\infty}\frac{a_n}{n+1}x^{n+1}$，且前后收敛半径相同。

（2）逐项可导：$s'(x) = (\sum_{n=0}^{\infty}a_n x^n)' = \sum_{n=0}^{\infty}(a_n x^n)' = \sum_{n=0}^{\infty}na_n x^{n-1}$，且前后收敛半径相同。

9. 函数的幂级数展开式

$f(x)$ 在点 $x=x_0$ 附近有任意阶导数，称幂级数

$$f(x_0) + f'(x_0)(x-x_0) + \frac{f''(x_0)}{2!}(x-x_0)^2 + \cdots + \frac{f^{(n)}(x_0)}{n!}(x-x_0)^n + \cdots$$

为 $f(x)$ 在点 x_0 处的泰勒级数，并称 $a_n = \frac{f^{(n)}(x_0)}{n!}$（$n=0,1,2,\cdots$）为 $f(x)$ 在点 x_0 处的泰勒系数，特别地，当 $x_0=0$ 时，称幂级数

$$f(0) + f'(0)x + \frac{f''(0)}{2!}x^2 + \cdots + \frac{f^{(n)}(0)}{n!}x^n + \cdots$$

为 $f(x)$ 的麦克劳林级数，并称 $a_n = \frac{f^{(n)}(0)}{n!}$ 为 $f(x)$ 的麦克劳林系数。

10. 常用函数幂级数展开式

$$e^x = \sum_{n=0}^{\infty} \frac{x^n}{n!} = 1 + x + \frac{1}{2!}x^2 + \cdots, \quad x \in (-\infty, +\infty);$$

$$\sin x = \sum_{n=0}^{\infty} \frac{(-1)^n}{(2n+1)!} x^{2n+1} = x - \frac{1}{3!}x^3 + \cdots, \quad x \in (-\infty, +\infty)$$

$$\ln(1+x) = \sum_{n=1}^{\infty} \frac{(-1)^{n-1} x^n}{n} = x - \frac{x^2}{2} + \frac{x^3}{3} - \cdots, \quad -1 < x \leqslant 1$$

$$\frac{1}{1-x} = \sum_{n=0}^{\infty} x^n = 1 + x + x^2 + \cdots, \quad -1 < x < 1$$

$$\frac{1}{1+x} = \sum_{n=0}^{\infty} (-1)^n x^n = 1 - x + x^2 - \cdots, \quad -1 < x < 1$$

11. 求函数幂级数展开式的方法

（1）直接展开法：求各阶导数，代入泰勒级数并检查泰勒余项 $R_n(x) \to 0 (n \to \infty)$ 的区间。

（2）间接展开法：利用函数与已知幂级数展开式的函数之间关系及其在收敛区间的性质求得。

12. 傅里叶级数

设 $f(x)$ 是以 2π 为周期的周期函数，由公式

$$a_n = \frac{1}{\pi} \int_{-\pi}^{\pi} f(x) \cos nx \, dx \ (n = 0, 1, 2, \cdots), \quad b_n = \frac{1}{\pi} \int_{-\pi}^{\pi} f(x) \sin nx \, dx \ (n = 1, 2, \cdots)$$

所确定的系数称为 $f(x)$ 的傅里叶系数，称由上述傅里叶系数确定的级数 $\frac{a_0}{2} + \sum_{n=1}^{\infty}(a_n \cos nx + b_n \sin nx)$ 为 $f(x)$ 的傅里叶级数。

13. 正弦级数和余弦级数

正弦级数：$\sum_{n=1}^{\infty} b_n \sin nx$，其中 $b_n = \frac{1}{\pi} \int_0^{\pi} f(x) \sin nx \, dx \ (n = 1, 2, \cdots)$

余弦级数：$\frac{a_0}{2} + \sum_{n=1}^{\infty} a_n \cos nx$，其中 $a_n = \frac{2}{\pi} \int_0^{\pi} f(x) \cos nx \, dx \ (n = 0, 1, 2, \cdots)$

综合习题 4

A 组

1. 验证下列各解是其对应的微分方程的解。

（1）$y'' - 7y' + 12y = 0$，$y = c_1 e^{3x} + c_2 e^{4x}$

（2）$y'' + 3y' - 10y = 2x$，$y = c_1 e^{2x} + c_2 e^{-5x} - \frac{x}{5} - \frac{3}{50}$

2. 求微分方程 $\dfrac{dy}{dx} = x + 3 - \dfrac{y}{x}$ 的通解。

3. 求下列各微分方程的通解或在给定条件下的特解。

(1) $y' = \dfrac{y}{y-x}$

(2) $(y^2 - 3x^2)dy - 2xy dx = 0$，$y|_{x=0} = 1$

4. 加热后的物体在空气中冷却的速度与每一瞬间物体温度与空气温度之差成正比，试确定物体温度与时间 t 的关系。

5. 判定下列级数敛散性。

(1) $\sin(\dfrac{\pi}{6}) + \sin(\dfrac{2\pi}{6}) + \cdots + \sin(\dfrac{n\pi}{6}) \cdots$

(2) $\sin(\dfrac{\pi}{2^2}) + \sin(\dfrac{\pi}{2^3}) + \cdots + \sin(\dfrac{\pi}{2^n}) \cdots$

(3) $\sum\limits_{n=1}^{\infty} \dfrac{n^2}{3^n}$

(4) $\sum\limits_{n=1}^{\infty} \dfrac{2^n}{n \cdot 3^n}$

6. 下列级数是否收敛，若收敛是绝对收敛还是条件收敛？

(1) $1 - \dfrac{1}{\sqrt{2}} + \dfrac{1}{\sqrt{3}} - \dfrac{1}{\sqrt{4}} + \cdots$

(2) $\sum\limits_{n=1}^{\infty} \dfrac{\cos(n\alpha)}{n^2}$

7. 试在区间 $(0, +\infty)$ 内讨论 x 在什么区间取值时，下列级数收敛。

(1) $\sum\limits_{n=1}^{\infty} \dfrac{x^n}{n}$

(2) $\sum\limits_{n=1}^{\infty} n^3 \left(\dfrac{x}{2}\right)^n$

8. 求下列级数的收敛区间和收敛半径。

(1) $\sum\limits_{n=1}^{\infty} \dfrac{x^n}{2^n \cdot n!}$

(2) $\sum\limits_{n=1}^{\infty} \dfrac{x^n}{2^n(n+1)}$

9. 将函数 $f(x) = \int_0^x \dfrac{1}{1+t^3} dt$ 展开为 x 的幂级数。

10. 利用函数的幂级数展开式求下列各式的近似值（要求给出误差估计）。

(1) $\sqrt[3]{e}$ （精确到 0.0001）

(2) $\int_0^1 e^{-x^2} dx$ （误差小于 0.01）

11. 将函数 $f(x) = 2\sin\dfrac{x}{3}$ ($-\pi \leqslant x \leqslant \pi$) 展开成傅里叶级数。

12. 将函数 $f(x) = \dfrac{\pi - x}{2}$ ($0 \leqslant x \leqslant \pi$) 展开成正弦级数。

13. $f(x) = \begin{cases} -1 & -\pi \leqslant x \leqslant 0, \\ x & 0 < x < \pi. \end{cases}$ $f(x)$ 在区间 $[-\pi, \pi]$ 上的傅里叶级数的和函数为 $S(x)$，求 $S(\pi) + S\left(\dfrac{\pi}{3}\right)$。

B 组

1. 求下列一阶微分方程的通解或特解。

(1) $\dfrac{dy}{dx} = 2x^3 y^2$

(2) $\dfrac{x}{1+y}dx - \dfrac{y}{1+x}dy = 0$

(3) $y' - xy = 0$

(4) $y' + y = e^{2x}$

(5) $y' - \dfrac{y}{x} = x\sin x$

(6) $xy' - y = x^2 e^x$ 满足初始条件 $y(1) = 2$ 的解

2. 求下列一阶微分方程的通解或特解。

(1) $y'' - 4y = 0$ (2) $y'' - 9y' = 0$

(3) $y'' - 7y' + 12y = x$ (4) $y'' - 3y' + 2y = 4e^{2x}$

(5) $y'' - 4y' + 3y = 0$，满足初始条件 $y(0) = 10, y''(0) = 6$ 的解

3. 已知曲线 C：$y = f(x)$（$x \in R$）在任一点处的切线斜率都等于该点的横坐标，且曲线通过点 $(1, 0)$，求曲线 C 的方程。

4. 根据经验可知，某产品的纯利润 L 与广告支出 x 的关系为 $\dfrac{dL}{dx} = k(A - L)$（其中，$k > 0, A > 0$）；若不做广告，即 $x = 0$ 时纯利润为 L_0，且 $0 < L_0 < A$。试求纯利润 L 与广告费 x 之间的函数关系。

5. 讨论下列级数的敛散性。

(1) $\sum\limits_{n=1}^{\infty} \dfrac{1}{[\lg(n+1)]^{n+1}}$ (2) $\sum\limits_{n=1}^{\infty} \dfrac{1}{\sqrt[n]{\ln n}}$

(3) $\sum\limits_{n=1}^{\infty} \dfrac{3^n \cdot n!}{n^n}$ (4) $\sum\limits_{n=1}^{\infty} \dfrac{(n+2)\cos^2 \dfrac{n\pi}{3}}{3^n}$

6. 判断级数 $\sum\limits_{n=1}^{\infty} \int_0^{\frac{1}{n}} \dfrac{\sin \pi x}{1 + x^2} dx$ 的敛散性。

7. 判断级数 $\sum\limits_{n=1}^{\infty} (-1)^{n-1} \dfrac{1}{n}$ 的敛散性，若收敛，指出是绝对收敛还是条件收敛。

8. 求下列幂级数的收敛半径和收敛域。

(1) $\sum\limits_{n=1}^{\infty} \dfrac{(-2)^n}{(n+1)^3} x^n$ (2) $\sum\limits_{n=1}^{\infty} \dfrac{(x-5)^n}{5 \cdot 2^n}$

9. 求下列幂级数的和函数。

(1) $\sum\limits_{n=1}^{\infty} \dfrac{x^{n-1}}{n \cdot 3^n}$ (2) $\sum\limits_{n=1}^{\infty} \dfrac{(x-1)^n}{n}$

10. 将函数 $f(x) = \ln(1+x)$ 展开为 $x = 3$ 处的泰勒级数。

11. 求函数 $f(x) = \sqrt{1 - \cos x}, -\pi \leqslant x \leqslant \pi$ 的傅里叶级数展开式。

12. 求函数 $f(x) = \begin{cases} x & 0 \leqslant x \leqslant 1 \\ 1 & 1 < x < 2 \\ 3 - x & 2 \leqslant x \leqslant 3 \end{cases}$ 的傅里叶级数展开式。

附录 A 常用初等数学公式

一、代数公式

1. 不等式

   （1） $|x \pm y| \leqslant |x| + |y|$ 　　　　　　　　　　（2） $|x - y| \geqslant |x| - |y|$

   （3） $-|x| \leqslant x \leqslant |x|$

2. 因式分解

   （1） $x^2 - y^2 = (x+y)(x-y)$ 　　　　　　　　（2） $x^3 \pm y^3 = (x \pm y)(x^2 \mp xy + y^2)$

   （3） $(x \pm y)^3 = x^3 \pm 3x^2 y + 3xy^2 \pm y^3$

   （4） $x^n - y^n = (x-y)(x^{n-1} + x^{n-2}y + x^{n-3}y^2 + \cdots + xy^{n-2} + y^{n-1})$，$n$ 是正整数

3. 对数运算 $(a > 0, a \neq 1)$

   （1） $\log_a xy = \log_a x + \log_a y$ 　　　　　　（2） $\log_a \dfrac{x}{y} = \log_a x - \log_a y$

   （3） $\log_a x^n = n \log_a x$ 　　　　　　　　　　（4） $\log_a x^{\frac{1}{n}} = \dfrac{1}{n} \log_a x$

   （5） $\log_a b = \dfrac{\log_c b}{\log_c a}$ 　　　　　　　　　　（6） $a^{\log_a x} = x$

4. 指数运算 $(a, b > 0, a, b \neq 1)$

   （1） $a^m a^n = a^{m+n}$ 　　　　　　　　　　　　（2） $\dfrac{a^m}{a^n} = a^{m-n}$

   （3） $(a^m)^n = a^{mn}$ 　　　　　　　　　　　　　（4） $a^m b^m = (ab)^m$

   （5） $a^{\frac{m}{n}} = \sqrt[n]{a^m}$ 　　　　　　　　　　　　　（6） $a^{-n} = \dfrac{1}{a^n}$

   （7） $a^0 = 1$

二、三角函数公式

1. 同名角关系

   （1）平方关系

   $\sin^2 \alpha + \cos^2 \alpha = 1$ 　　　　　　$1 + \tan^2 \alpha = \sec^2 \alpha$ 　　　　　　$1 + \cot^2 \alpha = \csc^2 \alpha$

（2）倒数关系

$$\tan\alpha = \frac{1}{\cot\alpha} \qquad \sec\alpha = \frac{1}{\cos\alpha} \qquad \csc\alpha = \frac{1}{\sin\alpha}$$

（3）商关系

$$\tan\alpha = \frac{\sin\alpha}{\cos\alpha} \qquad \cot\alpha = \frac{\cos\alpha}{\sin\alpha}$$

2. 两角和公式

（1）$\sin(\alpha \pm \beta) = \sin\alpha\cos\beta \pm \cos\alpha\sin\beta$

（2）$\cos(\alpha \pm \beta) = \cos\alpha\cos\beta \mp \sin\alpha\sin\beta$

（3）$\tan(\alpha \pm \beta) = \dfrac{\tan\alpha \pm \tan\beta}{1 \mp \tan\alpha\tan\beta}$

（4）$\cot(\alpha \pm \beta) = \dfrac{\cot\alpha\cot\beta \mp 1}{\cot\alpha \pm \cot\beta}$

3. 倍角公式

（1）$\sin 2\alpha = 2\sin\alpha\cos\alpha$

（2）$\cos 2\alpha = \cos^2\alpha - \sin^2\alpha$

（3）$\tan 2\alpha = \dfrac{2\tan\alpha}{1 - \tan^2\alpha}$

（4）$\cot 2\alpha = \dfrac{\cot^2\alpha - 1}{2\cot\alpha}$

4. 半角公式

（1）$\sin\alpha = \pm\sqrt{\dfrac{1 - \cos 2\alpha}{2}}$

（2）$\cos\alpha = \pm\sqrt{\dfrac{1 + \cos 2\alpha}{2}}$

（3）$\tan\alpha = \pm\sqrt{\dfrac{1 - \cos 2\alpha}{1 + \cos 2\alpha}}$

（4）$\cot\alpha = \pm\sqrt{\dfrac{1 + \cos 2\alpha}{1 - \cos 2\alpha}}$

5. 积化和差公式

（1）$\sin\alpha\cos\beta = \dfrac{1}{2}[\sin(\alpha + \beta) + \sin(\alpha - \beta)]$

（2）$\cos\alpha\sin\beta = \dfrac{1}{2}[\sin(\alpha + \beta) - \sin(\alpha - \beta)]$

（3）$\cos\alpha\cos\beta = \dfrac{1}{2}[\cos(\alpha + \beta) + \cos(\alpha - \beta)]$

（4）$\sin\alpha\sin\beta = -\dfrac{1}{2}[\cos(\alpha + \beta) - \cos(\alpha - \beta)]$

6. 和差化积公式

(1) $\sin\alpha + \sin\beta = 2\sin\dfrac{\alpha+\beta}{2}\cos\dfrac{\alpha-\beta}{2}$

(2) $\sin\alpha - \sin\beta = 2\cos\dfrac{\alpha+\beta}{2}\sin\dfrac{\alpha-\beta}{2}$

(3) $\cos\alpha + \cos\beta = 2\cos\dfrac{\alpha+\beta}{2}\cos\dfrac{\alpha-\beta}{2}$

(4) $\cos\alpha - \cos\beta = -2\sin\dfrac{\alpha+\beta}{2}\sin\dfrac{\alpha-\beta}{2}$

三、等差等比数列公式

1. 等差数列

通项公式：$a_n = a_1 + (n-1)d$

前 n 项和公式：$S_n = \dfrac{n(a_1+a_n)}{2}$ 或 $S_n = na_1 + \dfrac{d}{2}n(n-1)$

2. 等比数列

通项公式：$a_n = a_1 q^{n-1}$

前 n 项和公式：$S_n = \begin{cases} na_1 & q=1 \\ \dfrac{a_1(1-q^n)}{1-q} & q \neq 1 \end{cases}$

附录 B　常用基本初等函数的定义、定义域、性质和图形

函数名称	函数的记号	函数的图形	函数的性质
幂函数	$y = x^\mu$ （μ 为任意实数）		① 所有的幂函数图像都过点 (1,1)。当 $\mu>0$ 时过定点 (0,0) 和 (1,1)；当 $\mu<0$ 时过定点 (1,1)。 ② $\mu>0$ 时，幂函数的图像都通过原点，并且在 $[0,+\infty)$ 上，是增函数。 ③ $\mu<0$ 时，幂函数的图像在区间 $(0,+\infty)$ 上是减函数
指数函数	$y = a^x$ $(a>0, a \neq 1)$		① 其图形总位于 x 轴上方，且过 (0,1) 点，定义域为 $\mathbf{R}$。 ② 当 $a>1$ 时，在 $\mathbf{R}$ 上是增函数；当 $0<a<1$ 时，在 $\mathbf{R}$ 上是减函数
对数函数	$y = \log_a x$ $(a>0, a \neq 1)$		① 其图形总位于 y 轴右侧，且过 (1,0) 点，定义域为 $(0,+\infty)$。 ② 当 $a>1$ 时，在 $(0,+\infty)$ 上是增函数。当 $0<a<1$ 时，在 $(0,+\infty)$ 上是减函数
正弦函数	$y = \sin x$		① 是以 2π 为周期的周期函数； ② 是奇函数且 $|\sin x| \leq 1$

附录 B 常用基本初等函数的定义、定义域、性质和图形

续表

函数名称	函数的记号	函数的图形	函数的性质
余弦函数	$y = \cos x$		① 是以 2π 为周期的周期函数; ② 是偶函数且 $|\cos x| \leqslant 1$
正切函数	$y = \tan x$		① 定义域是: $\left\{ x \mid x \neq \dfrac{\pi}{2} + k\pi, k \in \mathbf{Z} \right\}$; ② 是以 π 为周期的周期函数; ③ 在区间 $\left(-\dfrac{\pi}{2} + k\pi, -\dfrac{\pi}{2} + k\pi \right), (k \in \mathbf{Z})$ 上是增函数
反正弦函数	$y = \arcsin x$		① $y = \arcsin x$ 是 $y = \sin x$ 在区间 $\left[-\dfrac{\pi}{2}, \dfrac{\pi}{2} \right]$ 上的反函数; ② $y = \arcsin x$ 的定义域是 $[-1, 1]$,值域是 $\left[-\dfrac{\pi}{2}, \dfrac{\pi}{2} \right]$
反余弦函数	$y = \arccos x$		① $y = \arccos x$ 是 $y = \cos x$ 在区间 $[0, \pi]$ 上的反函数; ② $y = \arccos x$ 的定义域是 $[-1, 1]$,值域是 $[0, \pi]$
反正切函数	$y = \arctan x$		① $y = \arctan x$ 是 $y = \tan x$ 在区间 $\left(-\dfrac{\pi}{2}, \dfrac{\pi}{2} \right)$ 上的反函数; ② $y = \arctan x$ 的定义域是 $(-\infty, +\infty)$,值域是 $\left(-\dfrac{\pi}{2}, \dfrac{\pi}{2} \right)$

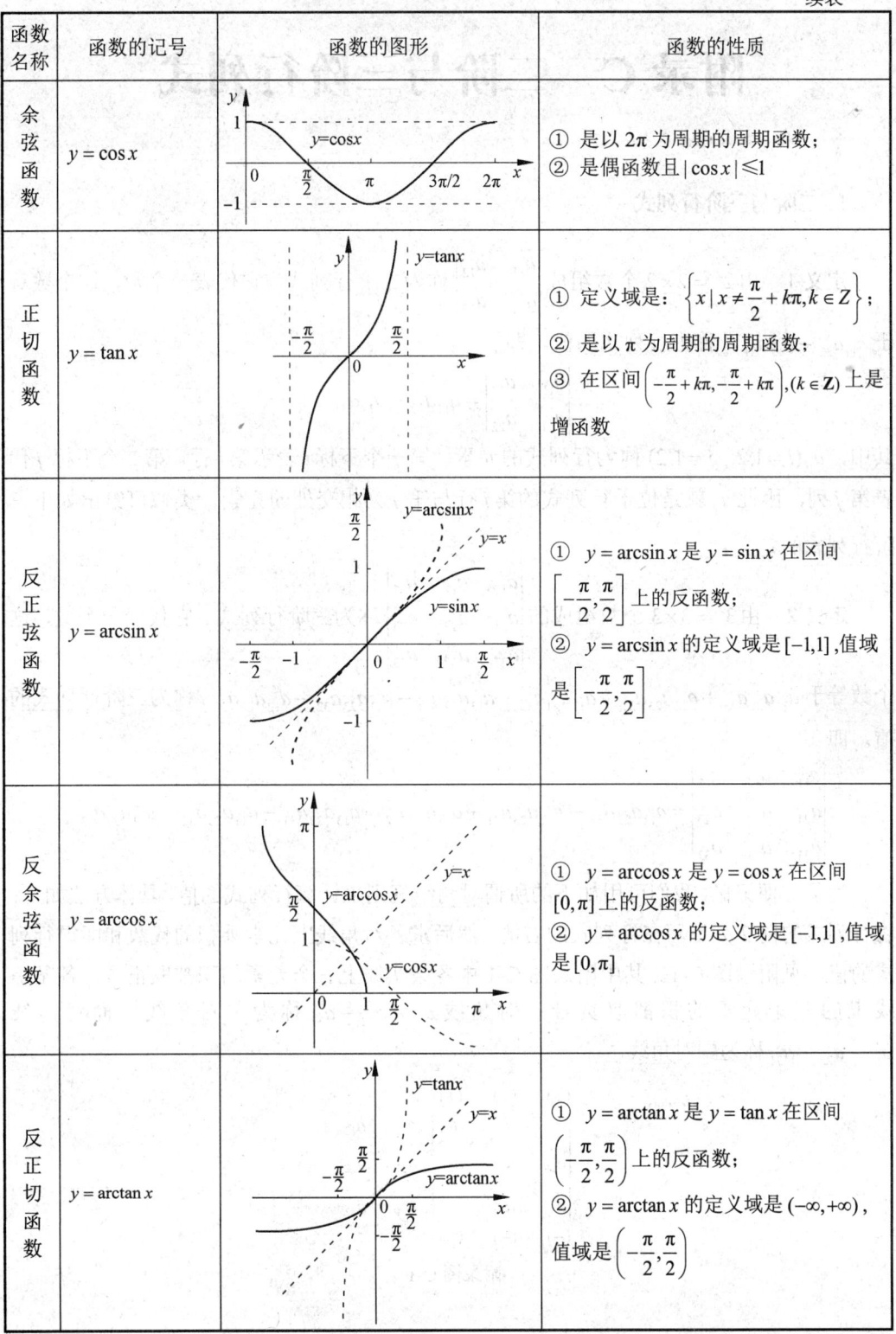

附录 C 二阶与三阶行列式

1. 二阶与三阶行列式

定义 1 由 $2^2 = 2\times 2$ 个数组成 $\begin{vmatrix} a_{11} & a_{12} \\ a_{21} & a_{22} \end{vmatrix}$ 称为二阶行列式。它代表一个数，这个数等于 $a_{11}a_{22} - a_{12}a_{21}$，称为行列式的值。即

$$\begin{vmatrix} a_{11} & a_{12} \\ a_{21} & a_{22} \end{vmatrix} = a_{11}a_{22} - a_{12}a_{21}$$

其中，$a_{ij}(i=1,2; j=1,2)$ 称为行列式的元素，第一个下标 i 表示第 i 行，第二个下标 j 代表第 j 列，因此 a_{ij} 就是位于行列式的第 i 行与第 j 列相交处的元素。类似可给出如下三阶行列式的定义。

定义 2 由 $3^2 = 3\times 3$ 个数组成的 $\begin{vmatrix} a_{11} & a_{12} & a_{13} \\ a_{21} & a_{22} & a_{23} \\ a_{31} & a_{32} & a_{33} \end{vmatrix}$ 称为三阶行列式。它代表一个数，这个数等于 $a_{11}a_{22}a_{33} + a_{12}a_{23}a_{31} + a_{13}a_{21}a_{32} - a_{13}a_{22}a_{31} - a_{11}a_{23}a_{32} - a_{12}a_{21}a_{33}$，称为三阶行列式的值。即

$$\begin{vmatrix} a_{11} & a_{12} & a_{13} \\ a_{21} & a_{22} & a_{23} \\ a_{31} & a_{32} & a_{33} \end{vmatrix} = a_{11}a_{22}a_{33} + a_{12}a_{23}a_{31} + a_{13}a_{21}a_{32} - a_{13}a_{22}a_{31} - a_{11}a_{23}a_{32} - a_{12}a_{21}a_{33}$$

为了方便记忆，我们可用如下的所谓对角线规则来计算行列式的值，具体方法如下：将行列式的前 2 列重写在行列式的右侧，然后求各对角线上元素乘积的代数和即得行列式的值，见附录图 C-1。其中附录图 C-1 中各条实线上三个元素的积都取正号，各条虚线上的三个元素的积都取负号；对角线 $a_{11} - a_{22} - a_{33}$ 称为主对角线，而对角线 $a_{13} - a_{22} - a_{31}$ 称为副对角线。

附录图 C-1

附录 C 二阶与三阶行列式

【例 C-1】 求二阶行列式 $\begin{vmatrix} 1 & -2 \\ 3 & 4 \end{vmatrix}$ 的值。

解：$\begin{vmatrix} 1 & -2 \\ 3 & 4 \end{vmatrix} = 1 \times 4 - (-2) \times 3 = 10$

【例 C-2】 求三阶行列式 $\begin{vmatrix} 1 & 2 & -3 \\ 4 & -5 & 6 \\ 7 & -8 & 9 \end{vmatrix}$ 的值。

解：由对角线规则有

$$\begin{matrix} & (+) & (+) & (+) & & \\ \begin{vmatrix} 1 & 2 & -3 \\ 4 & -5 & 6 \\ 7 & -8 & 9 \end{vmatrix} & \begin{matrix} 1 & 2 \\ 4 & -5 \\ 7 & -8 \end{matrix} \\ & (-) & (-) & (-) & & \end{matrix}$$

所以

$$\begin{vmatrix} 1 & 2 & -3 \\ 4 & -5 & 6 \\ 7 & -8 & 9 \end{vmatrix} = 1 \times (-5) \times 9 + 2 \times 6 \times 7 + (-3) \times 4 \times (-8)$$

$$- (-3)(-5) \times 7 - 1 \times 6 \times (-8) - 2 \times 4 \times 9$$

$$= -45 + 84 + 96 - 105 + 48 - 72$$

$$= 6$$

2. 行列式的性质

设三阶行列式

$$D = \begin{vmatrix} a_{11} & a_{12} & a_{13} \\ a_{21} & a_{22} & a_{23} \\ a_{31} & a_{32} & a_{33} \end{vmatrix}$$

将 D 的行变成相应的列，列变成相应的行，得到的新行列式：

$$D^{\mathrm{T}} = \begin{vmatrix} a_{11} & a_{21} & a_{31} \\ a_{12} & a_{22} & a_{32} \\ a_{13} & a_{23} & a_{33} \end{vmatrix}$$

称为行列式 D 的转置行列式。

例如，例 C-2 中的行列式 $D = \begin{vmatrix} 1 & 2 & -3 \\ 4 & -5 & 6 \\ 7 & -8 & 9 \end{vmatrix}$ 的转置行列式为 $D^{\mathrm{T}} = \begin{vmatrix} 1 & 4 & 7 \\ 2 & -5 & -8 \\ -3 & 6 & 9 \end{vmatrix}$。

$$D^{\mathrm{T}} = \begin{vmatrix} 1 & 4 & 7 \\ 2 & -5 & -8 \\ -3 & 6 & 9 \end{vmatrix}$$

$$= 1 \times (-5) \times 9 + 4 \times (-8) \times (-3) + 7 \times 2 \times 6$$
$$\quad - 7 \times (-5) \times (-3) - 1 \times 6 \times (-8) - 4 \times 2 \times 9$$
$$= -45 + 96 + 84 - 105 + 48 - 72$$
$$= 6$$

于是有 $D^{\mathrm{T}} = D$。

性质1 行列式 D 与其转置行列式 D^{T} 的值相等，即 $D^{\mathrm{T}} = D$。

由性质1可知，行列式中的行与列的地位是对称的，因此，凡是对行来说成立的性质，对列同样也成立。

性质2 交换行列式的任意两行（列），行列式仅改变符号。

例如，

$$D = \begin{vmatrix} 1 & -2 & 3 \\ 4 & 5 & -6 \\ -7 & 8 & 9 \end{vmatrix} = -\begin{vmatrix} -7 & 8 & 9 \\ 4 & 5 & -6 \\ 1 & -2 & 3 \end{vmatrix}$$

性质3 如果一个行列式中有某两行（列）对应元素相同，则该行列式等于零。

例如，

$$D = \begin{vmatrix} 1 & 2 & -3 \\ 4 & 5 & 6 \\ 1 & 2 & -3 \end{vmatrix} = 0$$

性质4 用数 k 乘行列式的某一行（列）的所有元素，等于用数 k 乘以该行列。

例如，

$$\begin{vmatrix} 1 & 2 & 3 \\ 7 \times 2 & 8 \times 2 & 9 \times 2 \\ 4 & 5 & 6 \end{vmatrix} = 2 \times \begin{vmatrix} 1 & 2 & 3 \\ 7 & 8 & 9 \\ 4 & 5 & 6 \end{vmatrix}$$

推论1 如果行列式中有一行（列）的所有元素为零，则该行列式为零。

推论2 如果行列式中的某两行（列）的对应元素成比例，则该行列式的值为零。

性质5 如果行列式的某行（列）的所有元素都是两组数的和，那么该行列式等于两个行列式的和，且这两个行列式这一行（列）分别是这两组数中的一组数，其余各行（列）的元素与原行列式的对应元素相同。即

$$\begin{vmatrix} a_{11} & a_{12} & a_{13} \\ b_{21}+c_{21} & b_{22}+c_{22} & b_{23}+c_{23} \\ a_{31} & a_{32} & a_{33} \end{vmatrix} = \begin{vmatrix} a_{11} & a_{12} & a_{13} \\ b_{21} & b_{22} & b_{23} \\ a_{31} & a_{32} & a_{33} \end{vmatrix} + \begin{vmatrix} a_{11} & a_{12} & a_{13} \\ c_{21} & c_{22} & c_{23} \\ a_{31} & a_{32} & a_{33} \end{vmatrix}$$

性质6 用数 k 乘以行列式的某行（列）的所有元素，加到另一行（列）的对应元素上，则该行列式的值不变。

例如

$$\begin{vmatrix} a_{11} & a_{12} & a_{13} \\ a_{21}+ka_{11} & a_{22}+ka_{12} & a_{23}+ka_{13} \\ a_{31} & a_{32} & a_{33} \end{vmatrix} = \begin{vmatrix} a_{11} & a_{12} & a_{13} \\ a_{21} & a_{22} & a_{23} \\ a_{31} & a_{32} & a_{33} \end{vmatrix}$$

此性质在行列式的化简与计算中非常重要。

3. 行列式的展开

定义 在行列式中划去 a_{ij} 元素所在的第 i 行及第 j 列的元素，剩下的元素按原次序组成的行列式称为 a_{ij} 的<u>余子式</u>，记为 M_{ij}，M_{ij} 乘以 $(-1)^{i+j}$ 即 $(-1)^{i+j}M_{ij}$ 称为 a_{ij} 的<u>代数余子式</u>，记为 A_{ij}，即 $A_{ij}=(-1)^{i+j}M_{ij}$。

例如，

行列式 $\begin{vmatrix} a_{11} & a_{12} & a_{13} \\ a_{21} & a_{22} & a_{23} \\ a_{31} & a_{32} & a_{33} \end{vmatrix}$ 中的元素 a_{21} 的余子式 $M_{21}=\begin{vmatrix} a_{12} & a_{13} \\ a_{32} & a_{33} \end{vmatrix}$，代数余子式为

$$A_{21}=(-1)^{2+1}\begin{vmatrix} a_{12} & a_{13} \\ a_{31} & a_{33} \end{vmatrix}=-\begin{vmatrix} a_{12} & a_{13} \\ a_{31} & a_{33} \end{vmatrix}$$

又如 a_{13} 的代数余子式为 $A_{13}=(-1)^{1+3}M_{13}=\begin{vmatrix} a_{21} & a_{22} \\ a_{31} & a_{32} \end{vmatrix}$。

定理 行列式 D 的值等于它的任一行（列）的所有元素与对应的代数余子式乘积之和，即有

$$D=\begin{vmatrix} a_{11} & a_{12} & a_{13} \\ a_{21} & a_{22} & a_{23} \\ a_{31} & a_{32} & a_{33} \end{vmatrix}=a_{11}A_{11}+a_{12}A_{12}+a_{13}A_{13}=a_{21}A_{21}+a_{22}A_{22}+a_{23}A_{23}$$
$$=a_{31}A_{31}+a_{32}A_{32}+a_{33}A_{33}=a_{11}A_{11}+a_{21}A_{21}+a_{31}A_{31}$$
$$=a_{12}A_{12}+a_{22}A_{22}+a_{32}A_{32}=a_{13}A_{13}+a_{23}A_{23}+a_{33}A_{33}$$

【例 C-3】 求行列式 $\begin{vmatrix} 2 & 3 & 4 \\ 5 & -2 & 1 \\ -1 & 2 & 3 \end{vmatrix}$ 的值。

解： 先按第一行展开

$$D=\begin{vmatrix} 2 & 3 & 4 \\ 5 & -2 & 1 \\ -1 & 2 & 3 \end{vmatrix}=2\times(-1)^{1+1}\begin{vmatrix} -2 & 1 \\ 2 & 3 \end{vmatrix}+3\times(-1)^{1+2}\begin{vmatrix} 5 & 1 \\ 1 & 3 \end{vmatrix}+4\times(-1)^{1+3}\begin{vmatrix} 5 & -2 \\ 1 & 2 \end{vmatrix}$$
$$=2\times(-8)-3\times 14+4\times 12$$
$$=-16-42+48=-10$$

再按第二列展开

$$D = \begin{vmatrix} 2 & 3 & 4 \\ 5 & -2 & 1 \\ -1 & 2 & 3 \end{vmatrix} = 3 \times (-1)^{1+2} \begin{vmatrix} 5 & 1 \\ 1 & 3 \end{vmatrix} - 2 \times (-1)^{2+2} \begin{vmatrix} 2 & 4 \\ 1 & 3 \end{vmatrix} + 2 \times (-1)^{3+2} \begin{vmatrix} 2 & 4 \\ 5 & 1 \end{vmatrix}$$

$$= -3 \times 14 - 2 \times 2 - 2 \times (-18)$$

$$= -42 - 4 + 36 = -10$$

由此可知，行列式按不同的行或不同列展开计算的结果相等。

以上有关行列式的性质对高阶行列式也适用。

4. 行列式在解线性方程组中的应用

定理（克莱姆规则） 如果含有 n 个方程，n 个未知数的 n 元线性方程组

$$\begin{cases} a_{11}x_1 + a_{12}x_2 + \cdots + a_{1n}x_n = b_1 \\ a_{21}x_1 + a_{22}x_2 + \cdots + a_{2n}x_n = b_2 \\ \vdots \\ a_{n1}x_1 + a_{n2}x_2 + \cdots + a_{nn}x_n = b_n \end{cases} \qquad (1)$$

系数行列式（将未知数的系数按原位置排成的 n 阶行列式）

$$D = \begin{vmatrix} a_{11} & a_{12} & \cdots & a_{1n} \\ a_{21} & a_{22} & \cdots & a_{2n} \\ \cdots & \cdots & & \cdots \\ a_{n1} & a_{n2} & \cdots & a_{nn} \end{vmatrix} \neq 0$$

则线性方程组（1）有唯一解，且

$$x_1 = \frac{D_1}{D}, x_2 = \frac{D_2}{D}, \cdots, x_n = \frac{D_n}{D}$$

其中，$D_j = \begin{vmatrix} a_{11} & \cdots & a_{1j-1} & b_1 & a_{1j+1} & \cdots & a_{1n} \\ a_{21} & \cdots & a_{2j-1} & b_2 & a_{2j+1} & \cdots & a_{2n} \\ \cdots & \cdots & \cdots & & \cdots & \cdots & \cdots \\ a_{n1} & \cdots & a_{nj-1} & b_n & a_{nj+1} & \cdots & a_{nn} \end{vmatrix}$ （$j = 1, 2, \cdots, n$）

它是将行列式 D 的第 j 列替换为方程组的常数项。

【例 C-4】 求方程组 $\begin{cases} 3x_1 + 4x_2 = -1 \\ 2x_1 - 3x_2 = 5 \end{cases}$ 的解。

解：因为

$$D = \begin{vmatrix} 3 & 4 \\ 2 & -3 \end{vmatrix} = -17 \neq 0$$

又

$$D_1 = \begin{vmatrix} -1 & 4 \\ 5 & -3 \end{vmatrix} = -17, \quad D_2 = \begin{vmatrix} 3 & -1 \\ 2 & 5 \end{vmatrix} = 17$$

于是
$$x_1 = \frac{D_1}{D} = \frac{-17}{-17} = 1, \quad x_2 = \frac{D_2}{D} = \frac{17}{-17} = -1$$

如果方程组（1）的常数项全部为 0，即

$$\begin{cases} a_{11}x_1 + a_{12}x_2 + \cdots + a_{1n}x_n = 0 \\ a_{21}x_1 + a_{22}x_2 + \cdots + a_{2n}x_n = 0 \\ \cdots\cdots \quad \cdots\cdots \quad \cdots\cdots \\ a_{n1}x_1 + a_{n2}x_2 + \cdots + a_{nn}x_n = 0 \end{cases} \quad (2)$$

那么方程组（2）称为<u>齐次线性方程组</u>，方程组（1）称为<u>非齐次线性方程组</u>。

推论 齐次线性方程组（2）只有零解的充要条件为其系数行列式 $D \neq 0$，齐次线性方程组（2）有非零解的充分必要条件是其系数行列式 $D = 0$。

附录 D 练习参考答案

第 1 章

练习 1.1

1. （1）$(-\infty,1] \cup [3,+\infty)$ （2）$(-\infty,1)$
   （3）$[1,5]$ （4）$(3,+\infty)$

2. （1）奇 （2）偶 （3）奇 （4）偶

3. 略

4. （1）$y=\cos u$，$u=x^2$ （2）$y=\sqrt{u}$，$u=\lg x$
   （3）$y=\sin u$，$u=\arccos v$，$v=x^3$
   （4）$y=u^2$，$u=\ln v$，$v=w^3$，$w=\sin t$，$t=4x+5$

5. $S=x^2+\dfrac{16}{x}$

练习 1.2

1. （1）0 （2）2 （3）无 （4）1

2. 左：-1；右：1；不存在

3. 4，1，不存在

4. （1）无穷小量 （2）无穷小量 （3）无穷大量 （4）无穷大量

5. （1）0 （2）0 （3）0

练习 1.3

1. （1）$\dfrac{7}{3}$ （2）3 （3）$3x^2$ （4）-1 （5）$\dfrac{3}{4}$
   （6）0 （7）1 （8）3

2. （1）$\dfrac{3}{2}$ （2）$-\dfrac{1}{2}$ （3）2 （4）$\dfrac{1}{2a}$ （5）$\dfrac{1}{2}$
   （6）e^2 （7）e^{2a} （8）e （9）e^3 （10）e^{-6}

3. $a=1$

练习 1.4

1. $\Delta y=2\Delta x^2+4\Delta x$，$\lim\limits_{\Delta x \to 0}\dfrac{\Delta y}{\Delta x}=4$

2. （1）$(\sqrt{x+1})'\big|_{x=3}=\dfrac{1}{4}$ （2）$2\cos(2x_0+1)$

3. 略
4. 略
5. （1）切线方程 $x-y-1=0$，法线方程 $x+y-1=0$
   （2）切线方程 $4\sqrt{2}x+8y-\sqrt{2}(\pi+4)=0$，法线方程 $4\sqrt{2}x-4y+\sqrt{2}(2-\pi)=0$
6. 4

练习 1.5

1. （1）$4x-3$
   （2）$\dfrac{3}{2\sqrt{x}}+\dfrac{1}{x^2}$
   （3）$-\dfrac{1}{2\sqrt{x}}\left(1+\dfrac{1}{x}\right)$
   （4）$\ln x+1$
   （5）$2\cos\theta-3\sin\theta$
   （6）$\cos x\ln x-x\sin x\ln x+\cos x$
   （7）$e^x(\sin x+\cos x)$
   （8）$\cos\theta-\sin\theta$
   （9）$2\cos t+\sec^2 t$
   （10）$(5x^4+x^5)e^x$
   （11）$\dfrac{-2}{t(1+\ln t)^2}$
   （12）$\dfrac{1}{1+\cos x}$
   （13）$\cos(x\ln x)(\ln x+1)$
   （14）$3e^{3x}+2\cos 2x$
   （15）$e^{x^2}(1+2x^2)$
   （16）$6(2x+1)^2(3x-2)(5x-1)$
   （17）$3(3\sin x+2\cos x-5)^2(3\cos x-2\sin x)$
   （18）$\sin 2x(1-4\sin^2 x)$
   （19）$\dfrac{1}{\sqrt{x^2+1}}$
   （20）$e^{3x}(3\sin 2x+2\cos 2x)$

2. （1）$\dfrac{5}{2}$，$3-\dfrac{1}{|a|}$
   （2）$\dfrac{1}{\sqrt{2}\,e}$

3. $i(t)=3\cos t$

4. $F'(1)=-18.67℃/h$，$F'(10)=-0.75℃/h$

练习 1.6

1. （1）$y'=\dfrac{y}{y-x}$
   （2）$y'=-\dfrac{9x}{4y}$
   （3）$y'=-\dfrac{\sin(x+y)}{1+\sin(x+y)}$
   （4）$y'=\dfrac{2x+y}{x-2y}$

2. （1）$\dfrac{1}{|x|\sqrt{x^2-1}}$
   （2）$-\dfrac{1}{|1+x|\sqrt{2x(1-x)}}$

3. 切线方程 $3x+y-4=0$，法线方程 $x-3y+2=0$

4. （1）$6x+4$
   （2）$2\cos x-x\sin x$

5. （1）$\dfrac{6(x^2+y^2-xy)}{(x-2y)^3}$
   （2）$-\dfrac{e^y}{(e^y-1)^3}$

6. （1） 1　　　（3） $\dfrac{1}{6}$　　　（3） $\dfrac{1}{2}$　　　（4） $+\infty$

练习 1.7

1. $\Delta y = 0.21, dy = 0.2$
2. $dy = (2x+2)\big|_{x=2} \cdot \Delta x = -0.12$
3. （1） $dy = \dfrac{x}{\sqrt{1+x^2}} dx$　　　（2） $dy = \left(x^{-\frac{1}{2}} + \dfrac{3}{x} - 6e^x\right) dx$
　　（3） $dy = (\ln x + 1) dx$　　　（4） $dy = (e^x \sin x + e^x \cos x) dx$
4. 9.9867
5. 0.8747
6. 0.24,　　4.17%
7. 0.33%

练习 1.8

1. （1）单调递减区间为 $(-1,3)$，单调递增区间为 $(-\infty,-1] \cup [3,+\infty)$，极大值为 $f(-1)=17$，极小值为 $f(3)=-47$。

   （2）单调递减区间为 $\left(-\infty, \dfrac{1}{2}\right)$，单调递增区间为 $\left[\dfrac{1}{2}, +\infty\right)$，极小值为 $f\left(\dfrac{1}{2}\right) = -\dfrac{27}{16}$。

   （3）单调递减区间为 $\left(0, \dfrac{1}{2}\right)$，递增区间为 $\left[\dfrac{1}{2}, +\infty\right)$，极小值为 $f\left(\dfrac{1}{2}\right) = \dfrac{1}{2} + \ln 2$。

   （4）单调递减区间为 $(0,1)$，单调递增区间为 $(-\infty,0] \cup [1,+\infty)$，极大值为 $f(0)=0$，极小值为 $f(1)=-3$。

2. （1）最大值为 $\dfrac{28}{3}$；最小值为 0，　　（2）最大值为 $\dfrac{5}{2}$，最小值为 2。

3. 在 $[0,84.34)$ 递增，在 $(84.34,120)$ 递减。
4. 略
5. $\sqrt{2}a, \sqrt{2}b$
6. $h = \sqrt{\dfrac{1}{3}} R$
7. $T = 10\ ^\circ C$
8. $x = 350$

练习 1.9

1. （1）凹区间为 $(1,+\infty)$，凸区间为 $(-\infty,1)$，拐点为 $(1,-2)$

   （2）凹区间为 $(1,+\infty)$，凸区间为 $(-\infty,1)$，拐点为 $(1,2)$

   （3）凹区间为 $\left(-\infty, -\dfrac{\sqrt{2}}{2}\right)$ 和 $\left(\dfrac{\sqrt{2}}{2}, +\infty\right)$，凸区间为 $\left(-\dfrac{\sqrt{2}}{2}, \dfrac{\sqrt{2}}{2}\right)$，拐点为 $\left(-\dfrac{\sqrt{2}}{2}, e^{-\frac{1}{2}}\right)$ 和 $\left(\dfrac{\sqrt{2}}{2}, e^{-\frac{1}{2}}\right)$

(4) 凹区间为 $(-1,1)$，凸区间为 $(-\infty,-1)$ 和 $(1,+\infty)$，拐点为 $(-1,\ln 2)$ 和 $(1,\ln 2)$

2. 略

练习 1.10

1. (1) $\dfrac{\partial z}{\partial x}=y$，$\dfrac{\partial z}{\partial y}=x$ 　　(2) $\dfrac{\partial z}{\partial x}=\dfrac{y}{xy}$，$\dfrac{\partial z}{\partial y}=\dfrac{x}{xy}$

　(3) $\dfrac{\partial z}{\partial x}=2xy\cos(x^2y)$，$\dfrac{\partial z}{\partial y}=x^2\cos(x^2y)$

　(4) $\dfrac{\partial z}{\partial x}=\dfrac{\partial z}{\partial y}=2^{x+y}\cdot\ln 2$

2. $\dfrac{2}{5}$

3. $\dfrac{1}{2}$

4. (1) $dz=3x^2y^2dx+2x^3ydy$ 　　(2) $dz=\dfrac{ydx-xdy}{y\sqrt{y^2-x^2}}$

5. 近似值为 14.8m^3，精确值为 13.632m^3。

6. (1) 极大值为 $f(2,-2)=8$； 　　(2) 极小值为 $f(-1,1)=0$

7. 当长、宽都是 $\dfrac{2R}{\sqrt{3}}$，而高为 $\dfrac{R}{\sqrt{3}}$ 时，可得最大的体积。

综合习题 1

A 组

1. (1) D　　(2) C　　(3) C　　(4) B　　(5) C

2. (1) $(1,+\infty)$　　(2) 2　　(3) $\dfrac{1}{2}$　　(4) e^2

3. (1) $\dfrac{3}{5}$　　(2) 1　　(3) $\dfrac{1}{2}$　　(4) $\dfrac{4}{3}$

4. (1) $x^2+\dfrac{1}{2\sqrt{x}}+\sin x$ 　　(2) e^x+xe^x 　　(3) $\dfrac{-x^2+2x+1}{(x^2+1)^2}$

　(4) $18x(3x^2+1)^2$ 　　(5) $\dfrac{1}{2\sqrt{x}}\cos(\sqrt{x}-2)$ 　　(6) $-\tan x$

5. (1) $dy=(2xe^x+x^2e^x)dx$ 　　(2) $dy=\dfrac{x}{\sqrt{1+x^2}}dx$

6. 在区间 $(-\infty,-2)\cup(2,+\infty)$ 单调增加，在区间 $(-2,2)$ 单调减小，极大值是 $\dfrac{28}{3}$，极小值是 $-\dfrac{4}{3}$。

7. 截去边长为 2 的方块。

B 组

1. （1） 4　　（2） $\dfrac{1}{e^6}$　　（3） $\dfrac{1}{6}$　　（4） 0

2. （1） $\dfrac{-x\sin x^2}{\sqrt{\cos x^2}}$　　（2） $(2x-3)e^{x^2-3x-2}$

3. （1） $y'=\dfrac{1}{5y^4+2}$　　（2） $y'=-\dfrac{9x}{4y}$

4. （1） $y''=2\cos x-x\sin x$　　（2） $y''=-\dfrac{R^2}{y^3}$

5. $f(x)$ 的单调递减区间为 $(-1,3)$，单调递增区间为 $(-\infty,-1]\cup[3,+\infty)$，极大值为 $f(-1)=8$，极小值为 $f(3)=-24$，$f(x)$ 在区间 $[-2,2]$ 上的最大值为 $f(-1)=8$，最小值为 $f(2)=-19$。

6. 凸区间为 $(-\infty,2)$，凹区间为 $(2,+\infty)$，拐点为 $\left(2,\dfrac{1}{3}\right)$。

第 2 章

练习 2.1

1. 略

2. 略

3. （1） $x-\dfrac{4}{3}x^{\frac{3}{2}}+\dfrac{1}{2}x+C$　　（2） $\dfrac{6}{5}x^{\frac{5}{6}}-\dfrac{10}{7}x^{\frac{7}{10}}+C$

　（3） $\dfrac{3^x}{\ln 3}-\dfrac{2^x}{\ln 2}+C$　　（4） $x-\arctan x+C$

　（5） $\dfrac{2^{2x}e^x}{2\ln 2+1}+C$　　（6） $\ln|x|-\arctan x+C$

　（7） $\tan x+\arctan x-\dfrac{3^x}{\ln 3}+C$　　（8） $\dfrac{1}{4}x^4-\dfrac{1}{3}(a+b)x^3+\dfrac{1}{2}abx^2+C$

　（9） $x-\cos x+C$　　（10） $\sin x+\tan x-\dfrac{a^x}{\ln a}+C$

　（11） $\sqrt{\dfrac{2h}{g}}+C$　　（12） $\dfrac{2}{5}x^{\frac{5}{2}}+\dfrac{1}{2}x^2-4\sqrt{x}+C$

　（13） $\dfrac{4}{7}x^{\frac{7}{4}}+4x^{-\frac{1}{4}}+C$　　（14） $\sin x-\cos x+C$

　（15） $\pm(\cos x+\sin x)+C$

4. $y=x^3+x-1$

练习 2.2

1. （1）$\frac{1}{2}\ln(x^2+1)+C$ （2）$\frac{1}{2}\ln|2\sin x-1|+C$ （3）$\frac{1}{11}(x^2-1)^{11}+C$

   （4）$\frac{1}{2}\arcsin^2 x+C$ （5）$\frac{1}{3}\tan 3x+C$ （6）$e^{\sin x}+C$

   （7）$-\frac{1}{a}\cos ax+C$ （8）$\frac{1}{3}(x^2+1)^{\frac{3}{2}}+C$ （9）$\frac{1}{2}\ln^2 x+C$

   （10）$-\frac{1}{3}e^{-3x}+C$ （11）$\frac{\sqrt{2}}{2}\arctan\sqrt{2}x+C$ （12）$\frac{1}{3}\tan^3 x+C$

   （13）$\ln|1+\tan x|+C$ （14）$\frac{1}{2}\arctan(\sin^2 x)+C$

2. （1）$\frac{2}{5}(x-1)^{\frac{5}{2}}+\frac{2}{3}(x-1)^{\frac{3}{2}}+C$ （2）$\sqrt{2x}-\ln(1+\sqrt{2x})+C$

   （3）$2\arctan\sqrt{e^x-1}+C$ （4）$\sqrt{x^2-1}-\arccos\frac{1}{|x|}+C$

   （5）$\frac{2}{3}(x-2)^{\frac{3}{2}}+4\sqrt{x-2}+C$ （6）$\frac{\sqrt{2}}{2}\ln\left(\sqrt{2x}+\sqrt{1+2x^2}\right)+C$

   （7）$\arctan\sqrt{x^2-1}+C$ （8）$\ln\left(x+\sqrt{a^2+x^2}\right)+C$

   （9）$\sqrt{1-x^2}+\arcsin x+C$ （10）$\frac{1}{a}\ln\left|\frac{a-\sqrt{a^2-x^2}}{x}\right|+C$

练习 2.3

（1）$-e^{-x}(x+1)+C$ （2）$\frac{1}{3}x^3\ln x-\frac{1}{9}x^3+C$

（3）$-\frac{\ln x}{2x^2}-\frac{1}{4x^2}+C$ （4）$-\frac{1}{2}x\cos 2x+\frac{1}{4}\sin 2x+C$

（5）$\frac{1}{2}e^x(\sin x+\cos x)+C$ （6）$\ln x[\ln(\ln x)-1]+C$

（7）$x\arcsin x+\sqrt{1-x^2}+C$ （8）$\frac{1}{3}x^3\arctan x-\frac{1}{6}x^2+\frac{1}{6}\ln(1+x^2)+C$

（9）$-2\sqrt{x}\cos\sqrt{x}+2\sin\sqrt{x}+C$ （10）$-x^2\cos x+2x\sin x+2\cos x+C$

（11）$x\ln\left(x+\sqrt{1+x^2}\right)-\sqrt{1+x^2}+C$ （12）$-\sqrt{1-x^2}\arcsin x+x+C$

练习 2.4

略

练习 2.5

1. （1）$\frac{\sqrt{3}}{2}$ （2）$-\sqrt{5}$ （3）$2x\sqrt{1+x^4}$

2. （1）$\frac{1}{2}-\ln 2+\frac{20}{\ln 5}$ （2）0 （3）$\frac{\pi}{2}$

(4) $\dfrac{1}{3}$　　　　(5) $-\dfrac{17}{6}$　　　　(6) $\dfrac{1}{2}$

(7) $\dfrac{\pi}{12}$　　　　(8) $\dfrac{1}{2}$　　　　(9) $4-3\ln 3$

(10) $\dfrac{1}{2}\ln 2$　　　(11) $\dfrac{\sqrt{3}}{2}$　　　(12) 1

(13) 2　　　　　(14) $\ln\dfrac{16}{15}$　　　(15) $\dfrac{\pi}{2}+1$

(16) $\dfrac{4}{3}$

练习 2.6

1. (1) 0　　　(2) $\dfrac{2}{3}\sqrt{2}-1$　　　(3) $\dfrac{1}{4}$

　 (4) $2\sqrt{2}-2$　　(5) 4　　　(6) $1+\dfrac{\pi}{4}-\arctan 2$

　 (7) $\dfrac{1}{2}\ln 5$　　　(8) $\dfrac{233}{3}$　　　(9) $\arctan e-\dfrac{\pi}{4}$

　 (10) $1-\dfrac{1}{\sqrt{e}}$　　(11) $1-\dfrac{1}{2}\ln\dfrac{e^{2}+1}{2}$　　(12) $\dfrac{5}{32}$

2. (1) 2π　　　(2) 0　　　(3) 0

3. (1) $2-2\ln 2$　　(2) $\sqrt{3}-\dfrac{\pi}{3}$　　(3) $\dfrac{5}{3}$　　(4) $\dfrac{\pi}{4}$

4. (1) $1-\dfrac{2}{e}$　　(2) 1　　　(3) 1　　　(4) $\ln 2-\dfrac{1}{2}$

　 (5) $2-\ln 2$　　(6) $\dfrac{1}{2}(e^{\frac{\pi}{2}}+1)$　　(7) $\dfrac{\pi}{4}$

练习 2.7

1. (1) $4-\ln 3$　　(2) $\dfrac{16}{3}\sqrt{2}$　　　(3) $\dfrac{9}{2}$

　 (4) $e+\dfrac{1}{e}-2$　(5) $\dfrac{4}{3}+2\pi,\ 6\pi-\dfrac{4}{3}$　(6) 2

2. (1) $\dfrac{3}{10}\pi$　(2) 160π　(3) $\dfrac{48}{5}\pi,\ \dfrac{24}{5}\pi$　(4) $\dfrac{32}{3}\pi$

3. $\dfrac{4}{9}\pi g$

4. $\dfrac{k}{2}a^{2}$

5. $2k\dfrac{mM}{\pi R^{2}}$（其中，M 是铁丝的质量）

6. $\dfrac{1}{2}a^{2}+\dfrac{1}{3}a^{3}$

练习 2.8

1. （1）$\dfrac{\pi}{4}$　　（2）$\dfrac{1}{2}$　　（3）2　　（4）发散　　（5）1

　（6）$\dfrac{1}{2}$　　（7）1　　（8）发散　　（9）发散　　（10）0

综合习题 2

A 组

1. $\dfrac{1}{x}+C$

2. $-F(\mathrm{e}^{-x})+C$

3. $\ln(1-\sin x)+C$

4. （1）$\dfrac{1}{2}\ln|\sin(2x+1)|+C$　　（2）$\dfrac{1}{2}x-\dfrac{1}{12}\sin 6x+C$

　（3）$\arcsin x+\sqrt{1-x^2}+C$　　（4）$-\dfrac{1}{2}\mathrm{e}^{-x^2}(x^4+2x^2+2)+C$

　（5）$2\mathrm{e}^{\sin x}(\sin x-1)+C$　　（6）$-\dfrac{1}{3}\sqrt{1-x^2}(2+x^2)+C$

5. （1）2　　（2）$\dfrac{1}{2}(\mathrm{e}\sin 1+\mathrm{e}\cos 1-1)$

　（3）$\dfrac{4}{3}\ln 3$　　（4）πa

　（5）$\dfrac{26}{3}$　　（6）$\dfrac{1}{3}(1-\cos^2 a)$

6. $\dfrac{1}{3}$

7. πab

8. $k\ln\dfrac{b}{a}, k=\rho v$

9. $\dfrac{kmM}{a(a+l)}$

B 组

一、1. B　　2. D　　3. B　　4. D　　5. C

　6. C　　7. A　　8. C　　9. D　　10. B

二、1. $-\sin\dfrac{1}{x}+C$

　2. $\dfrac{1}{2}\mathrm{arctg}\dfrac{x+1}{2}+C$

　3. $\dfrac{2}{3}[\ln(x+\sqrt{1+x^2})+5]^{\frac{2}{3}}+C$

4. $\dfrac{1}{2}\operatorname{arctg}x - \dfrac{1}{2}\dfrac{x}{1+x^2} + C$

5. $-\dfrac{1}{x} + \dfrac{\sqrt{1-x^2}}{x} + \arcsin x + C$

6. $\dfrac{\sqrt{x^2-1}}{x} - \arcsin\dfrac{1}{x} + C$

7. $-e^{-x} - \arctan(e^x) + C$

8. $\dfrac{1}{3}x^3\arccos x + \dfrac{1}{9}(1-x^2)^{\frac{3}{2}} - \dfrac{1}{3}\sqrt{1-x^2} + C$

9. $2\ln\dfrac{4}{3}$ 10. $\dfrac{\pi}{4}$ 11. $\dfrac{4}{3}\pi - \sqrt{3}$ 12. $\dfrac{71}{3}$

第 3 章

练习 3.1

1. 略

2. $5\sqrt{2}, \sqrt{34}, \sqrt{41}, 5, 5, 4, 3$

3. $(1, 0, 0)$

4. 略

练习 3.2

1. （1）$\vec{a} \perp \vec{b}$ （2）$\vec{a}$ 与 $\vec{b}$ 同向   （3）$\vec{a}$ 与 $\vec{b}$ 反向   （4）$\vec{a}$ 与 $\vec{b}$ 同向

2. $\{9, -8, 1\}$，$\{-7, 1, 14\}$

3. $|\vec{a}| = 3, \cos\alpha = \dfrac{2}{3}, \cos\beta = -\dfrac{1}{3}, \cos\gamma = -\dfrac{2}{3}, \vec{a}^0 = \left\{\dfrac{2}{3}, -\dfrac{1}{3}, -\dfrac{2}{3}\right\}$

4. $(10, 8, -5)$

5. $m = 15, n = -\dfrac{1}{5}$

6. $|\overrightarrow{AB}| = \sqrt{11}, \cos\alpha = \dfrac{\sqrt{11}}{11}, \cos\beta = -\dfrac{3\sqrt{11}}{11}, \cos\gamma = -\dfrac{\sqrt{11}}{11}$

练习 3.3

1. （1）不成立（解释略）   （2）不成立（解释略）   （3）不成立（解释略）
　（4）不成立（解释略）   （5）不成立（解释略）   （6）不成立（解释略）

2. （1）3 （2）14 （3）$\{55, 11, 77\}$ （4）$\dfrac{3\sqrt{14}}{14}$

　（5）$\sqrt{\dfrac{6}{2}}$ （6）$\angle(\vec{a}, \vec{b}) = \arccos\dfrac{\sqrt{21}}{14}$

3. -7

4. $\pm\left\{-\dfrac{8}{3\sqrt{10}}, -\dfrac{1}{3\sqrt{10}}, \dfrac{5}{3\sqrt{10}}\right\}$

5. $\dfrac{\sqrt{14}}{2}$

6. $\dfrac{2}{5}$

7. （1）$\{0, -8, -24\}$ （2）2；2

8. （1）共面 （2）不共面，2

练习 3.4

1. $(x-2) - 2(y-3) + 5(z+1) = 0$

2. （1）$x - y - z = 0$ （2）$3x - 2y + z + 7 = 0$
   （3）$2x - y - 3z + 7 = 0$ （4）$y - 3 = 0$
   （5）$3x + 2z - 5 = 0$ （6）$3y - 4z = 0$, $35y + 12z = 0$

3. 4

4. $\dfrac{8}{\sqrt{14}}$

5. $\dfrac{5}{3\sqrt{3}}$

6. $\dfrac{\pi}{3}$

练习 3.5

1. （1）$\dfrac{x-3}{5} = \dfrac{y-2}{-1} = \dfrac{z+1}{-6}$ （2）$\dfrac{x}{-2} = \dfrac{y+3}{3} = \dfrac{z-2}{1}$

   （3）$\dfrac{x-2}{2} = \dfrac{y+3}{3} = \dfrac{z-1}{-1}$

2. $\dfrac{\sqrt{14}}{14}$

3. $\dfrac{\pi}{6}$

4. 15

练习 3.6

1. （1）球心 $(3, -4, -1)$，半径为 4 （2）球心 $(-1, 2, 0)$，半径为 3

2. 略

3. （1）$\dfrac{x^2}{4} + \dfrac{y^2 + z^2}{9} = 1$ （2）$-\dfrac{y^2}{4} + x^2 + z^2 = 1$

4. $z^2 - 4y = 4z$，$x^2 + z^2 = 4z$，$x^2 + 4y = 0$

5. $\begin{cases} x^2 + z^2 - 3z + 1 = 0 \\ x = 0 \end{cases}$，$\begin{cases} x^2 + y^2 - x - 1 = 0 \\ z = 0 \end{cases}$，$\begin{cases} x - z + 1 = 0 \\ y = 0 \end{cases}$

综合习题 3

A 组

一、选择题

1. B   2. B   3. C   4. C   5. C   6. A
7. B   8. D   9. C   10. C   11. D   12. D

二、填空题

1. $\dfrac{\pi}{6}$，$\sqrt{3}$，$\pm\left\{\dfrac{1}{\sqrt{3}}, \dfrac{1}{\sqrt{3}}, -\dfrac{1}{\sqrt{3}}\right\}$

2. 2

3. $\pm\{12, 6, -4\}$

4. $(1, 0, -1)$

5. $\dfrac{3}{\sqrt{21}}$

6. $4x - 5y + 2z - 6 = 0$

7. $2x - 3y - z - 7 = 0$

8. $\dfrac{x-2}{3} = \dfrac{y+1}{2} = \dfrac{z-2}{2}$

9. $\dfrac{|3\times1 - 4\times2 + 5\times1 + 4|}{\sqrt{3^2 + (-4)^2 + 5^2}} = \dfrac{2\sqrt{2}}{5}$

10. $z = x^2 + y^2$

B 组

一、解答题

1. 解：平面的法向量 $\vec{n} = \overrightarrow{AB} \times \overrightarrow{AC} = \{-2, 3, -1\} \times \{0, 4, -2\}$

$$= \left\{\begin{vmatrix} 3 & -1 \\ 4 & -2 \end{vmatrix}, \begin{vmatrix} -1 & -2 \\ -2 & 0 \end{vmatrix}, \begin{vmatrix} -2 & 3 \\ 0 & 4 \end{vmatrix}\right\} = \{-2, -4, -8\}$$

所以，△ABC 所在有平面方程为

$$-2(x-2) - 4(y+1) - 8(z-2) = 0，即 x + 2y + 4z - 8 = 0$$

2. 解：令 $\dfrac{x-1}{2} = \dfrac{y-2}{-3} = \dfrac{z+4}{-1} = t$，得

$$x = 1 + 2t，y = 2 - 3t，z = -4 - t$$

代入平面方程 $x - 3y + 2z - 5 = 0$ 解得 $t = 2$，所以交点为 $(5, -4, -6)$。

因为直线的方向向量 $\vec{v} = \{2, -3, -1\}$，平面的法向量 $\vec{n} = \{1, -3, 2\}$，所以夹角 φ 满足 $\sin\varphi = |\cos\angle(\vec{v}, \vec{n})| = \dfrac{|\vec{v} \cdot \vec{n}|}{|\vec{v}||\vec{n}|} = \dfrac{9}{14}$，即夹角 $\varphi = \arcsin\dfrac{9}{14}$。

附录 D　练习参考答案

3. 解：直线的方向向量
$$\vec{v} = \vec{n}_1 \times \vec{n}_2 = \{1,2,-1\} \times \{-2,1,1\} = \left\{ \begin{vmatrix} 2 & -1 \\ 1 & 1 \end{vmatrix}, \begin{vmatrix} -1 & 1 \\ 1 & -2 \end{vmatrix}, \begin{vmatrix} 1 & 2 \\ -2 & 1 \end{vmatrix} \right\} = \{3,1,5\}$$

在直线取一点，令 $z=0$，则
$$\begin{cases} x + 2y - 7 = 0 \\ -2x + y - 1 = 0 \end{cases}$$

解得
$$\begin{cases} x = 1 \\ y = 3 \end{cases}$$

所以直线的点向式方程为
$$\frac{x-1}{3} = \frac{y-3}{1} = \frac{z}{5}$$

其参数式方程为
$$\begin{cases} x = 3t + 1 \\ y = t + 3 \\ z = 5t \end{cases} \quad (t \text{ 为参数})$$

4. 解：平面的法向量
$$\vec{n} = \vec{v}_1 \times \vec{v}_2 = \{3,4,6\} \times \{1,2,-8\} = \left\{ \begin{vmatrix} 4 & 6 \\ 2 & -8 \end{vmatrix}, \begin{vmatrix} 6 & 3 \\ -8 & 1 \end{vmatrix}, \begin{vmatrix} 3 & 4 \\ 1 & 2 \end{vmatrix} \right\} = \{-44, 30, 2\}$$

所以平面的方程为 $-44(x+1) + 30(y+2) + 2(z-3) = 0$，即 $22x - 15y - z - 5 = 0$。

5. 解：设所求的点为 $M(0, y_0, 0)$，依题意
$$\frac{|2y_0 - 2|}{\sqrt{1^2 + 2^2 + (-2)^2}} = \frac{|2y_0 - 2|}{\sqrt{9}} = 4$$

$\therefore |y_0 - 1| = 6 \Rightarrow y_0 = -5 \text{ 或 } 7$

即所求的点为 $(0, -5, 0)$ 及 $(0, 7, 0)$。

6. 解：设动点 $M(x, y, z)$，所求轨迹为 Σ，则
$$M(x,y,z) \in \Sigma \Leftrightarrow \sqrt{(x-4)^2 + y^2 + z^2} = 2|x-1| \Leftrightarrow (x-4)^2 + y^2 + z^2 = 4(x-1)^2$$

即 $-\frac{x^2}{4} + \frac{y^2}{12} + \frac{z^2}{12} = 1$ 为 Σ 的轨迹方程。

7. 解：因为 $\vec{v} = \vec{n}_1 \times \vec{n}_2 = \{1,2,-1\} \times \{-2,1,1\} = \left\{ \begin{vmatrix} 2 & -1 \\ 1 & 1 \end{vmatrix}, \begin{vmatrix} -1 & 1 \\ 1 & -2 \end{vmatrix}, \begin{vmatrix} 1 & 2 \\ -2 & 1 \end{vmatrix} \right\} = \{3,1,5\}$，又 $\vec{n} = \{3, k, 5\}$，依题设有 $\vec{v} // \vec{n}$，所以 $k = 1$。

8. ①圆柱面　　②球面　　③椭球面　　④圆锥面
　　⑤旋转抛物面　⑥单叶双曲面　⑦双叶双曲面

二、应用题

1. 解：$\vec{F} = \{0, 0, -100 \times 9.8\} = \{0, 0, -980\}$

$$\vec{s} = \overrightarrow{M_1M_2} = \{1-3, 4-1, 2-8\} = \{-2, 3, -6\}$$
$$w = \vec{F} \cdot \vec{s} = \{0, 0, -980\} \cdot \{-2, 3, -6\} = 5880 \text{ (J)}$$

2. 解：由物理学的知识可知，有固定转轴的物体的平衡条件是力矩的代数和为零。在注意到对力矩的正负规定可得，使杠杆平衡的条件为 $x_1|\vec{F_1}|\sin\theta_1 - x_2|\vec{F_2}|\sin\theta_2 = 0$，即 $x_1|\vec{F_1}|\sin\theta_1 = x_2|\vec{F_2}|\sin\theta_2$。

第 4 章

练习 4.1

1. （1）二阶　　（2）一阶　　（3）一阶　　（4）二阶
2. 略

练习 4.2

1. （1）$y - \dfrac{1}{y} = Cx$，$y = 0$　　（2）$\ln y = Cx$

　（3）$\cos y = \dfrac{\sqrt{2}}{2}\cos x$

2. （1）$e^{\frac{y}{x}} = -\ln x + C$　　（2）$y = 2x\arctan Cx$

　（3）$y = \pm\sqrt{2\ln|x| + 4}$

3. （1）$y = 2x + Ce^{-2x} - 1$　　（2）$y = \dfrac{1}{5}e^{3x} + Ce^{-2x}$

　（3）$y = C\ln|\ln x| + Cx$

　（4）通解为 $y = \dfrac{e^x}{x} + \dfrac{C}{x}$，在初始条件下 $b=1$，则原方程有解 $x=0$，$y=1$，否则无解

练习 4.3

1. （1）$y = C_1 e^x + C_2 e^{-2x}$　　（2）$y = C_1 e^x + C_2 x e^x$

　（3）$y = C_1 \cos x + C_2 \sin x$

2. （1）$y = C_1 e^{\frac{x}{2}} + C_2 e^{-x} + e^x$　　（2）$y = C_1 e^{2x} + C_2 x e^{2x} + \dfrac{e^{-2x}}{16} + \dfrac{3}{4}$

　（3）$y = x^2 - 2 + \dfrac{x}{2}\sin x + C_1 \cos x + C_2 \sin x$

3. $y = C_1 e^{\sqrt{\frac{Q}{EI}}x} + C_2 e^{-\sqrt{\frac{Q}{EI}}x} + \dfrac{\omega x^2}{2Q} + \dfrac{\omega EI}{Q^2}$

练习 4.4

1. $1, -\dfrac{1}{2}, \dfrac{1}{3}, -\dfrac{1}{4}, \dfrac{1}{5}$

2. $-\dfrac{3}{7}$

3. 发散

4. （1）发散　　　　（2）收敛，和为 1

5. （1）$-\dfrac{8}{17}$　　　（2）发散　　　　（3）发散　　　　（4）发散

练习 4.5

1. 收敛

2. $p>0$ 时收敛；$p\leqslant 0$ 时发散

3. （1）绝对收敛　　（2）$p\leqslant 0$ 时收敛，$0<p\leqslant 1$ 时条件收敛，$p>1$ 时绝对收敛

   （3）条件收敛　　（4）绝对收敛

4. （1）收敛　　　　（2）$0<a\leqslant 1$ 时发散，$a>1$ 时收敛

   （3）发散　　　　（4）收敛　　　　　（5）收敛

   （6）收敛　　　　（7）收敛　　　　　（8）发散

练习 4.6

1. （1）$[-1,1]$　　（2）$[-3,3)$

2. （1）收敛半径为 $\dfrac{1}{2}$，收敛区间为 $\left[-\dfrac{1}{2},\dfrac{1}{2}\right]$

   （2）收敛半径为 1，收敛区间为 $[-1,1]$

3. （1）$[-1,1),\ln\dfrac{1}{1-x}$　　　　　　　　（2）$(-1,1),\dfrac{1}{2}\ln\dfrac{1+x}{1-x}$

   （3）$(-1,1),\dfrac{2x-x^2}{(1-x)^2}$　　　　　　（4）$(-1,1),-\dfrac{1}{(1-x)^3}$

练习 4.7

1. $\sum\limits_{k=1}^{\infty}\dfrac{(-1)^k(x-3)^{k-1}}{3^k},0<x<6$

2. （1）$\sum\limits_{k=1}^{\infty}\dfrac{(-1)^{k-1}}{2^{2k-1}(2k-1)!}x^{2k-1},-\infty<x<+\infty$

   （2）$\sum\limits_{k=0}^{\infty}(-1)^{k-1}x^{2k}$ 或 $\sum\limits_{k=1}^{\infty}(-1)^{k-1}x^{2(k-1)},-1<x<1$

3. （1）1.0986　　（2）0.3679

4. （1）$\dfrac{e^{2\pi}-e^{-2\pi}}{\pi}\left[\dfrac{1}{4}+\sum\limits_{n=1}^{\infty}\dfrac{(-1)^n}{n^2+4}(2\cos nx-n\sin nx)\right],\ -\pi<x<\pi$

   （2）$2\sum\limits_{n=1}^{\infty}(-1)^n\left(\dfrac{6}{n^3}-\dfrac{\pi^2}{n}\right)\sin nx,-\pi<x<\pi$

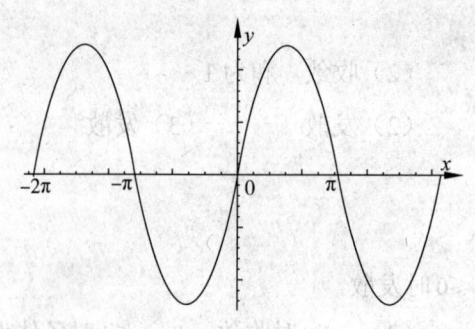

5. $f(x) = x(\pi - x) = \dfrac{8}{\pi} \sum_{n=1}^{\infty} \dfrac{1}{(2n-1)^3 (2n-1)!} \sin(2n-1)x, 0 \leqslant x \leqslant \pi$

综合习题 4

A 部分

1. 略

2. $\dfrac{3}{2}x + \dfrac{1}{3}x^2 + \dfrac{C}{x}$

3. (1) $2xy - y^2 = C$　　　(2) 略

4. $\theta(t) = Ce^{-kt} + \theta_0$

5. (1) 发散　　(2) 收敛　　(3) 收敛　　(4) 收敛

6. (1) 条件收敛　　(2) 绝对收敛

7. 略

8. (1) $(-\infty, +\infty)$, $R = +\infty$　　(2) $[-2, 2]$, $R = 2$

9. $\sum_{n=0}^{\infty} (-1)^n \dfrac{x^{3n+1}}{3n+1}$

10. (1) 1.3956　　(2) 0.75

11. $\dfrac{18\sqrt{3}}{\pi} \sum_{n=1}^{\infty} (-1)^{n-1} \dfrac{n \sin nx}{9n^2 - 1}$　$(-\pi, \pi)$

12. $\sum_{n=1}^{\infty} \dfrac{\sin nx}{n}$　$(0, \pi]$

13. $\dfrac{5\pi}{6} - \dfrac{1}{2}$

B 部分

1. (1) $y = -\dfrac{2}{x^4 + C}$, $y = 0$　　(2) $2y^3 + 3y^2 - 2x^3 - 3x^2 = C$

   (3) $y = Ce^{\frac{1}{2}x^2}$　　(4) $y = \dfrac{1}{3}e^{2x} + Ce^{-x}$

   (5) $y = -x\cos x + Cx$　　(6) $y = x(e^x + 2 - e)$

2. (1) $y = C_1 e^{2x} + C_2 e^{-2x}$　　(2) $y = C_1 + C_2 e^{9x}$

（3）$y = C_1 e^{3x} + C_2 e^{4x} + \dfrac{1}{12}x + \dfrac{7}{144}$

（4）$y = C_1 e^x + C_2 e^{2x} + 4xe^{2x}$ （5）$y = 12e^x - 2e^{3x}$

3. $y = \dfrac{1}{2}(x^2 - 1)$

4. $L(x) = A + (L - A)e^{-kx}$

5. （1）收敛   （2）发散   （3）发散   （4）收敛

6. 收敛

7. 条件收敛

8. （1）$R = \dfrac{1}{2}$, $\left[-\dfrac{1}{2}, \dfrac{1}{2}\right]$ （2）$R = 2$, $(3, 7)$

9. （1）$[-3, 3)$, $S(x) = -\dfrac{1}{x}\ln\left(1 - \dfrac{x}{3}\right)$ $(x \neq 0)$, $S(0) = \dfrac{1}{3}$

（2）$(0, 2)$, $S(x) = -\ln|2 - x| + \ln 2$

10. $f(x) = \ln 4 + \sum\limits_{n=1}^{\infty} \dfrac{(-1)^{n-1}}{n} \dfrac{(x-3)^n}{4}$, $x \in (-1, 7)$

11. $f(x) = \dfrac{2\sqrt{2}}{\pi}\left(1 - 2\sum\limits_{n=1}^{\infty} \dfrac{\cos nx}{4n^2 - 1}\right)$, $x \in (-\pi, \pi)$

12. $f(x) = \dfrac{2}{3} + \dfrac{3}{\pi^2}\sum\limits_{n=1}^{\infty}\left[(-1)^n \cos\dfrac{n\pi}{3} - 1\right]\dfrac{1}{n^2}\cos\dfrac{2n\pi}{3} x \dfrac{\cos nx}{4n^2 - 1}$